U0315154

年代四部曲·革命的年代

1789—1848

THE AGE OF REVOLUTION

1789-1848

[英] 艾瑞克·霍布斯鲍姆

著

王章辉　等

译

中信出版集团 | 北京

目录

序言

　　我们在这里把 1789 年的法国大革命和同时期发生的（英国）工业革命称为"双元革命"（dual revolution），本书所追溯的 1789—1848 年的世界变革，正是从"双元革命"这一意义上着眼。因此，严格地说，本书所叙述的历史既不是一部欧洲史，也不是一部世界史。我在书中对某一国家的叙述（尽管常常显得粗略），是从它在这一时期所感受到的双元革命影响来着眼，那些在这一时期受双元革命影响微不足道的国家，我就略而不谈了。因此，读者在书中会发现关于埃及的某些论述，而找不到对日本的评说，对爱尔兰的阐述多于保加利亚，谈拉丁美洲多于非洲。自然，这并不意味着本书所忽略的国家和人民，他们的历史要比本书所谈论的那些国家和人民的历史有所逊色，或者较不重要。本书之所以把视角放在欧洲，更确切地说是放在法国和英国，是因为在这个时期，世界或至少是世界上大部分地区转变的基础是发生在欧洲，确切地说，是发生在法国和英国。不过，有些值得更详细论述的题目也被搁置一边，这不仅是因为篇幅所限，也是因为这些主题在本系列的其他几卷中将有充分论述（例如美利坚合众国的历史）。

　　本书的目的不在于详细叙述，而是企图做出解释并达到法国人所谓的高度通俗化（haute vulgarisation）。有一定的理论素养、受过教育、有一定学识的公民是本书的理想读者，他们不仅对于过去的一切充满好奇，而且希望理解世界是如何以及为何会变成今天的面貌，而它又将走向何方。所以，给本书加上大量的学术注释，似有卖弄学问、多此一举之嫌，这些注释应当是为饱学之士所准备。因此，书中的注释几乎完全是关于实际引文和数字来源，有时还涉及某些争议性特别大或者某些语出惊人之论述的依据。

不过，对于这样一本包罗万象的著作，就它所依据的材料略微述及是完全必要的。所有的历史学家都是某些方面的专家（或者换个说法，在某些方面也更无知），除了相当狭隘的某个领域以外，他们基本上必须依靠其他史学家的工作。对 1789—1848 年这个时期来说，仅二手文献就汗牛充栋，以致任何个人，即使他能够读懂用各种文字写成的材料（当然，所有历史学家实际上最多只能掌握少数几种语言），也无法穷尽。因此，本书的大部分材料都是二手乃至三手材料，不足之处在所难免。同样，本书在材料上必然挂一漏万，相关专家将如笔者一样同感遗憾。

然而，历史之网只有拆开，才能抽出单独的织线。出于实际需要，我们有必要把这一主题分成一定数量的子目。我试图非常粗略地把本书分成两个部分。第一部分大体上是论述这一时期的一些重大发展，而第二部分则是针对双元革命所创造出来的那种社会做一概要阐述。如果这样的区分会使书中有些内容显得重复，那并不是因为理论上的问题，而完全是出于方便。

有很多人与我一起探讨过本书某些方面的内容，还有些人阅读过本书初稿或校样中的某些章节，我在此谨表感谢，而书中的错误自然与他们无关。我尤其要感谢伯纳尔（J. D. Bernal）、戴金

（Douglas Dakin）、费希尔（Ernst Fischer）、哈斯克尔（Francis Haskell）、凯尼格斯伯格（H. G. Koenigsberger）和莱斯利（R. F. Leslie）。费希尔的思想对第十四章的帮助尤大。拉尔芙（P. Ralph）小姐作为秘书和研究助手提供了很大的帮助，梅森（E. Mason）小姐为本书编制了索引，在此一并致谢。

艾瑞克·霍布斯鲍姆
1961 年 12 月于伦敦

导言

词经常是比文献更响亮的证言。让我们想一下那些在本书所阐述的 60 年时间里发明出来，或者是在这个时期获得其现代意义的词。比如"工业"、"企业家"、"工厂"、"中产阶级"、"工人阶级"、"资本主义"和"社会主义"；比如"贵族阶级"、"铁路"；作为政治术语的"自由"和"保守"；以及"民族"、"科学家"和"工程师"、"无产者"和（经济）"危机"，又如"功利主义"和"统计学"、"社会学"和其他许多现代科学名称、"新闻出版"和"意识形态"等等。这些都是在这个时期新造的词，或为适应这个时期的需要而产生的词。ᵃ"罢工"和"贫困"也是如此。

如果没有这些词（即没有它们赋予其名称的那些事物和观念），如何去估量发生在 1789—1848 年之间这种革命的深远意义？如何去构想人类历史上自从发明了农业和冶金术，发明了文字和城邦以来，那遥远的时代的最伟大变革？没有它们，现代世界将会是什么模样？这场双元革命改变了世界，并且还在继续使整个世界发生变革。但是，在思索这种革命时，我们必须注意区

---

a. 其中多数词语或已在国际上通用，或已按字面的确切意义被译成各种文字。例如，"社会主义"或"新闻出版"在国际上广为流行；而"铁"和"路"（iron road）的组合，除了它的发源地以外，在每个地方都是铁路（railway）。

分它的长远后果和它早期的关键性发展，前者不受任何社会结构、政治组织或国际力量和资源配置的限制，而后者则与某种特定的社会和国际形势密切相关。发生在 1789—1848 年间的这种伟大革命，不仅仅是"工业"本身的巨大胜利，而且是资本主义工业的巨大胜利；不仅仅是一般意义上的自由和平等的巨大胜利，而且是中产阶级或资产阶级自由社会的大胜利；不仅仅是"现代经济"或"现代国家"的胜利，而且是世界上某个特定地域（欧洲部分地区和北美少数地方）内的经济和国家的巨大胜利——其中心是英国和法国这两个毗邻而又互为竞争对手的国家。1789—1848 年的转变，基本上就是发生在上述这两个国家里的孪生大变革。从那之后，这一变革波及了整个世界。

虽然这场双元革命——更精确地说是法国政治革命和英国工业革命——的主要载体和象征是法、英两国，但是，我们不应把这场革命看成是属于这两个国家的历史事件，而应看作一座覆盖了更广泛地区的火山的孪生喷发口，这样的看法不是没有道理的。位于法国和英国的火山口同时爆发，并且各具特色，这既非偶然，也非毫无意义的事件。从公元 3000 年历史学家的观点来看，或是从中国或非洲观察家的角度来看，我们可以恰当地说：人们根本不可能指望这些发生在西北欧及其某些海外殖民地的事件，当时会发生在世界的其他地方；我们也可同样正确地指出：在这个时期所发生的革命，除了资产阶级自由资本主义的胜利以外，我们无法想象还有其他任何形式的革命。

很显然，如果不去进一步追溯 1789 年以前的历史，尤其是此一变革发生前夕，明显反映（至少就追溯而言）在世界西北部地区，反映在这场双元革命所要扫荡的旧制度危机的那几十年历史，我们就无法理解这场意义深远的变革。我们应否把 1776 年的美国独立革命看成是一次与英、法革命具有同等重要意义的爆发，或仅仅看作是它们最为重要、最为直接的先行者和推动者；我们应否对 1760—1789 年的制度危机、经济变革和轰轰烈烈的事件赋予重要意义，还是它们最多只能清清楚楚地说明这场大爆发的直接原因和时机，而无法解释它的根本原因。分析家应当追溯到多远的过去——是该追溯到 17 世纪中叶的英国革命，追溯到宗教改革，追溯到欧洲人开始的世界性军事征服以及 16 世纪早期的殖民剥削，乃至更早的过去？这些对我们都无关紧要，因为这样的深刻分析已远超出本书所限定的时间界限。

我们在此需要评述的仅仅是，这种变革所需要的社会和经济力量、政治和理论工具，无论如何已经在欧洲的一部分地区做好了准备，并足以让世界其他地方都革命化。我们的问题不是要去追寻世界市场的出现，追寻一个充满活力的私人企业家阶级的出现，甚至也不是要追寻提出"政府政策的基础在于致力实现私人利润的最大化"这样一个主张的政府在英国的出现。我们也不是要追寻科技知识的进步，或者说，追寻个人主义、世俗主义、理性主义进步信念的发展。我们认为，在 18 世纪 80 年代，这一切的存在都是理所当然的，尽管我们还不能认定，它们的力量在当时已足够强大或广为传播。相反的，如果有人企图因为双元革命外在装束的熟悉性，或下述那些不可否认的事实——罗伯斯庇尔（Robespierre）和圣鞠斯特（Saint-Just）的穿着打扮、言谈举止不会与旧制度的传统习俗有什么两样；其改革思想代表了 19 世纪 30 年代英国资产阶级的边沁（Jeremy Bentham），就是向俄国叶卡捷琳娜大帝（Catherine the Great）提出同样主张的那个人；中产阶级政治经济学中最极端的论述都来自 18 世纪英国上院议员等等——就低估了双元革命的新颖之处，对于这样的企图我们必须加以防备。

所以，我们的问题不是去解释这些新兴经济和社会因素的存在，而是它们的胜利；不是去追溯它们在以往几个世纪逐渐取得的侵蚀性和破坏性成就，而是它们对这个堡垒的决定性征服。此外，我们还要去追溯这场突如其来的胜利对下述两个地区所造成的深远影响：那些最直接受其影响的国家，以及其他直接暴露在其新生力量——引用此时世界史的说法，即"征服的资产阶级"——爆炸性影响下的世界。

由于双元革命发生在欧洲的部分地区，其最明显、最直接的影响自然以那里最为突出，因而，本书所论述的历史必然主要是区域性的。同理，由于这场世界革命是从英国和法国这对孪生的火山口向外喷发，因而它在最初必然也会采取由欧洲向世界其他地区扩张，进而征服的形式。的确，对于世界历史而言，它最引人注目的后果就是几个西方政权（特别是英国）建立了对全球的统治，这是史无前例的事件。在西方的商人、蒸汽机和坚船利炮面前，以及在西方的思想面前，世界上的古老文明和帝国都投降了、崩溃了。印度沦为由英国殖民总督统治的一个省，伊斯兰国家危机重重、摇摇欲坠，非洲遭到赤裸裸的征服，甚至庞大的中华帝国，也被迫于 1839—1842 年向西方殖民者开放门户。及至 1848 年，凡在西方政府和商人认为对他们有用而需要占领的土地上，已不再有任何障碍。如同西方资本主义企业的发展，其前途已经一路通畅，所需要的仅是时间而已。

然而，双元革命的历史不仅仅是新生的资本主义社会取得胜利的历史，它也是这些新兴力量在 1848 年后的百年之中，从扩张转变为收缩的历史。更为重要的是，及至 1848 年，未来命运这一异乎寻常的逆转已依稀可见。众所周知，在 20 世纪中叶达到高潮的世界性反西方抗争，在当时仅仅初露苗头。只有在伊斯兰世界，我们才能观察到这一过程的最初几个阶段，那些被西方征服的国家经由这样的进程，采用了西方的思想和技术，扭转了局面：例如 19 世纪 30 年代奥斯曼帝国内部开始的西化改革，以及埃及的阿里（Mohammed Ali）所进行的不为人们所注意但具有重要意义的改革事业。但是，在欧洲内部，预示着要取代这个赢得巨大胜利的新社会的力量和思想，已经在萌芽。1848 年以前，共产主义已经在欧洲萌芽；1848 年，这一思想体系已做了首次的经典性阐述。双元革命这个历史性的时期，是以在兰开夏（Lancashire）建立现代世界的第一个工厂制度和 1789 年的法国大革命为开端，而结束于第一个铁路网的设立和《共产党宣言》（*Communist Manifesto*）的发表。

第一部分

发展

第一章

18 世纪 80 年代的世界

18 世纪应该被送入万神殿。

——圣鞠斯特[1]

1

18 世纪 80 年代的世界，曾经是一个比我们今天的世界既要小得多也要大得多的世界。这是我们对那个世界的第一个看法。从地理方面看，当时的世界比较小，因为，即使是那个时代受到过最好教育、见识最广的人——比如说，像科学家兼旅行家洪堡（Alexander von Humboldt，1769—1859）这样的人——也只了解这个人类栖息的地球的局部地区。（相对于西欧，那些在科技方面较不发达、较不具扩张性的社群的"所知世界"，显然要比西欧所认知的更小，小到只是地球的微末部分。没有文字的西西里农民或是生活在缅甸山陵中的耕作者，就是在这样的小天地里度过他们的一生，他们对外面的世界永远一无所知。）由于有像库克（James Cook）那样具有非凡才能的18世纪航海家的探险活动，大洋表面的大部分地方（尽管绝不是所有地方）才得以经由考察绘制在地图上，尽管在20世纪中叶以前，人类对海底的知识仍微不足道。人们已能了解到各个大陆以及大部分岛屿的概貌，尽管用现代的标准来衡量还不太精确。人们对于分布于欧洲的山脉面积和高度的知识比较精确，而对于拉丁美洲的情况，则了解得非常粗略。对于亚洲，所知甚少。至于非洲［除了阿特拉斯山（Atlas）以外］，在实际用途方面毫无了解。除了中国和印度，世界上大江大河的流径对于世人都充满了神秘色彩，只有少数靠设陷阱捕兽的猎人或商人，诸如深入加拿大印第安人地区的皮货商，才了解他们所在地区的河流走向，或者说曾经有所了解。除了几个地区之外——在几块大陆上，他们只从沿海伸入内陆不过几英里 [a]——世界地图都是由商人或探险家的明显足迹穿越过的空白空间所组成。要不是由于旅行家或在遥远前哨站服务的官员们，搜集了一些粗略但尚能管用的二手甚或三手资料，这些空白地区甚至会比实际上标明的还要广大。

不仅"所知的世界"比较小，而且现实的世界也是如此，至少在人类活动的世界是如此。由于无法取得实际的人口统计资料，所有现有的人口评估完全是靠推测得来。不过，有一点很清楚，即当时的地球只能养育相当于现今人口的很小一部分，可能

a. 1英里 ≈ 1.609千米。——编者注

不超过今天的 1/3。如果我们最常引用的那些推测数据出入不是太大，那么，亚洲和非洲在当时所养活的人口比重，要比今天大一些。1800 年欧洲的人口大约是 1.87 亿（现在的人口大约 6 亿），所占的比重比今天要小一些，而美洲人口所占的比例显然就更小了。大体而言，在 1800 年时，每三个人当中就有两个是亚洲人，每五人当中有一个是欧洲人，非洲人占 1/10，而美洲或大洋洲人则只占 1/33。很显然，那么少量的人口分布在地球表面，人口密度自然比现在要稀疏得多了。也许，除了一小部分地区，比如说中国和印度的某些地区，或西欧和中欧的某些地区，由于农业生产发达或者城市高度集中，可能存在着类似现代的人口密度。既然人口规模比现今要小，那么，人类有效拓居的区域自然也会小一些。气候状况（尽管气候不会再像 14 世纪初到 18 世纪初那个"小冰期"最糟糕的时代那样寒冷或潮湿，但比今天可能还要冷一些、湿一些）遏制了人类在北极圈内定居的极限；流行性疾病，例如疟疾，在很多地区仍然制约着人口的增长，比如意大利南部的沿海平原，实际上长期无人居住，到了 19 世纪，才逐渐有人定居。原始的经济生活方式，特别是狩猎和（在欧洲）游牧，浪费了土地，使得人们无法在整片地区安家落户，例如意大利东南端的阿普利亚（Apulia）平原。19 世纪早期的旅行家留下了他们描绘罗马四周地区的图画，那是一个空旷且到处都是废墟的疟疾流行区，少量牛羊伴随着三三两两古怪奇特的盗匪，这就是当时人们所熟悉的地方风景。当然，很多土地在开垦之后，贫瘠依旧，杂草丛生，到处是水涝的沼泽地、粗放的牧场或森林，甚至在欧洲也是如此。

比较小的第三个现象表现在人类的体形上：总的说来，那时的欧洲人明显要比今天的欧洲人矮小许多，我们可根据应征士兵的大量体格统计数字，从中取一例来加以说明。在意大利西北部利古里亚（Liguria）沿岸的一个县里，在1792—1799年所招募的新兵中，身高不足1.5米（59英寸）的人占了72%。[2] 但这并不表示18世纪晚期的人要比我们来得纤弱。法国大革命中那些骨瘦如柴、发育不良、没有受过训练的士兵，他们所具有的体能耐力，只有今天那些活跃在殖民地山林丛中小巧伶俐的游击队员才可以相比。以每天30英里的速度，全副武装，连续行军一周，是家常便饭。但是，用我们今天的标准来衡量，当时人们的体质很差，却是不争的事实。那些身娇命贵的国王和将军都把他们的性命系于"高个子"身上，由这些人组成精干强悍的卫队、身披甲胄的骑兵护卫队，以及诸如此类的保安人员，这一切都说明了上述事实。

然而，如果说当时的世界在很多方面都比今天来得小，那么，交通的极端困难和不稳定性却使当时的世界实际上要比我们今天的世界大得多。我并不想夸大这些困难，按照中世纪或16世纪的标准来看，18世纪晚期是一个交通工具众多且快速的时代，即使在铁路革命以前，道路、马车和邮政服务也已大有改善。从18世纪60年代到该世纪末，由伦敦前往格拉斯哥（Glasgow）所需的时间，已从10—12天缩短到62小时。18世纪下半叶建立的邮车或驿车系统，在拿破仑战争末期到铁路铺设这个时期内大为扩展，它不仅加快了速度——1833年，从巴黎到斯特拉斯堡的邮件递送只需36小时——而且已形成定期性的服务。然而，陆路的旅客运输量依然很小。陆上的货物运输不仅速度慢，而且费用昂贵，令人生畏。对那些经营官方事业或从事商务的人而言，相互往来是绝对无法断绝的。据统计，在与拿破仑开战之初，计有 2 000 万封信件经过英国邮差之手（到本书所论时期尾声，信件数量又增加了 10 倍）。但是，对于当时的大多数人来说，信件是没有什么用处的，因为他们不能识文断字，而且，出门旅行——或许除了往返于市集的路途而外——完全是异乎寻常的事。倘若他们或他们的货物要走陆路，那么，他们绝大多数靠步行，或者依靠速度缓慢的二轮货运马车，这种方式甚至在 19 世纪早期还运输了 5/6 的法国货物，其速度每天尚不足 20 英里。送急件的人长途跋涉，行色匆匆；马车夫赶着邮政马车，捎带着十来个过往行人在坎坷的道路上颠簸，每个乘客都颠得散了骨架；贵族的私人马车在路上飞驰。但对于那个世界的大部分人来说，牵着马匹、骡子步行的车夫，仍主宰着陆上运输。

所以，在这种情况下，水路运输不仅简单、低廉，而且通常也更快速（如果排除变幻莫测的天气干扰）。歌德（Goethe）在意大利旅行期间，从那不勒斯（Naples）乘船到西西里返往时间分别用了四天和三天。这位才子对于旅途花费的时间之短感到惊讶，他用这几天时间舒舒服服地完成了与陆上路途一样的旅行。码头所及的距离就是世界的距离：从实际意义上看，从伦敦到普利茅斯（Plymouth）或利斯（Leith）的路程要比到诺福克郡布雷克兰村（Breckland of Norfolk）的路程更近一些。从墨西哥的韦拉克鲁斯（Veracruz）到西班牙南部的塞维利亚（Seville），要比从西班牙中北部的巴利亚多利德（Valladolid）出发更容易。从巴西的巴伊亚（Bahia）去汉堡（Hamburg），要比从东普鲁士的波美拉尼亚（Pomerania）走内地更方便。水路运输的主要缺点就是间歇太长，即使到 1820 年，从伦敦发往汉堡和荷兰的邮件，每周才两次，发往瑞典和葡萄牙的每周只有一次。至于发往北美的邮件，则是一月一次。但是，波士顿、纽约与巴黎的联系肯定要比喀尔巴阡山的玛拉马罗斯郡（Maramaros）与布达佩斯之间的联系密切得多。正因为通过远洋运输运送大量的货物和人员比较容易，所以两个相距遥远的都市之间的联系，要比城市和乡村间的联系更方便。比如说，从爱尔兰北部港口花五年的时间（1769—1774年）运送4.4万人到美洲，要比花三代人的时间运送5 000人到苏格兰的邓迪（Dundee）还要容易。攻陷巴士底狱（Bastille）的消息在13天内已在马德里家喻户晓，而在皮隆尼（Péronne）这个距首都只有133千米的地方，直到巴士底狱陷落的第28天，才获悉来自巴黎的消息。

因此，对于当时的大多数居民而言，1789年的世界广袤无边。除非被某种可怕的偶然事件，比如被军队征募所抓走，大多数人是生于斯，长于斯，并且通常就是在他们所出生的教区里度过一生。法国当时共有90个省，迟至1861年，在其中的70个省中，9/10以上的人就只生活在他们的出生地。这个世界的其他地区都是政府代理人和传言谈到的事，没有报纸，即使在1814年，法国杂志的正常发行量也只有5 000份，除了一小撮中上层阶级以外，几乎无人能识字断文。流动人口，包括商人、小贩、短工、工匠、流动手工业者、季节性雇工，还包括四处行乞的托钵僧或香客，乃至走私分子、强盗和市集上的老乡这类范围广泛、行踪飘忽不定的庞杂人群，这些人负责把小道消息传给大家。当然，战争期间散落于民间或者在和平时期驻防民间的士兵也负责传播消息。很自然地，消息也通过政府或教会这类官方渠道传给大家。不过，即使是这种遍布于全国的政府组织或者基督教组织的地方人员，他们很多也是本地人，或者说，他们定居于一处，终身为他们的同类提供服务。在殖民地以外的地区，由中央政府任命，并被派往接任地方职位的官吏，此时才刚刚出现。在国家所有的基层官员中，或许只有部队的军官才有指望经常迁徙，过着四海为家的生活。这些人只有在他们所辖地区内，从各种各样的美酒、女人和战马中求得慰藉。

2

就其本来的情况而言，1789 年的世界绝对是一个乡村世界，这是一个基本事实，谁若没认清这一点，就不能说是认识了这个世界。像俄国、斯堪的纳维亚半岛及巴尔干半岛上的那些国家，城市从未特别繁荣兴旺过，农村人口占总人口的 90%—97%。在有些地方，城市虽然已经衰落，但城市的传统依然很强烈。即使是这样的地区，乡村或者说农业人口的比例也特别高。据我们所掌握的估计资料，在意大利北部的伦巴第（Lombardy）地区，农村人口占 85%；在威尼斯，农村人口占 72%—80%；而在卡拉布里亚（Calabria）和卢卡尼亚（Lucania），这一比例则提高到 90%以上。[3]事实上，除了某些工商业非常繁荣的地区以外，我们很难找到农业人口少于总人口 4/5 的欧洲大国。即使以英国而言，也是直到 1851 年，城市人口才首次超过农村人口。

当然，"城市"（urban）这个词的含义模棱两可。按照我们现代的标准，1789 年时，可以名副其实地称为大都市的欧洲城市只有两个：伦敦和巴黎。它们的人口分别为约 100 万和 50 万。人口在 10 万或 10 万以上的城市大约有 20 个，其中，法国有两个，德意志有两个，西班牙大概有四个，意大利大约有五个（地中海沿岸地区传统上是城市的故乡），俄国有两个，葡萄牙、波兰、荷兰、奥地利、爱尔兰、苏格兰和奥斯曼的欧洲部分各一个。我们所谓的城市，还包括为数众多的地方小城镇，大部分城市居民实际上就是生活在这种小城镇里。小镇的中央是教堂广场，四周耸立着公共建筑和贵族宅邸，人们只需用几分钟的时间就可以从广场走到农田。1834 年是本书所述时期的后半段，当时奥地利有 19% 的人生活在城镇里，但即便在当时，城镇人口的 3/4 依然是居住在人口不足两万的小城镇里，约有半数生活在人口规模为 2 000—5 000 人的小城镇。这些就是法国的短期雇工们在其法兰西之旅（Tour de France）时漫游过的城市。由于随后几个世纪的萧条停滞，这些城镇 16 世纪的外貌就像琥珀中的苍蝇一样，被栩栩如生地保存了下来，它们所呈现的宁静色彩，正是唤醒德意志浪漫诗人抒发其热情的背景。在西班牙，大教堂的塔尖高高地耸立在小镇上；在这些泥泞的城镇里，哈西德派（Chassidim）的犹太人崇拜他们神奇的犹太教教士，而正统的犹太人则在这里为神圣法律中的细枝末节辩论不休；果戈理（Gogol）小说中的钦差大臣驱车入城，来这里恐吓富贵之人，而乞乞科夫（Chichikov）则在这里思索购买死者灵魂之事宜。但是，满腔热情、胸怀大志的年轻人，他们也是来自这样的城镇，他们发动革命或赚取第一笔财富，或者既是革命者，又是大富豪。罗伯斯庇尔来自阿拉斯（Arras），巴贝夫（Gracchus Babeuf）来自圣康坦（Saint-Quentin），拿破仑则是阿雅克肖（Ajaccio）人。

这些地方城镇虽然很小，但依然是城市。真正的城里人头脑灵活而又见多识广，他们瞧不起那些来自周围乡村四肢发达、行动迟缓、无知愚钝的乡下人。[从当时社会上那些注重实际之人的标准看来，死气沉沉的乡镇没有什么值得夸耀的。德意志很多通俗喜剧对待偏僻闭塞的小镇就像对乡下佬（显然他更土气）那样，严厉地大肆嘲讽。]城乡之间，确切地说，在城市职业和农业劳动间的界限是十分清楚的。在许多国家，靠着税务壁垒，有时甚至是用旧城墙硬把两者区分开来。在某些极端的情况下，比如在普鲁士，政府急于把纳税人置于适当的监督之下，想方设法把城市活动与乡村活动实质上完全分隔开来。即使在行政管理上没有做出如此严格区分的地方，人们通常也能从外貌上认出他是城里人还是农民。在东欧的广阔大地之上，城里居民就像是一个个漂浮在由斯拉夫人、马扎尔人和罗马尼亚人组成的汪洋大海中的日耳曼人、犹太人或意大利人的小岛。即使他们具有同样的宗教信仰，属于同一民族，城里人的外表与周围农民的外表看上去就是不一样，他们的穿着打扮不一样。的确，除了从事室内体力劳动和手工业劳动的人以外，城里人多数个子较高，尽管他们的身体也许比较纤弱。[a]他们思维敏捷，文化程度较高，他们可能而且肯定为此自豪。不过，他们的生活方式几乎与农村人一样封闭，他们不了解外面世界正在发生的事情，其愚昧无知的程度与农村人也没什么差别。

地方上的城镇实际上仍然从属于所在农村的经济和社会，它靠周围的农民和自己的劳作维生（除了极个别的例外），此外几

a. 例如，1823—1827 年，布鲁塞尔城里人的平均身高要比附近的农村人高出 3 厘米，在勒芬（Louvain），城里人比农村来的人平均高 2 厘米。关于这个问题，我们有大量的军方统计资料可资佐证，尽管所有资料都是 19 世纪的。[4]

乎别无生活来源。城市里的专业人士和中产阶级通常都是谷物和牲畜交易商、农产品加工者、律师和公证人（他们为拥有土地的贵族们处理其财产事务或无休无止的诉讼）、商人-企业家（他们为农村中从事纺织的人提供原料和收购产品），以及颇受人尊敬的政府代理人、贵族及教会人士。城里的手工业者和店主为附近农民以及靠附近农民维生的城里人提供服务。地方小城镇在中世纪晚期有过一段黄金时代，但从那以后，它已经令人悲哀地走向衰落。它不再是"自由市"或城邦，不再是为更广大的市场提供产品的制造业中心，不再是国际贸易的中继站。由于它的衰落，它便越来越顽固地坚持它对市场的地方性垄断，庇护市场，排斥一切外来者。年轻激进分子和大城市居民所嘲笑的那种地方主义，主要便是从这种经济自卫运动中产生的。在南欧，乡绅有时甚至是贵族都居住在小城镇里，他们靠地租维生。在德意志，有无数小诸侯的领地，本身不过是一些大庄园，诸侯领地上的官僚靠着从老实本分的农民身上搜刮来的钱财，满足诸侯殿下的欲望。18 世纪晚期，地方城镇可能仍是一个繁荣而发展中的社会，尽管主宰城市风貌的是带有古典或洛可可式风格的石砌建筑，但它们依然是西欧部分地区的见证。它们的繁荣来自农村。

3

因此，农业问题就是 1789 年世界的基本问题。我们很容易理解，为什么第一个有系统的欧洲大陆经济学派是法国重农学派（Physiocrats），该派理所当然地认为土地和地租是净收益的唯一来源。而且，农业问题的关键所在乃是土地耕作者与土地所有者之间的关系，是财富生产者与财富积累者之间的关系。

从土地所有权关系的角度来看，我们可以把欧洲——确切地说，是以西欧为中心的经济综合体——分成三大区域。在欧洲的西部，有海外殖民地。在海外殖民地中，除了美利坚合众国北部和一些意义不太大的独立农耕区这些明显的例外以外，典型的耕作者就是作为强制劳动者或农奴的印第安人，以及作为奴隶的黑人；佣农、小佃户之类的耕作者比较少。（在东印度群岛殖民地，欧洲种植园主人直接进行耕作的情况比较罕见，土地管理者所采取的典型强制形式，就是强迫耕作者送缴一定比例的收获物，比如荷属群岛上的香料或咖啡。）换句话说，典型耕作者的人身是不自由的，或处在政治强制之下。典型的地主则是半封建性的大地产（种植园、庄园、牧场）所有者，以及实行奴隶制的种植园主人。半封建大地产特有的经济是原始的、自给自足的，总之，纯粹是为了满足当地的需要。西属拉丁美洲出口的矿产品，其生产者实际上就是印第安农奴，和农产品的生产方式并无不同。实行奴隶制的大规模种植园，主要分布在西印度群岛、南美北部沿海地区（尤其是巴西北部地区），以及美国的南部地区，其经济特点就是生产一些极为重要的出口作物——蔗糖，其次是烟草、咖啡和染料，自工业革命以后，主要是生产棉花。所以，奴隶制种植园经济成了欧洲经济不可分割的一部分，并通过奴隶贸易成为非洲经济的组成部分。在本书所阐述的时期，这一地区的历史基本上可以根据蔗糖生产的衰落和棉花生产的崛起来写成。

在西欧以东，尤其是在沿着易北河，今捷克和斯洛伐克西部边境，然后南伸至意大利的里雅斯特港（Trieste），在这条将奥地利划分成东西两半的界线的以东地区，盛行着农奴制度。从社会方面看，托斯卡纳（Tuscany）和翁布里亚（Umbria）以南的意大利和西班牙南部都属于这类地区，尽管斯堪的纳维亚地区（除了丹麦和瑞典南部的部分地区以外）不属于农奴制度。在这片广大地区内，还存在着由自由农耕作的地块。这些自由农包括散居在从斯洛文尼亚（Slovenia）到伏尔加河（Volga）这块土地上的德意志农业殖民者，生活在伊利里亚（Illyria）内地荒山秃岭中实际上处于独立地位的家族，与克罗地亚步兵（Pandurs：在18世纪以残忍闻名）和哥萨克（Cossacks）骑兵几乎一样好勇斗狠的武装农民（他们活动在直到最近为止还是介于基督徒和土耳其人或鞑靼人之间的军事边界上），在领主和政府鞭长莫及之处擅自占地拓荒的自由垦殖者，以及生活在不可能有大规模农耕的莽莽森林里的人们。但不论怎样，这一地区的典型耕作者整体上看来是不自由的。事实上，他们几乎都被淹没在自15世纪晚期或16世纪早期以来所产生的、不曾停顿的农奴制度的洪流之中。这种情况在巴尔干地区不太明显，因为那里曾一度或依然处在土耳其人的直接统治之下。在土耳其前封建主义原有的农业制度里，土地曾进行过粗略的分配，每一份土地要负担一位非世袭土耳其武士的生计，这种原始的农业制度蜕变成大地主统治之下的世袭地产制度。很少从事农耕的伊斯兰教地主们，千方百计地压榨农民。这就是巴尔干地区、多瑙河和萨瓦河（Sava）以南地区在19世纪和20世纪从土耳其人的统治下获得解放时，实质上还是农业国家的原因。尽管这些国家当时极端贫穷，但它们并不是农业财产集中的国家。作为基督徒，巴尔干农民在法律上仍然是不自由的，而且在事实上，作为农民，至少当他还处在领主控制之下时，也是不自由的。

但是，在其他地区，典型的农民就是农奴，他们被迫把一周中的大部分时间用在领主的土地上服劳役，或者尽与此相当的其他义务。他的人身不自由度非常之大，以致我们很难把农奴与奴隶区别开来，如在俄国和波兰实行农奴制的那些地方，农奴可以与土地分开买卖。1801年，《莫斯科报》（*Gazette de Moscou*）上有一则广告登了这样一段话："有三位马车夫和两位姑娘待售。马车夫训练有素，出类拔萃。姑娘的年纪分别为18岁和15岁，两人均容貌姣好，手工活样样精通。该家族尚有两位理发师可供出售，其中一人年纪21岁，能读会写，能演奏乐器，并能胜任马车夫。另一位适合帮女士和先生美发，也会弹钢琴和拉手风琴。"（很大一部分的农奴充当家庭仆役。在1851年的俄国，家庭仆人几乎占全部农奴的5%。[5]）在波罗的海的内陆地区——波罗的海是通往西欧的重要贸易要道——采用农奴制劳动的农业，为西欧进口国家生产了大部分出口作物：谷物、亚麻、大麻以及主要用来造船的林产品。在其他地区，农业经济更加依赖地方市场，这个市场至少包括交通方便、制造业相当发达、城市有所发展的地区，例如萨克森（Saxony）和波希米亚（Bohemia），以及维也纳这个大都市。但是，这里的大部分地方还是很落后。黑海航路的开通和西欧尤其是英国日益发展的都市化，才刚刚开始刺激俄国黑土地带的谷物出口，在苏联实现工业化之前，谷物依然是俄国对外贸易的大宗商品。实行农奴制的东部地区为西欧提供粮食原料，因而被看成是西欧的"依附经济"，类似于它的海外殖民地。

意大利和西班牙实行农奴制的地区也具有类似的经济特征，尽管其农民的法律地位有所不同。大体而言，这些地区是盛行贵族大庄园的地区。在西西里和安达卢西亚（Andalusia），不少大庄园就是直接承继自罗马大庄园，原来的奴隶和外乡人（coloni）变成这些地区颇具特色的雇工，他们没有土地，按日计酬。畜牧经营、粮食生产（西西里是输出谷物的古老粮仓），以及从悲惨的农民那里进行压榨所取得的东西，都为拥有土地的王公贵族提供收入来源。

在实行农奴制的地方，典型的地主就是贵族、大地产的耕作者或剥削者。其领地之广大令人难以想象：叶卡捷琳娜大帝赐给每个宠臣 4 万—5 万名农奴；波兰拉齐维尔家族（Radziwill）拥有的地产有半个爱尔兰那么大；波托茨基（Potocki）在乌克兰拥有 300 万英亩的土地；匈牙利的埃斯特哈齐家族［Esterhazy，音乐家海顿（Haydn）的保护人］曾经拥有几乎 700 万英亩的地产。面积达数十万英亩的地产比比皆是。[a] 尽管这些大庄园常常缺乏管理，经营粗放，并且效率低下，但是，它们却可生产出王侯般的收益。就像一位法国参观者评论荒芜的梅迪纳·西多尼亚（Medina Sidonia）庄园那样，这位西班牙的显贵"像一头在森林里称王的狮子，它一声怒吼便可使所有接近它的生灵闻风丧胆"。[7] 然而，他并不缺钱，即使以英国富绅的标准来衡量，他依然是富有的。

在这些土地巨头之下，盘剥农民的是一个拥有大大小小不同规模和不同经济资源的乡绅阶级。在有些国家，这个阶级极为庞大，因而，他们也破落、不满，他们与非贵族的主要区别在于他

a. 1918 年以后，捷克斯洛伐克没收了 80 个面积超过 2.5 万英亩（1 万公顷）的大庄园，其中，在勋伯恩（Schoenborn）和施瓦岑贝格（Schwarzenberg）各有一个占地面积达 50 万英亩的大庄园被没收，列支敦士登（Liechtenstein）和金斯基（Kinsky）分别有一个占地面积达 40 万和 17 万英亩的大庄园遭没收。[6]

们的政治和社会特权，以及厌恶从事劳动这类粗活。在匈牙利和波兰，这一阶级的人数约占总人口的 1/10。在 18 世纪末的西班牙，乡绅阶级的数量几乎达 50 万人，在 1827 年则占全部欧洲贵族的 10%；[8] 而在其他地方，这一阶级的数量要小得多。

4

从社会方面来看，欧洲其他地区的农村结构没有什么不同。也就是说，对于农民和雇工而言，拥有土地的任何一个人都是"乡绅"，是统治阶级的一员；相反，没有土地而取得贵族或乡绅地位（这一地位具有社会和政治特权，它在名义上仍然是通向政府最高层的唯一道路），那是无法想象的。在大多数西欧国家，这种思维方式所隐含的封建秩序在政治上依然很有活力，尽管它在经济上已越来越过时了。的确，由于其经济上的败落，贵族和乡绅收入的增长越来越落后于物价和开支的上升，也正是这一点使得贵族采取比以往任何时候都更为强烈的手段，利用他那一份不可转让的经济资产，利用他的地位和与生俱来的特权。在欧洲大陆的每个地方，都是贵族们把出身低微的竞争对手挤出国王手下的肥缺，从瑞典到法国，莫不如此。瑞典平民官员的比例从 1719 年的 66%（1700 年时为 42%），下降到 1780 年的 23%。[9] 在法国，这一"封建反动"加速了大革命的到来（参见第三章）。但是，即使在社会秩序某些方面已明显发生动摇的地方，比如在法国，要跻身土地贵族阶层也是相当容易的。英国更是方便，在这里，倘若财富已足够巨大的话，地主和贵族的地位是对所有各类财富的奖赏。土地所有权和统治阶级地位之间的联系在当时仍然存在，而且在后来实际上变得更为密切。

但是从经济方面看，西欧的乡村社会却极为不同。典型的农民在中世纪晚期已免除了奴役地位的大部分义务，尽管他们从法律上看依然保留着大量烦人的依附痕迹。典型的庄园早已不再是一个经济活动单位，而变成了一个收取地租和其他货币的体制。或多或少取得了自由的农民，不论是富农、中农或小农，他们都是这块土地上独具特色的耕作者。如果他是某种类型的承租人，那么，他就向地主缴地租（在有些地区实行谷物分成）。如果在法律意义上他是一个自由农，那么，他可能仍然要为当地的领主承担各种义务。这些义务或许可以或许不可以折算成现金（比如他有义务把他的粮食送到领主的磨坊加工），还要向王公贵族纳税，向教会缴纳什一税，以及负担某些劳役。凡此种种都与地位较高的社会阶层形成对照，那些人的义务相对得到豁免。但是，如果这些政治束缚都被解除，那么，欧洲大部分地区将变为一个由农民经营的农业区。一般说来，在这个地区内，一小部分富裕的农民往往会变成从事商品生产的农场主人，他们在城市市场上出售经常剩余的谷物。而大多数中小农民则依赖他们所占有的土地，过着类似于自给自足的生活，除非他们拥有的土地太少，以致他们不得不在农业或手工业方面找些零活，挣点工钱。

只有一部分地区，把农业进一步推向了朝着纯资本主义农业发展的阶段，英国就是其中一个主要地区。在英国，土地所有权已高度集中，但是，典型的耕作者是一个中等规模、采取商业化经营的佃户，他们通常都雇工帮耕。他们被淹没在小地主、茅舍农以及诸如此类的农民大海之中。但是，一旦这层掩盖被揭去（大体上在 1760—1830 年），那么，这里所出现的就不是小农农业，而是一个由农业企业家和农场主所组成的阶级，以及庞大的农业无产阶级。欧洲有些地区，比如在意大利北部和尼德兰，商业投资习惯于投向农场经营，或者是该地所生产的专业化经济作物，这些地区也表现出强烈的资本主义倾向，但这仅是例外而已。再一个例外就是爱尔兰，这是一个不幸的岛屿，它把欧洲落后地区的劣势与靠近最先进经济的不利条件结合在一起。在那里，一小撮与安达卢西亚或西西里大庄园主相类似的大地主，以敲诈的方式勒索租金，盘剥广大佃农。

从技术上看，欧洲农业除了一些先进地区以外，仍然属于传统农业，效率之低下令人吃惊。其产品基本上还是传统产品：黑麦、小麦、大麦、燕麦，以及东欧荞麦；肉牛、绵羊、山羊及其奶制品；猪和家禽；一定数量的水果和蔬菜；葡萄酒；还有大量诸如羊毛、亚麻、做船缆的大麻，以及用于生产啤酒的大麦等工业原料。欧洲的食品仍然是地方性的，别的气候条件下生产的食品还很稀少，近乎奢侈品，也许除了蔗糖以外——这是从热带进口的最重要的食品，蔗糖的甘美为人类所造成的痛苦超过其他任何东西。英国（这个当时公认的最先进国家）在18世纪90年代，每人每年平均消费蔗糖14磅[a]。但是即使在这个国家，在法国大革命爆发的那一年，每人每月消费的茶叶几乎不到两盎司[b]。

从美洲或其他热带地区引进新作物取得了一定的进展。在欧洲南部和巴尔干地区，玉米（印第安人的粮食）已经相当普及——这有助于把迁徙不定的农民固定在巴尔干的小块土地

---

a. 1磅 ≈ 0.45千克。——编者注
b. 1盎司 ≈ 28.35克。——编者注

上——在意大利北部，水稻生产取得了一定的进步。各类贵族领地上都种植了烟草，出于财政税收的目的，大部分烟草都为政府所垄断，尽管以现代的标准来衡量，那时所消费的烟草实在微不足道。在 1790 年，普通英国人每月抽烟、吸烟或嚼烟的数量约为 $1\frac{1}{3}$ 盎司。蚕桑养殖在南欧的部分地区已相当普遍。马铃薯作为主要的农作物，才刚刚开始兴盛，或许除了爱尔兰以外。在爱尔兰，一英亩马铃薯，比其他任何食物能养活更多的人口，因此，马铃薯已经在那里大量种植。除英国和低地国家之外，块根作物和饲料作物（与干草不同）的系统栽培还相当少见。一直要到拿破仑战争，才大规模生产甜菜制糖。

18 世纪当然不是一个农业停滞不前的世纪，相反，这是一个人口膨胀、都市化蓬勃发展、贸易和制造业长期增长的时代，这一切都促进了农业的改进，而且也确实需要农业的进步。这个世纪的下半叶，人口开始惊人增长，并且从此以后经历了持续不断的增长过程。这是近代世界颇具特色的现象：例如，在 1755—1784 年，比利时布拉班特省（Brabant）的农业人口增加了 44%。[10] 从西班牙到俄国，有众多的农业进步运动推动者，他们扩大组织，到处散发政府报告和宣传出版物。然而，在他们的印象之中，最深刻的竟是农业发展所碰到的巨大障碍，而非农业的进步。

5

大概除了采用资本主义生产方式的地区以外，农业世界的发展都相当缓慢。而商业和制造业世界，以及与之并进的技术和智力活动，则是信心十足、生气勃勃、狂飙突进、大有发展。从中得益的社会阶层显得很有活力，坚定而乐观。与殖民地剥削密切联系在一起的贸易活动广泛展开，这给当时的观察家留下了极为深刻的印象。海上贸易体系迅速发展，贸易额和贸易量大大增加，商船环绕地球航行，给大西洋北部的欧洲商业社会带来了利益。他们利用殖民势力，掠夺东印度群岛居民的商品[a]，再从那里输往欧洲和非洲，并在非洲利用这些商品加上欧洲的货物来购买奴隶，以便满足美洲迅速发展的种植园制度的需求。美洲种植园则反过来把数量更为巨大、价格更加便宜的蔗糖、棉花等出口到大西洋和北海沿岸港口。在那里，它们将与欧洲东西贸易中的传统工商业品——纺织品、食盐、葡萄酒及其他物品——一起被重新发往东部，然后从"波罗的海"换来谷物、木材、亚麻。从东欧换来谷物、木材、亚麻和亚麻制品（一种出口到热带地区有利可图的商品）、大麻以及在这个次殖民地地区生产的铁制品。在欧洲比较发达的经济——从经济上说，它包括定居在北美殖民地上，日益活跃的白人社会——之间，贸易之网变得空前密集。

当英印富翁（nabob）或种植园主从殖民地衣锦荣归之际，多半已是腰缠万贯，其财富之巨是地方老财主做梦都不曾想到的。商人和船商似乎是那个时代真正的经济强者，在那个世纪里，他们建造或重建了波尔多（Bordeaux）、布里斯托尔（Bristol）、利物浦（Liverpool）这些辉煌的码头，只有达官贵人和银行家才能与他们相比。那些人从他们有利可图的政府职位上攫取财富，"国

a. 在一定程度上也掠夺远东。他们在那里购买茶叶、丝绸、瓷器等，以满足欧洲人对这些物品不断增长的需求。但是，中国和日本的政治独立，使得这种贸易在当时不那么具有劫掠性质。

王以下的肥差"这一说法有其实质的意义，因为时代依然如此。除此而外，律师、土地经营者、地方上的酿酒人、商贩，以及诸如此类的人物，构成了中产阶级。他们从农业世界积累了有限的财富，过着低层次而宁静的生活。甚至制造商看起来也比他的穷亲戚好不了多少。因为，尽管矿产业和制造业正在迅速发展，但是，在欧洲的所有地区，商人（在东欧，通常也就是封建领主）仍然是他们的主宰。

这是因为正值壮大的工业生产，其主要形式是所谓的家庭代工，或分散加工制度，由商人购买手工业者或农民利用部分农闲时间生产产品，然后在较大的市场上出售。这种贸易的单纯发展，其结果必然为早期工业资本主义创造初步的条件。出售自己产品的手工业者，变成仅仅是计件量酬的工人（尤其是在商人为他提供原料，或者把生产设备出租给他的时候更是如此），而从事织布的农民则变成了拥有小块土地的织工。各个过程和功能的专业化使得旧式的手工业产生分裂，或是在农民中间造就出一大批半熟练工人。过去匠人师傅一身二任的人、某些专门的工匠团体，以及一些地方上的中间商团体，逐渐转变为转包人或雇主之类的人物。但是，控制着这些分散生产形式的关键人物，把失落的村庄和冷清街道上的劳工与世界市场联系起来的主要人物，还是某种类型的商人。正在或即将从生产者行列中出现的"企业家们"，便是这类商人身旁的小配角，即使他们还没有直接的依存关系。也有一些例外的情况，特别是在工业发达的英国，铁器制造商们，或像大陶瓷商人韦奇伍德（Josiah Wedgwood）那样有名的人物，是值得自豪和令人敬佩的，全欧洲的人们怀着好奇的心情参观他们所建立的企业。不过，典型的企业家（industrialist,

这个词在当时尚未发明）还只是士官，而非指挥官。

但是，不论他们地位如何，商业和制造业活动都非常繁荣兴旺。在18世纪的欧洲国家中，英国取得了最为辉煌的成功，它的强盛主要奠基于它在经济上取得的成就。因此，到18世纪80年代，所有自命实行理性政策的欧洲大陆诸国政府，也开始推动经济，特别是工业的发展，虽然各国的成就有所不同。科学在尚未被19世纪的学院派分为高级的"纯"科学和低级的"应用"科学之前，各门学科都致力于解决生产中的种种问题：18世纪80年代最惊人的进步表现在化学方面，化学在传统上便与工厂生产操作和工业需求具有最密切的关系。狄德罗（Diderot）和达朗贝尔（d'Alembert）主编的《大百科全书》不仅是具有进步意义的社会思想和政治思想概述，也是科技进步的总结。因为人们相信人类知识的进步，确信理性、财富、文明以及对大自然的控制（这点已深深渗透到18世纪的社会），信仰"启蒙运动"（Enlightenment）。实际上，这种信念主要是从生产、贸易的显著进步，以及经济和科学的理性（人们认为，两者必然有密切的关系）中汲取力量的。而它最伟大的斗士，则是那些在经济上取得最大成就的阶级，是那些最直接参与那个时代的进步人士：商业集团、经济上的开明地主、金融家、具有科学头脑的经济和社会管理人员、受过教育的中产阶级、制造商以及企业家。这些人向富兰克林（Benjamin Franklin）欢呼致敬，他是一位印刷工、记者、发明家、企业家、政治家，还是一位精明的商人。他们把他看成未来社会积极、自立和理性公民的象征。他们是社会中的新贵，不需要在英国经历像大西洋彼岸的美国独立革命的洗礼。他们组成了地方性的学会，无论是科学上的、工业上的还是政治方面的进步，都是从这些学会中涌现出来的。参加伯明翰新月学会（Lunar Society）的有：陶瓷商韦奇伍德、现代蒸汽机的发明人瓦特（James Watt）和他的商业合伙人博尔顿（Matthew Boulton）、化学家普里斯特利（Priestley）、贵族出身的动物学家和进化论先驱伊拉斯谟·达尔文（Erasmus Darwin，达尔文的祖父），以及著名的印刷家巴斯克维尔（Baskerville）。这些人到处涌向共济会（Freemasonry）的分支机构，那里不存在阶级差别，人们以无私的热忱传播启蒙运动的思想。

法国和英国是启蒙思想的两个主要中心，也是双元革命的两个主要中心，这一点具有重要意义，尽管国际上广为流行的启蒙思想，实际上就是由法国人所做的系统阐述。（即使是英国人所做的阐述，也只是法国思想的翻版。）世俗化的、理性主义的、具有进步意义的个人主义支配着"开明的"思想，把个人从束缚他的桎梏中解放出来是其主要目的：从仍然笼罩全世界的中世纪愚昧传统主义中解放出来，从教会的迷信（与"自然"或"理性"宗教截然不同）中解放出来，从根据出身或其他毫不相干的标准把人分为高低不同的阶级非理性中解放出来；自由、平等，以及（随之而来的）博爱是它的口号。在适当的时候，它们便成了法国大革命的口号。个人自由的一统天下只能产生最为有利的结果。个人的才智在理性世界里的自由发挥，这是人们所可能寻求的最惊人成就，而我们也的确已能看到由此产生的这种成果。具有典型意义的"启蒙"思想家，带着对进步的激情信念，反映了知识、技术、财富、福利和文明的显著发展，这一切都是他能够从身边看到的，他公正地将这一切归因于思想的不断进步。在启蒙时代初期，欧洲各地仍在到处火烧巫婆；到这个时代末期，像奥地利那样的开明政府不仅已经废除了司法中的严刑拷打，而且还废除了农奴制度。如果在进步的道路上还存在着像封建领主或教会这类既得利益集团的阻碍，那么，它们除了被扫除以外，还能指望什么呢？

严格地说，把中产阶级的意识形态称作"启蒙思想"是不够明确的，尽管很多启蒙主义者——他们在政治上是坚定的——理所当然地认为自由社会将是一个资本主义社会。[11]在理论上，启蒙主义的目标是让全人类获得自由，所有具有进步意义、理性主义以及人道主义的思想意识都隐含其中，而且，它们的确从中而来。但是在实际上，号召启蒙运动的解放运动领导者，往往是社会的中间阶层，他们不是凭借出身，而是德才兼备、具有理性的新人。通过他们的活动所产生的社会秩序，将是一个"资产阶级"和资本主义的社会。

把"启蒙思想"称作革命的意识形态可能更为确切，虽然欧洲大陆的很多斗士在政治上小心谨慎、稳健节制，他们之中的大部分——直到18世纪80年代以前——都把他们的信念寄托于开明的君主专制政体。因为启蒙的意义就意味着，欧洲大部分地区现行的社会和政治秩序都应废除。它对于旧制度自行消亡的期望太高。而事实却恰恰相反，正像我们所看到的，旧政体在某些方面正在自我加强，以抵御新的社会和经济力量的前进。而旧制度的据点（存在于英国、荷兰联合省以及其他一些它们已经遭到失败的地区以外），恰恰就是温和的启蒙思想家们维系其信念的君主制度。

6

除了在 17 世纪已经历过革命的英国，以及一些较小的国家之外，君主专制制度盛行于欧洲大陆所有正常运作的国家，没有实行君主专制统治的国家通常都是分裂瓦解而且陷于无政府状态，它们遭到邻国的吞并，如波兰。世袭君主借上帝之名统率着土地贵族的阶级制度，他们得到传统组织和教会正统派的支持，他们四周的机构越来越臃肿庞杂，这些机构存在已久，但又无所作为。在国际竞争激烈的时代，专制君主绝对需要凝聚力强、效率高的政府，这遂迫使他们长期以来抑制贵族以及其他既得利益集团的无政府倾向。只要可能，他们就用非贵族出身的文职人员去充实政府机构，这倒是事实。此外，到了 18 世纪后半叶，上述需要再加上资本主义英国的势力在国际上的明显胜利，诱使大多数专制君主（不如说他们的顾问更加确切）企图推行经济、社会、行政管理和知识现代化的计划。那个时代的君主，一如我们这个时代的政府，采用了"开明"的口号。出于类似的原因，君主们还采纳"计划"，就像我们这个时代某些采取"计划"的人，只是夸夸其谈而不见有实际行动。大多数人这样做的兴趣，并不是因为存在于"开明"（或者说"计划"）社会背后的一般理想，而是希望采纳最时新的方法，以增加他们的收入、财富和力量，因为这会给他们带来实实在在的好处。

相反，中产阶级和受过教育的阶级，那些献身于进步事业的人，经常把他们的希望寄托于"开明"君主身上，指望强有力的中央机构去实现他们的理想。君主需要中产阶级及其理想去实现其国家的现代化，而软弱的中产阶级则需要君主去对付顽固的贵族和教士利益集团对进步事业的抵抗。

但在事实上，君主专制制度不论如何现代化，如何具有革新精神，却仍发现，要从土地贵族组成的阶级制度中挣脱出来是不可能的。确实，它也没有显示出想挣脱出来的迹象，毕竟它也属于贵族地主的一员。专制君主象征并具体体现了土地贵族的价值观，并主要依赖他们的支撑。不过，专制君主从理论上说，可以为所欲为；但在实际上，却从属于受过启蒙思想洗涤的封建贵族或封建主义（feudalism，这一术语后来由于法国大革命而家喻户晓）的世界。这种君主政体乐于利用一切可得到的力量，在国内加强其权威，增加其税收财源，壮大其境外力量。这使得它有理由去培植实际上正在上升的那股社会力量。它准备通过挑拨各个集团、各个阶级、各个地方之间的关系来加强它的政治控制。但是，它的眼界是由它的历史、功能和阶级所决定的，它终究没能设想（也永远不可能做到）让社会和经济来一个彻底的转变，而这种转变正是经济进步所需要的，是处在上升中的社会集团所呼唤的。

举一个明显的例子，几乎没有什么有理性的思想家（甚至在君主们的顾问之间也是如此）认真地考虑过有必要废除农奴制度，以及废除残留在农民身上的封建依附关系。但任何"开明"计划都把这种改革确认为其中的一个要点，而实际上，从马德里到圣彼得堡（St. Petersburg），从那不勒斯到斯德哥尔摩（Stockholm），在法国大革命前的25年里，没有一位君主不在某个时候赞同过这样一个纲领。在1789年以前，自上而下解放农民的事情，实际上只发生在像丹麦、萨伏伊（Savoy）公国这种不具典型意义的小国里，只发生在某些王公的私人庄园上。奥地利的约瑟夫二世（Joseph Ⅱ）1781 年曾企图解放农奴，但是在既得利益集团的政治抵抗面前，在出乎意料的农民起义面前，这一重大行动没有获得成功，不得不半途而废。在西欧和中欧，使封建土地关系在各处都得以废除的确是法国大革命（通过直接行动、反作用或树立榜样）和 1848 年革命。

所以，在旧势力和新生的"资产阶级"社会之间存在着潜在的冲突，这种冲突不久便公开化了。这种冲突不可能在现存的政治体制的框架内得到解决，当然，像英国这种资产阶级已经赢得巨大胜利的地方除外。旧体制受到来自三个方面的压力，即新生的力量、顽强并且越来越顽固不化的既得利益集团，以及外国竞争对手。这三方面的压力使得旧体制变得更加脆弱。

旧体制最脆弱的地方就在于新旧两种相反力量易于交会的地方，即在天高皇帝远的省份或进行自治运动的殖民地。例如，在哈布斯堡（Habsburg）王朝的君主专制制度里，18 世纪 80 年代约瑟夫二世的改革，引起了奥属尼德兰（即今比利时）的骚乱和革命运动，这场革命在 1789 年很自然地与法国大革命结合在一起。欧洲各国海外殖民地上的白人殖民者，对于其母国中央政策的不满更是普遍存在，这样的政策把殖民地的利益严格置于宗主国之下。在美洲、西班牙、法国、英国，还有爱尔兰，这种殖民者的自治运动到处展开——他们并非总是追求在经济上能代表比宗主国更为进步的体制——许多英国殖民地或是在一定时期里以和平的方式取得自治，例如爱尔兰；或是通过革命的方式实现目标，如美国。经济的壮大、殖民地的发展，以及"开明专制的君主制度"试图改革所引起的紧张关系，都大大增加了 18 世纪 70 年代和 80 年代发生这类冲突的机会。

地方或殖民地分离运动本身并不是致命的伤害，丢失一两个地方，老牌的君主政体依然可以生存下去。英国是殖民地自治运动的主要受害者，尽管发生了美国独立革命，但由于它未遭受旧体制衰弱之苦，所以它仍一如既往，稳定而有活力。完全基于国内因素而使权力发生重大转移的地区几乎是不存在的，使得形势发生突变的通常是国际竞争。

因为只有国际上的竞争，即战争，才能检验一个国家的国力，非此不能。当通不过这项检验的时候，国家便会发生动摇、解体，甚或垮台。在 18 世纪的大部分时间里，有一项重要的竞争主宰着欧洲国际舞台，并且处在全面战争周期性爆发的中心，即 1689—1713 年、1740—1748 年、1756—1763 年、1776—1783 年，以及与本书所述时期有部分交叠的 1792—1815 年。那就是英法之间的冲突，从一定意义上说，也就是新旧统治体制之间的冲突。对法国来说，虽然它的贸易和殖民帝国的迅速扩张引起了英国的敌意，但它同时也是一个最为强大、最为杰出、最有影响力的国家。一言以蔽之，它是一个典型的、贵族式的君主专制国家。没有其他事物能比英法这两个大国之间的冲突更能活生生地反映新社会秩序对旧社会秩序的优越性。因为英国不仅是冲突的赢家，而且除了其中的一次以外，所有战事都在不同程度上取得了决定性的胜利。英国人轻而易举地组织战事，从财力物力上保证战争的进行。而在另一方面，尽管法国地广人众，而且从潜在资源上看，比英国更为富有，但是，法国的君主专制制度发现自己力不从心。法国在七年战争（1756—1763 年）失败之后，北美殖民地的反叛，给法国提供了一个反败为胜的机会，法国抓住了这个机会。的确，英国在随后的国际冲突中遭到了惨重失败，丧失了它在美洲殖民地中最重要的部分。法国，这个新生美利坚合众国的同盟国，也因此成为胜利者，但是其付出的代价却极为昂贵，法国政府的国际困境不可避免地使它深陷于国内政治危机之中。六年之后，法国大革命（从危机中）应运而生。

7

以上我们只是初步概述了双元革命前夕的世界，扫视了欧洲（更确切地说是西北部欧洲）与世界其他地方的关系，接着便该结束此一概述。欧洲（及其海外势力、白人殖民者社会）对于这个世界在政治、军事上的绝对统治，应该是双元革命时代的产物。18世纪后期，许多非欧洲的大国和文明显然仍以平等之地位，勇敢地面对白种商人、水手和士兵。伟大的中华帝国当时在清王朝的统治下，处在鼎盛时期，天下无敌。如果说有什么文化影响的潮流是从东向西而来，那就是，欧洲的哲学家们在思索完全不同但显然具有高度文明的东方教训，而艺术家和手工艺人则要在他们的作品中体现常常未被理解的远东主题，使东方的新材料（"瓷器"）适用于欧洲大陆。伊斯兰国家（像奥斯曼）虽然受到其欧洲邻国（奥地利，尤其是俄国）不断的军事打击，但它们还远不是毫无用处的庞然大物，它们要到19世纪才变得如此。非洲实际上仍未受到欧洲的军事渗透，除了好望角附近的几个小地方以外，白人的活动仅限于沿海通商口岸。

但是，已经迅速扩大而且日益迅猛扩张的欧洲贸易和资本主义企业，逐渐破坏了世界其他地区的社会秩序。在非洲，通过空前加强的残酷的奴隶贸易；在印度洋周围，借由相互竞争的殖民大国渗透；在近东和中东地区，则是靠着贸易和军事冲突，使当地的社会秩序产生破坏。欧洲人直接的军事征服，已经开始大为超出 16 世纪的西班牙和葡萄牙人、17 世纪的北美白人殖民者在早期殖民化过程中早已占领的地区。英国人的殖民事业获得了重大进展，他们在印度的部分地区（尤其在孟加拉），已经建立起直接的领土控制，实际上推翻了莫卧儿帝国（Mughal Empire），这是一个将使英国殖民者在本书所述时期内变成全印度的统治者和管理者的重要进程。已经变得较为虚弱的非欧洲文明，当它们面临着比自己优越的西方技术和军事力量时，它们的结局可想而知。在世界的历史上，一小撮欧洲国家和欧洲资本主义势力，在一直被人们称为"达·伽马时代"（Age of Vasco da Gama）的四个世纪里，建立起对整个世界的绝对（尽管现在看来显然只是暂时的）统治，这个时代的黄金时期已指日可待。双元革命即将使欧洲人的扩张所向披靡，虽然它也为非欧洲人世界的最终反击提供了条件和装备。

第一章

18 世纪 80 年代的世界

第二章

工业革命

不论它们如何运作，不论它们的原因和结果如何，这些机械价值无限，它们都归功于这位具有独创精神的有用天才，不论他走到哪里，人们都将想起他的功绩……游手好闲、懒惰、愚蠢的冷漠、漫不经心的粗枝大叶，处处使得人们束缚起来，步祖先的后尘，没有思想，缺乏研究，也没有雄心。如能摆脱这一切，你一定能积德。从布林德利（Brindley，英国工程师）、瓦特、普里斯特利、哈里森（Harrison，英国钟表师，发明钟的补偿摆）、阿克赖特（Arkwright，英国发明家）这些人的工作中，在他们每个人的人生道路上，涌现了源源不断的思想，产生了多么努力的精神、多么巨大的创造力量……对于参观过瓦特蒸汽机的人而言，还有什么样的人生追求是他无法激起的？

——阿瑟·扬（Arthur Young），

《英格兰威尔士游记》（*Tours in England and Wales*）[1]

从这污秽的阴沟里泛出了人类最伟大的工业溪流，肥沃了整个世界；从这肮脏的下水道中流出了纯正的金子。人性在这里获得了最为充分的发展，也达到了最为野蛮的状态；文明在这儿创造了奇迹，而文明人在这儿却几乎变成了野蛮人。

——1835 年托克维尔（A. de Toqueville）论曼彻斯特[2]

1

让我们从工业革命，也就是说，从英国谈起。乍看之下，工业革命的起点令人捉摸不定。在 1830 年以前，人们肯定不曾明确无疑地感受到工业革命的影响，至少在英国以外的地区是如此。大约在 1840 年前后，它的影响可能也不太明显，一直要到我们所论述的这段历史的较晚时期，人们才实实在在地感受到工业革命所带来的影响。文艺作品要到 19 世纪 30 年代才开始明显地魂牵梦绕于资本主义社会的兴起，那是一个除了赤裸裸的金钱关系 [这一说法来自卡莱尔（Carlyle）] 以外，所有的社会束缚都已打破的世界。巴尔扎克（Balzac）的《人间喜剧》（ *Comédie Humaine* ），这部资本主义兴起时期最为杰出的文学代表作，就是那个时代的产物。大约到 1840 年，官方和非官方关于工业革命社会影响的作品才开始如溪流般涌现出来。在英国，有大量的蓝皮书和调查统计资料，如维莱姆（Villermé）的《工人物质和精神状况之概述》（ *Tableau de l'état Physique et moral des ouviers* ），恩格斯（Engels）的《英国工人阶级状况》（ *Condition of the Working Class in England* ）；在比利时则有迪克珀蒂奥（Ducpetiaux）的作品；从德国到西班牙和美国，到处都有愤世嫉俗的批评家评论。无产阶级这个工业革命的产儿和当时热衷于社会运动的共产主义——《共产党宣言》中的那个幽灵——也在 19 世纪 40 年代开始游荡于欧洲大陆。工业革命一词是英国和法国的社会主义者——他们本身也是前无古人的一群——在 19 世纪 20 年代发明的，可能是从与法国那场政治革命的类比中引申而来。工业革命这个名称反映了它对欧洲大陆影响的相对落后。在英国，在工业革命一词发明之前，工业革命已是客观存在的事实。[3]

我们之所以要先研究工业革命，其原因有二：第一，因为工业革命事实上"爆发"（broke out）——我们用一个有待探究的措辞——在巴士底狱被攻陷之前；第二，因为没有工业革命，就无法理解本书所论时期较为突出的历史人事巨变；没有工业革命，也无从理解其节奏不平衡的复杂性。

"工业革命爆发"这一用语意味着什么呢？它意味着在 18 世纪 80 年代的某个时候，人类社会的生产力摆脱了束缚它的桎梏，在人类历史上这还是第一次。从此以后，生产力得以持久迅速地发展，并臻于人员、商品和服务皆可无限增长的境地。套用经济学家的行话来说，就是从"起飞进入自我成长"。在以往，还没有任何社会能够突破前工业化时期的社会结构、不发达的科学技术，以及由此而来的周期性破坏、饥馑和死亡强加于生产的最高限制。当然，"起飞"并不像地震或陨石这类自然现象，是在突然之间侵袭这个非技术支配的世界。有的史学家因兴趣所致，把工业革命的前史追溯到公元 1000 年左右，有些甚至更早。早先投入这一领域的人，笨拙得像小鸭子，想一步登天，他们一味在"工业革命"的名字上大做文章，把工业革命的起飞定在 13 世纪、16 世纪、17 世纪的最后几十年。从 18 世纪中叶起，起飞的加速过程已清晰可见，以至于一些老资格的历史学家往往把工业革命开始的时间定在 1760 年。但是，经过深入详细的研究，大多数专家倾向于把 18 世纪 80 年代，而不是 18 世纪 60 年代作为工业革命的关键时期。就我们所知，只有到那个时期，所有相关的统计数据才都突然快速地、几乎直线式地上升，这才是"起飞"的标志，工业经济仿佛从天而降。

把这一过程称为工业革命，既合乎逻辑，又与业已形成的传统相一致，虽然在保守的历史学家中间——可能是由于在具有煽动性的概念面前有些羞羞答答——曾经有过一种时尚，否认工业革命的存在，而代之以诸如"加速演进"这类陈词滥调。如果发生在18世纪80年代前后那次本质上的、基础性的突然变化不是一场革命，那么，革命这个词就不具常识意义。工业革命的确不是一段有始有终的插曲。要问工业革命"完成"于何时，那毫无意义，因为就其本质而言，从此以后，革命性的变化已成为常态。这一变化仍在继续进行，我们最多只能问，经济上的转变发展到什么时候才足以建立真正的工业化经济；广义地说，什么时候才能够在既有的技术条件下生产它想生产的一切东西，用专业术语来说，什么时候才能成为一个"成熟的工业经济"。在英国，因而也就是在这个世界上，工业化的初始阶段可能与本书所述时期几乎完全一致，因为，如果工业革命的"起飞"是从18世纪80年代开始，那么，或许可以说它结束于19世纪40年代英国铁路的修建和大规模的重工业建设。但是，革命本身，革命的"起飞时期"，或许能够尽可能精确地确定在1780—1800年这20年中的某个时候，与法国大革命同时代，而又稍稍早于法国大革命。

不论怎么估计，工业革命无论如何都可能是自农业和城市发明以来，世界历史上最重要的事件。而且，它由英国发端，这显然不是偶然的。倘若18世纪有一场发动工业革命的竞赛，那么，真正参加赛跑的国家只有一个。在欧洲，从葡萄牙到俄国，每个开明专制国家的工业和商业都有长足的进步，这种进步都是由每个开明王国中那群明智且经济概念并不幼稚的大臣和文职官员所推动的，他们每一个人至少都像当今的统治者那样关心"经济成长"。有一些小国和地区的工业化确实给人留下了相当深刻的印象，比如萨克森和列日的主教辖区，尽管它们的工业实力太小、太具地方性，还不能像英国那样产生世界性的革命影响。不过我们却可清楚地看到，即使在革命发生以前，英国在每人平均的生产量和贸易额方面也已经远远地走在它主要的潜在竞争对手之前，虽然在总产量和贸易总额上彼此还相差无几。

不论英国领先的原因是什么，它在科技方面并不占优势。在自然科学方面，法国几乎肯定走在英国之前。法国大革命相当大程度地加强了这种优势，至少在数学和物理学方面是如此。因为，在法国，科学受到革命的鼓励，而在英国，反动派则怀疑科学。甚至在社会科学方面，英国人距离使经济学成为——并且基本保持为——盎格鲁-撒克逊人显学的优势还远得很呢。不过在此时，工业革命的确使它们置身于毫无疑问的首要地位，18世纪80年代的经济学家不仅喜欢读亚当·斯密（Adam Smith）的著作，而且——或许比较有益——喜欢研究法国重农学派和国民所得会计学派，魁奈（Quesnay）、杜尔哥（Turgot）、尼摩尔公爵（Dupont de Nemours）、拉瓦锡（Lavoisier），或许还能读到一两位意大利人的著作。法国有着比较独到的发明，例如1804年的雅卡尔（Jacquard）纺织机，这种机器的装置要比任何一种英国设计的机器复杂。法国也制造了较好的船只。日耳曼人拥有像普鲁士矿业学校（Bergakademie）那样的技术培训机构，在英国就没有类似的机构。法国大革命创造了独一无二、给人深刻印象的巴黎综合理工学院（Ecole Polytechnique）。相较之下，英国的教育如同儿戏，尽管它的不足之处多少因要求严格的乡村学校，以及具有严谨、激情和民主气息、信奉加尔文教派（Calvinist）的苏格兰大学所抵消。这些学校把一大批才华出众、勤奋刻苦、追求事业、具有理性精神的年轻人源源不断地送往南方，这些年轻人包括瓦特、特尔福德（Thomas Telford，英国工程师）、麦克亚当（Loudon McAdam，苏格兰发明家）、穆勒（James Mill）等人。牛津和剑桥是英格兰仅有的两所大学，从学识上看，它们无足轻重，除了那些被排斥在（英国国教）教育体制之外的非国教新教徒所建立的专科学校之外，这两所大学和公立学校或文法学校一样，毫无生气可言。甚至希望自己儿子能接受良好教育的贵族家庭，也依赖私人教师或苏格兰的大学来完成学业。19世纪早期，教友派信徒兰开斯特（Quaker Lancaster，以及在他之后，他的国教派竞争对手）建立了一种自愿式的大众识字教育。这个教育系统在经历了一番教派争论之后，很偶然地永远承担起英国教育的重责大任，而在此之前，英国并没有任何初等教育体系。社会恐惧阻碍了穷人的教育。

　　所幸的是，进行工业革命并不需要太多高深的学问。[a] 工业革命的技术发明极为平常，其技术要求绝不会超出在工厂学得丰

a. "一方面，我们欣喜地看到，英国人通过对古代作家的研究，为他们的政治生活取得了巨大财富，不论他们如何从中卖弄学问。议会中的雄辩家们出于良好的目的，经常引用古人的语言，这种做法议会乐于接受，并且无法不对议会有所影响。另一方面，在这个国家里，制造业已占据统治地位。从此以后，让科学和工艺家喻户晓，以促进人们对科学和工艺的追求，这些需要显而易见。但是，在年青一代的教育课程中，人们几乎不曾注意到缺少上述科目，这无法不令我们惊讶。同样令人惊讶的是，那些缺乏任何正规职业教育的人，其所取得的成就依然是那么巨大。"瓦克斯穆特（W.Wachsmuth），《欧洲习俗史》（*Europaeische Sittengeschichte* 5，2，莱比锡，1839年），p.736。

富操作经验的聪明工匠，或者说，绝不会超过木匠、磨坊制作匠和锁匠的创造能力，如飞梭、珍妮纺纱机和走锭精纺机的发明者。即使从科技上看来最为复杂的机器，如 1784 年瓦特发明的旋转式蒸汽机，其所需的物理水平也不会超过此前大半个世纪已经达到的程度——蒸汽机的完善理论直到 19 世纪 20 年代才由法国人卡诺（Carnot）加以发展——并且可以在以往几代人实际使用蒸汽机（主要在煤矿）的基础上制造出来。假如条件适当，工业革命的技术革新（可能化学工业除外），实际上是水到渠成。但这并不表示早期企业家通常对科学不感兴趣，只一味寻求实际利益。[4]

当时，这种适当的条件在英国是显而易见的。在英国，人民有史以来第一次正式审判并处死了国王，个人利益和经济发展变成了政府政策的最高目的，这些都已是一个多世纪以前的事了。出于实际的目的，英国已经找到了解决土地问题的革命性办法，这是独一无二的。相当一部分具有商业头脑的地主几乎已经取得了对土地的垄断地位，这些土地由农场主人雇用无地或小土地持有者来耕作，农村大量古老的集体经济残余，仍需借由《圈地法案》（Enclosure Acts，1760—1830）和私人交易加以扫除。但是，我们几乎不能再以法国农民、德国农民或俄国农民那种意义上的农民来形容"英国农民"了。市场已经支配着农场，制造业早已渗透到非封建性的农村。农业已经做好了在工业化时代实现它的三个基本功能的准备：（一）增加生产，提高生产率，以便养活迅速增长的非农业人口；（二）为城市和工业提供大量不断增长的剩余劳动力；（三）提供一个累积资本的机制，把资本用于经济活动中较为现代的部门。（另外还有两个功能在英国可能不太重要，那就是在农业人口中——通常占总人口的大部分——创造一个足够大的市场；以及提供出口盈余，以有助于保证主要商品的进口。）大量的社会管理资本已经被创造出来，它们是为使整个经济平稳前行所必须投入的昂贵的基础设施，尤其在船运、港口设施，以及道路和水路的改进方面更加明显。政治已经适应利润的需要。商人的特殊需求可能会遭到其他既得利益团体的抵制，如我们将会看到的那样，土地利益团体将在 1795—1846 年竖立最后一道障碍，以阻止企业家前进。但是，从整体上看，金钱万能已深入人心，企业家要想在社会的统治阶层中争得一席之地，其所必备的前提，就是要有足够的金钱。

毫无疑问，商人正处在发达致富的过程中，因为对大多数欧洲国家来说，18 世纪的大部分时间是一个繁荣的时期，是一个经济自由发展的时期，是伏尔泰（Voltaire）《老实人》中的潘格罗斯（Dr. Pangloss）幸福乐观主义的真实背景。人们很可能认为，这种受到轻微通货膨胀推动的经济发展，迟早会把某些国家推过区分前工业化经济与工业化经济的分水岭。但是，问题并没那么简单。事实上，18 世纪大部分的工业发展并没有立即，或者说并没有在不远的将来导致工业革命，即导致一个机械化"工厂制度"的产生。这个制度反过来生产大量的产品并使成本迅速降低，它不再依赖于现有的需求，而是创造了自己的市场。[a]例如建筑贸易，以及在英格兰中部和约克郡（Yorkshire）无数生产家用金属制品——钉子、铁锅、刀具、剪刀等等——的小规模行业，在这

a. 现代汽车工业就是这方面的最佳例子。并不是存在于 19 世纪 90 年代的汽车市场需求创造了现代规模的汽车工业，而是制造廉价汽车的生产能力，创造了对汽车大规模的现代需求。

第二章
工业革命

一时期显得蓬勃发展，但是，在其中发挥作用的总是现存的市场。在 1850 年，它们所生产的商品远多于 1750 年，但生产方式本质上还是旧式的。当时经济所需要的并不是随便哪一种类型的发展，它所需要的是一种创造了曼彻斯特而不是伯明翰的特殊发展。

此外，初始的工业革命是在某种特定的历史条件下发生的。在这个条件下，经济发展是从无数个私人企业家和投资者纷繁复杂的决断中出现的，每一个决策都根据那个时代的第一条圣训，即贱买贵卖。他们是怎么发现最大的利润来自有组织的工业革命，而不是他们更为熟悉（在以前也是更有利可图）的经营活动？他们是怎么知道当时尚无人知晓的秘密——工业革命将创造一种空前的力量，加速扩大他们的市场？倘若工业社会主要的社会基础已经打好，就如 18 世纪晚期的英国几乎肯定已经形成的那样，它们仍需要具备两个条件：第一，需要存在一个已经为制造商提供了特殊报偿的行业，如果需要的话，他可以通过简便廉价的革新，迅速扩大他的产量；第二，需要有一个基本上为某个生产国所垄断的世界市场。[a]

上述考虑在某些方面适用于本书所述时期的所有国家。例如，在所有这些国家，工业成长的前导都是大众消费品——主要（但不是绝对）是纺织品[6]——的制造商，因为这类商品的巨大市场已经存在，商人可以清楚地看到扩大生产的可能性。但是，在别的方面，上述考虑只能适用于英国。因为早期企业家面对的问

a. "购买力的扩大只是随着人口和人均收入的增长，随着运输费用的下降，以及对贸易限制的消除而缓慢进行。但市场正在不断扩大，而此时问题的关键在于某些大众消费品的生产者能够把握机遇，使他们的生产能持续、快速地发展。"[5]

题最为艰难。一旦英国开始实行工业化，其他国家就可以开始享受由原发性工业革命所推动的经济迅速发展所带来的好处。此外，英国的成功证明了工业化的成就，其他国家可以模仿英国的技术，引进英国的工业和资本。萨克森的纺织工业，由于自己无法创造发明，有时就在英国技工的指导下照搬英国人的发明。像科克里尔（Cockerill）这类对欧洲大陆感兴趣的英国人，在比利时和德国各地自己设立工厂。1789—1848年，英国的专家、蒸汽机、纺织机和投资，像潮水一般涌入欧洲和美国。

英国本身享受不到这种好处。但另一方面，英国拥有足够强大的经济和敢作敢为的政府，可以从它的竞争者手中夺取市场。1793—1815年的战争，实际上是英法长达一个世纪决斗的最后决定性阶段。从某种程度上说，除了年轻的美利坚合众国外，这场战争把所有的竞争对手从非欧洲人的世界中排挤了出去。而且，英国还拥有一个令人羡慕、适合在资本主义条件下首开工业革命的行业，以及允许其与棉纺织业和殖民扩张相联结的经济纽带。

2

像所有其他国家的棉纺织业一样，英国的棉纺织业最初是作为海外贸易的副产品而发展起来的，海外贸易带来了纺织原料（倒不如说是其中的一种原料，因为早期产品是"粗斜纹布"，一种棉麻混纺布），以及印度棉纺织品，也就是"白布"，欧洲的制造商试图用他们自己仿造的产品来抢占印度棉纺织品的市场。虽然他们后来能成功地仿制比精纺织物更具竞争力的廉价粗糙产品，但是，他们起先并不是很成功。幸运的是，在毛纺织业中根深蒂固、势力强大的既得利益集团，能够采取相应措施，经常确保对印度白布实行进口限制［尽可能地从印度出口白布，完全是东印度公司（East India Company）追求的商业利益］，于是为本国的棉纺织业提供了一个机会。棉花和棉纺织品的价钱要比毛纺织品便宜，遂使得它们在国内为自己挣得一个虽然有限却很有用的市场。不过，棉纺织业迅速扩张的主要机会还是在海外。

殖民贸易造就了棉纺织业，而且继续使它得到繁荣。18 世纪时，棉纺织业在一些主要的殖民地贸易港口，在布里斯托尔、格拉斯哥，尤其是利物浦这个巨大的奴隶贸易中心发展起来。这种非人道但却迅速扩大的商业，它的每一个阶段都推动了棉纺织业的发展。实际上，在本书所关心的整个时期里，奴隶制度与棉纺织业并肩成长。非洲的奴隶至少有一部分是用印度的棉纺织品购买来的，但是，一旦印度棉纺织品的供应因发生在印度和印度附近的战乱而中断，兰开夏郡便乘虚而入。在西印度群岛上，采用奴隶劳动的种植园为英国棉纺织业提供了大量原料，种植园主人反过来又大量购买曼彻斯特的纺织品。到"起飞"前不久，兰开夏的棉纺织品已大量地倾销到互相结合在一起的非洲和美洲市场，[7] 兰开夏欠奴隶制度的债后来要借由支持奴隶制度去偿还，因为在 18 世纪 90 年代以后，美国南部的奴隶制种植园由于兰开夏棉纺织厂贪得无厌、飞速膨胀的胃口，而得以维持和扩大，它们为兰开夏的棉纺织厂提供了大量的原棉。

就这样，棉纺织业像一架滑翔机，在它所依赖的殖民地贸易推动下起飞了。殖民贸易不仅展示了广阔的前景，而且还指望获得迅速、无法估量的发展，它鼓励企业家采用革命性的技术以满足它的发展需要。从 1750 年到 1769 年，英国棉纺织品的出口增长了 10 倍以上。在这种情况下，对于手里握着最多棉纺织品进入这个市场的人来说，其回报是无比丰厚的，很值得冒险大胆地进行技术革新。但是，海外市场，尤其是海外市场中贫穷落后的"低开发地区"，不仅经常性地急遽扩大，而且通常是没有明显限制地不断扩大。毫无疑问，其中任何一个地区以工业时代的标准来衡量都是微小的，看上去是孤立的，而不同的"先进经济"之间的竞争更使得每一个部分愈加显得渺小。但是，正如我们已经看到的那样，假如有一个经济发达的国家有充分的时间设法取得对所有市场，或者说几乎是所有市场的垄断地位，那么，其前景确实无限广阔。这恰恰就是英国的棉纺织业在英国政府大胆支持下取得成功之所在。从销售方面看，除了 18 世纪 80 年代的头几年外，工业革命可以说是出口市场对国内市场的胜利：1814 年，英国生产的棉布出口和内销之比约为 4 : 3；到 1850 年，已加大为 13 : 8。[8]英国货物出口的主要市场，长期以来是半殖民地和殖民地市场，因此，在不断扩大的出口市场中，必然也是半殖民地、殖民地市场的巨大胜利。在拿破仑战争期间，由于战争和封锁，欧洲市场基本上已告断绝，这是顺理成章的事。但是，就是在战争过后，欧洲市场仍继续维护自己的利益。1820 年，欧洲大陆再次打开大门，解除对英国货物的进口限制，从英国进口了 1.28 亿码[a]棉布；美国以外的美洲地区、非洲及亚洲，则进口了 8 000 万码英国货。但是到了 1840 年，欧洲进口数量为 2 亿码，而"低开发地区"的进口量却高达 5.29 亿码。

英国的工业在这些地区内，通过战争、其他民族的革命以及

a. 1 码≈0.91 米。——编者注

它自身的帝国统治等手段，建立了垄断地位。有两个地区特别值得我们注意。在拿破仑战争期间，拉丁美洲实际上逐渐完全依赖英国的进口。拿破仑战争以后，拉丁美洲已与西班牙和葡萄牙割断了联系，几乎完全成了英国的经济附庸，切断了英国潜在竞争对手的一切政治干预。在1820年，这个贫困大陆从英国进口的棉布数量，相当于欧洲进口量的四分之一强。到1840年，这一数目几乎达到了欧洲的一半。正如我们所见，东印度群岛在东印度公司的推动下，向来是棉纺织品的传统出口商，但是，随着企业家既得利益集团在英国占据优势，东印度公司的商业利益（更不用说印度的商业利益）受到挫折。印度有计划地被非工业化，它反而成为兰开夏棉纺织品的市场：1820年，印度次大陆只进口了1 100万码棉布，但是到了1840年，它已进口了1.45亿码。这不仅仅是兰开夏市场所取得的令人快慰的扩展，同时也是世界历史上的重要里程碑。因为自有史以来，欧洲在东方总是买得多，卖得少。因为东方对于西方几无所求，而西方却反过来需要东方的香料、丝绸、棉布和珠宝等物品。工业革命出产的衬衫棉布第一次将这种关系颠倒过来，而在此之前，这种关系是通过运去贵金属和掠夺的方式保持平衡。只有保守而自足的中国仍然拒绝购买西方或西方控制下的经济所提供的货物，一直要到1815—1842年，西方商人借助他们的坚船利炮，才发现了一种可以从印度大量输出到中国的理想商品，那就是鸦片。

所以，棉纺织品为私人企业家展现了一幅无比宏伟的前景，足以诱使他们大胆进行工业革命，而突然得到充分扩展的市场也需要这样的革命。所幸的是，进行工业革命的其他条件业已具备，带动棉纺织业革命的新发明——珍妮纺纱机、水力纺纱机、精纺机，以及稍后的动力织布机——简单方便，投资低廉，通过增加产量，几乎马上就能回本。如果这些机械需要零星安装，平民百姓借几个钱就能创业，因为掌握着18世纪巨大财富的有钱人们，不想把大把的钱投到工业上。棉纺织业发展所需的资金，很容易便能从日常的利润当中筹措，因为它所征服的巨大市场，加上持续不断的物价上涨，产生了巨大的利润。日后有一位英国政治家客观地指出："利润率不是5%或10%，而是100%，百分之几千，就是这种高额的利润，使得兰开夏发迹致富。"像欧文（Robert Owen）这样原本是一位布商的伙计，1789年，他借了100英镑从曼彻斯特白手起家，到1809年，他竟能用8 400英镑的现金，买下新拉纳克（New Lanark）纺纱厂的股权。这是当时相当普通的事业成功故事。我们应当记住，大约在1800年左右，年收入超过50英镑的英国家庭尚不足15%，其中只有四分之一的家庭年收入超过200英镑。[9]

但是，棉纺织业还有其他优势，它的原料全部来自国外，因而，原料供应的增长是通过向殖民地白人敞开的急遽发展过程——奴隶制度和开垦新土地——而不是靠欧洲农业比较缓慢的发展过程来实现的；它也不受欧洲农业中既得利益集团的影响。[a]从18世纪90年代以后，英国棉纺织业在美国南部新开辟的各州中找到了原料供应基地。直到19世纪60年代，英国棉纺织业的命运一直与它们联系在一起。再者，在制造（尤其是纺纱）的关键环节，棉纺织业遭受了缺乏廉价、充分的劳动力所带来的

---

a. 举例来说，在本书所述时期里，海外供应的羊毛，其重要性一直微乎其微，只有到19世纪70年代，才变成一个重要因素。

损害，因而被迫推向机械化。像麻纺织这一行业，殖民地扩张起初为它带来了比棉纺织业更好的机遇，但从长远看来，就是因为便宜的、非机械化的生产能够在贫困的农村（主要是中欧，也包括爱尔兰）轻易得到发展，而使它遭受了损害，它只能在那些地区繁荣兴旺。18世纪的萨克森、诺曼底（Normandy）与英国一样，发展工业的明显方式，不是去建设工厂，而是去扩大所谓的"家庭"或"分散加工"制度。在这个制度下，工人——有时候是以前的独立工匠，有时候是农闲季节找活干的农民——在他们自己的家里，用他们自己的或租来的工具加工原料，他们从商人手中领取原料，再把加工好的产品送还给商人。在这个过程中，商人变成了雇主。[a]的确，无论在英国，还是在其他经济比较发达的国家，在工业化初期，经济发展主要是继续依靠这种形式而取得的。即使是棉纺织业，像织布这样的生产过程，也是借由大量增加家庭手摇纺织机的织布工，来为那许多已经机械化的纺纱中心提供服务，原始的手摇织布机要比纺车更有效率。但是，在纺纱业完成机械化大约30年之后，织布业在各处也都机械化了。顺便说一句，各个地方的手摇织布机织工都是无可奈何地退出历史舞台的，当棉纺织业已不再有求于他们的时候，他们偶尔也会揭竿而起，反抗他们的悲惨命运。

a. "家庭生产制度"是制造业从家庭或手工业生产迈向现代工业发展过程中普遍存在的一个阶段，它的生产形式不可胜数，其中有些形式与工厂相当接近。如果18世纪的作者提到"制造业"，那几乎可以肯定是指"家庭生产制度"，而且这种指称适用于所有西方国家。

3

传统观点最初一直是根据棉纺织业来看待英国工业革命的历史，这是正确的。棉纺织业是第一个进行革命的行业，在其他行业，我们很难看到有那么多私人企业家被推向革命。迟至 19 世纪 30 年代，棉纺织业是唯一一个由工厂或"制造厂"（该名称来自前工业化时期最普遍的、运用笨重动力机械来进行生产的企业）占主导地位的英国工业。起先（1780—1815 年）它主要是用在纺纱、梳棉以及一些辅助性工作的机械化上，1815 年以后，织布业也逐渐开始机械化。在人们的观念里，新的《工厂法》中所说的"工厂"，19 世纪 60 年代以前绝对是指纺织厂，主要是指棉纺织厂。19 世纪 40 年代以前，其他纺织业领域的工厂生产发展缓慢，其他制造业更是微不足道。蒸汽机首先在开矿中被应用，到 1815 年，蒸汽机已被应用到其他很多行业，但是，尽管如此，除开矿以外，其他行业使用蒸汽机的数量不大。1830 年，现代意义上的"工业"和"工厂"几乎绝对是指英国的棉纺织业。

这样说，并不是要低估在其他消费品生产领域中，导致工业技术革新的力量，尤其是在其他纺织业[a]，在食品和酿酒业、陶瓷制造业，以及在城市迅速发展刺激下大为兴盛的家用商品生产领域的革新。但是，这些领域所雇用的人手比棉纺织业要少得多，1833 年，直接受雇于或依赖于棉纺织业的人数达 150 万，没有任何其他行业能望其项背，这是第一。[11]第二，这些行业改变社会

a. 在所有国家掌握的可供出售的商品中，纺织品都占有很大份额，往往处于主导地位：在 1800 年的西里西亚（Silesia），纺织品价值占全部产值的 74%。[10]

的影响力要小得多，例如酿造业，在很多方面是比较先进的行业，在科技上，它比其他行业先进得多，机械化程度更高，它无疑已在棉纺织业之前就实现了革命化，但是，它对于周围的经济生活几乎没什么影响，这可以从都柏林的吉尼斯（Guinness）黑啤酒厂得到证明，该厂的设立对都柏林和爱尔兰其他经济领域并没造成什么影响。[12] 然而从棉纺织业中所产生的需求——需要更多建筑以及在这个新兴工业领域中的各种活动，需要机械、化学方面的改进，需要工业照明、船只运输和其他很多活动——却足以说明19世纪30年代以前英国经济增长的大部分原因。第三，棉纺织业获得了如此巨大的发展，它在英国对外贸易中所占的比重又是如此之大，以至于它支配了整个英国经济的运行。英国的原棉进口量从1785年的1 100万磅，上升到1850年的5.88亿磅。棉布产量从4 000万码增长到20.25亿码。[13]1816—1848年，英国棉纺织品的年出口额占总出口额的40%—50%。棉纺织业的兴衰关系到整个英国经济的兴衰。棉纺织品的价格变动决定了全国贸易的平衡，只有农业可与之匹敌，但农业显然处在衰退之中。

尽管棉纺织业和棉纺织业占主导地位的工业经济发展之速，使最富想象之人在此前任何情况下所能想象的一切都成为笑谈，[14] 然而它的发展却非一帆风顺。到19世纪30和40年代初，增长过程中的某些重要问题便已出现，更别提那场英国近代历史上空前未有的革命骚动。在那个时期，英国国民收入的增长速度明显降低，甚至有可能下降，这表明工业资本主义经济首次出现了大波折。[15] 然而，这场资本主义的第一次普遍危机，并非只是英国的现象。

这次危机最严重的后果表现在社会方面：新经济变革产生了

痛苦和不满，产生了社会革命的因素。的确，城市贫民和穷苦工人自发兴起的社会革命爆发了，它在欧洲大陆上产生了 1848 年革命，在英国产生了宪章主义运动（Chartist Movement）。群众的不满并不限于劳动贫民，不能适应新情况的小商人、小资产阶级，某些特定经济部门也是工业革命及其发展所造成的牺牲品。头脑简单的工人认为，他们的悲惨遭遇都是机器造成的，所以，他们捣毁机器以反抗这个新制度。但是，出人意料的是，竟有一大批地方上的商人和农场主也深深同情他们劳工所搞的卢德派（Luddites）运动，因为他们把自己看作一小批心狠手辣、自私自利革新家的牺牲品。对工人进行剥削，把他们的收入维持在糊口边缘，使得富人能够累积利润，为工业化（以及他们自己过奢侈享乐的生活）提供资金，这种剥削引起了无产者的反抗。但是，在另一方面，国民所得从穷人流向富人、从消费流向投资的转移，也引起了小企业家的对抗。大银行家、紧抱成团的国内外"公债持有人"，把所有税收捞入自己的腰包（参见第四章）——大约占国民总收入的 8%[16]——他们在小商人、小农场主这类人当中的形象，要比在劳工中更不得人心，因为这些人完全懂得金钱和债权，对于他们所处的不利境况深感愤怒。拿破仑战争之后，富人们事事如意，他们筹集了所需的所有贷款，他们强制紧缩通货，在经济上采取货币保守（orthodoxy）措施；倒霉的是小人物，在 19世纪的每个时期，在每个国家，小人物们都要求放松借贷、实行财政非正统主义。[a] 所以，工人和那些行将沦为一无所有、心有

a. 从拿破仑战争后的英国激进主义到美国的平民党的政治纲领，所有农场主和小企业家参加的抗议运动，都可以借由他们对财政非正统主义的要求而组织起来：他们都是"货币狂"。

怨气的小资产阶级，都有共同的不满。这些不满使得他们逐渐在"激进主义"、"民主主义"或"共和主义"的群众运动中团结起来。从 1815 年到 1848 年，英国的激进派（Radicals）、法国的共和派（Republicans）和美国的杰克逊民主派（Jacksonian Democrats）是其中最为棘手的运动。

但是，从资本家的观点来看，这些社会问题都与经济进步有关，只有出现某些可怕的偶发事件时，才会推翻社会秩序。而在另一方面，他们似乎已经看到经济过程中存在着某种固有的缺陷，这些缺陷将对经济过程的基本驱动力——利润——造成威胁。因为，如果资本的回报率降为零，那么，只为利润而生产的经济必然衰退而进入"停滞状态"，这是经济学家们已可预见并担忧不已的情况。[17]

在这些缺陷中，有三项最为明显，它们分别是繁荣和萧条交替出现的商业周期、利润率下降的趋势，以及（等于一回事）有利可图的投资机会减少。其中的第一个缺陷并不被认为很严重，只有批评资本主义的人，才会对周期性变化进行调查研究，并把它当作资本主义发展过程中的内在组成部分，当作资本主义固有的矛盾症状。[a]周期性经济危机导致失业、生产下降、企业破产等等，这些都是人所共知。在 18 世纪，周期性经济危机的发生一般是反映了农业上的某种灾难（歉收等）。人们一直认为，在本书所述时期结束以前，农业不稳定依然是欧洲大陆那些波及面最为广泛的经济萧条的主要原因。在英国，至少从 1793 年起，在小型

---

a. 1825 年以前，瑞士的西斯蒙第（Simonde de Sismondi）和保守、农村意识的马尔萨斯（Malthus），他们是在这方面进行争论的第一批人。新兴的社会主义者借用他们的危机理论作为自己对资本主义进行批判的基本原理。

的制造业领域以及财政金融部门所发生的周期性经济危机，也是大家熟知的。在拿破仑战争以后，1825—1826年，1836—1837年，1839—1842年，1846—1848年，繁荣和萧条这种周期性轮替的戏剧性变化，显然支配着和平时期一国的经济生活。19世纪30年代是本书所述时期的关键10年，到这个时期，人们才朦朦胧胧地意识到，经济危机是有规律的、周期性发生的现象，至少在贸易和金融领域是如此。[18]但是，实业家们依然普遍地认为，引起经济危机的原因若非犯了特别的错误（例如过分投机于美国股票），便是由于外界力量干扰了资本主义经济的平稳运行，人们并不相信危机反映了资本主义制度的任何基本缺陷。

边际利润下降的情况就不一样了，棉纺织业能非常清楚地说明这一点。起初，这个行业获得了巨大的利益，机械化大大提高了劳动者的生产效率（即降低了生产的单位成本）。由于劳动力主要由妇女和儿童所组成，他们所得到的报酬怎么说都是极为糟糕的。[a]1833年，格拉斯哥棉纺织厂的1.2万名工人中，每周平均工资超过11先令的工人只有2 000名。在曼彻斯特的131个棉纺织厂中，每周平均工资不到12先令，只有21个工厂的工资超过12先令。[19]棉纺织厂的建设费用相对较低，1846年，建造一个拥有410台机器的完整织布厂（包括土地及建筑费用），大约只需1.1万英镑。[20]不过，尤为重要的是，1793年惠特尼（Eli Whitney）发明轧棉机后，美国南部的棉花种植业迅速扩大，纺织原料的价格——棉纺织业的主要成本——由此急遽下降。由于利润随着物

a. 1835年，贝恩斯（E. Baines）估计，所有纺织工人的周平均工资为10先令，一年有两周不给薪的假期，而手摇织布机织工的平均工资则为每周7先令。

价上涨而增长，企业家已从中得到好处（也就是说，他们出售产品时的价格要高于他们制造该产品时的价格，这是一个总趋势），再加上我们刚才说的这一点，那么，我们就能明白为什么棉纺织制造业者的感觉会特别好。

1815 年以后，上述优势看来越来越为边际利润的减少而抵消。首先，工业革命和竞争造成了产品价格经常性的大幅下降，而生产的费用在很多方面并非如此。[21] 其次，1815 年以后，总体的价格形势是回落而不是上扬，也就是说，生产者绝享受不到以前曾享有的因物价上涨所带来的额外利润，反而因为物价轻微的下落而遭受损害。例如，1784 年时，一磅细纱的售价为 10 先令 11 便士，其原料价格为 2 先令（每磅有 8 先令 11 便士的利润）；1812 年，一磅细纱的售价为 2 先令 6 便士，而原料费用为 1 先令 6 便士（利润为 1 先令）；而到 1832 年时，其售价为 11.25 便士，原料费用为 7.5 便士，扣除其他费用，每磅只有 4 便士利润。[22] 当然，在英国工业中到处都是这种情况，但因各行各业都在发展之中，形势也不至太悲观。有一位赞赏棉纺织业的历史学家，在 1835 年轻描淡写地写道："利润依然丰厚，足以在棉纺织制造业中积累大量资本。"[23] 随着销售总量猛增，利润总额即使在利润率不断下降的情况下也快速增长。当务之急，是继续大幅度地加速生产。不过，边际利润的减少看来必须加以抑制，或者说，至少得减缓效益下降的速度。而这只能靠降低成本来实现。在所有成本中，最能压缩的就是工资。麦克库洛赫（McCulloch，苏格兰经济学家）估算，每年的工资开支总数是原料成本额的 3 倍。

直接剥削工资，用廉价的机器操作员替代报酬较高的技术熟练工人，以及借由机器竞赛的办法，可以有效压缩工资。1795 年，博尔顿的手摇织布机织工每周平均工资为 33 先令，用最后一种办法压缩工资开支，到 1815 年，织工的每周平均工资减为 14 先令，1829—1834 年，进而削减到 5 先令 6 便士（确切地说，净收入为 4 先令 1.5 便士）。[24] 确实，在拿破仑战争之后的时期里，现金工资持续下降。但是，这种对工资的削减有其生理上的限度，否则，工人就会挨饿，而当时实际上已有 50 万名织工处于挨饿状态。只有当生活费用同步下降时，工资的下降才不至于导致挨饿。棉纺织制造商都持有这样的观点，认为生活费用的提高，是由于土地利益集团的垄断者人为哄抬的。拿破仑战争以后，为地主所把持的议会为了庇护英国的农业经营，遂征收很重的保护性关税——《谷物法》（Corn Laws）——这使得情况更加糟糕。此外，这些做法还有别的副作用，足以威胁英国出口的实际增长。因为，如果世界上尚未实现工业化的其他地区，由于英国的保护政策而无法出售农产品，那么，它们拿什么来购买只有英国才能够（而且英国必须）提供的工业产品？所以，曼彻斯特商界成为反对整个地主所有制，尤其是反对《谷物法》的中心。他们勇往直前，富有战斗精神，并作为 1838—1846 年"反《谷物法》同盟"（Anti-Corn Law League）的支柱。但是，《谷物法》直到 1846 年才被废除，它的废除并没有立即造成生活费用的下降。在铁路时代和汽船时代到来之前，即使是免税进口粮食，是否可以大大降低生活费用，也是令人怀疑的。

英国的棉纺织业是在如此巨大的压力下去进行机械化（即经由节约劳动力以降低成本）、合理化，扩大生产和销售，借着薄利多销的方式弥补边际利润下降的损失，棉纺织业的成功是靠出奇制胜赢得的。正如我们所看到的那样，生产和出口在当时实际上已有大幅度增长，因此到了 1815 年后，原先仍靠手工操作或仅半机械化的工作也都开始大规模机械化了，尤其是织布业。这些职业机械化的方式，主要是通过普遍使用现有机器或稍加改进的机器，而不是进一步的技术革命。尽管技术革新的压力日益加大（1800—1820 年，棉纺等领域的新专利有 39 个，19 世纪 20 年代为 51 个，19 世纪 30 年代为 86 个，19 世纪 40 年代则达到 156 个[25]），但是，英国棉纺织业从技术上看，到 19 世纪 30 年代已趋稳定。另一方面，在后拿破仑战争时期，尽管人均产量有所增加，但是，这种增加并未达到革命性的程度，真正的大幅度增加要到 19 世纪下半叶才发生。

资本的利率也有类似压力，当代理论往往趋向于把这种利率比作利润。不过，这一问题我们留待工业发展的下一个阶段，即建设资本产业的阶段再予以考虑。

4

显然，工业经济只有拥有足够的资本，它的发展才能突破一定限制，这便是为什么即使到今天，钢铁产量仍是衡量一个国家工业潜力最为可靠的单一指标。但同样显而易见的是，在私营企业的条件下，由于这项发展大多需要极为高昂的资本投资，因此其发展不太可能建立在和棉纺织品或其他消费品生产工业化的相同基础上。因为棉纺织品和其他消费品已经存在着一个巨大的市场，至少潜在地存在着这样一个市场：即使处在非常野蛮状态的人群也有衣食住行的需要。所以，问题只是如何把一个足够巨大的市场尽快地推到商人面前。但是对于建筑钢架那类笨重的钢铁设施，却不存在这样的市场，它只有在工业革命的过程中（而且并非随时）才会逐渐产生。即使是相当普通的钢铁工厂也需要非常巨额的投资（与相当大型的棉纺织厂相比），那些在市场尚未显现就孤注投资的人，很可能是投机分子、冒险家和梦想家，而不是可靠的商人。事实上，在法国有一批这类带着投机色彩的技术冒险家，圣西门（Saint-Simon）的信徒便为那种需要大量长期性投资的生产领域的工业化，扮演了主要的宣传角色。

这些不利因素特别体现在冶金业上，而其中尤以冶铁业为最。由于18世纪80年代有一些类似于搅炼法和滚轧法这种简单的技术革新，冶铁能力因而有所增强。但是，非军事领域对铁的需求依然相当有限，虽然1756—1815年，因为发生了一连串战争，军事需求令人欣喜地增加，但在滑铁卢（Waterloo）战役之后，这种需求便大为减退。当时这种需求肯定还没有大到足以使英国成为生铁生产巨头的程度。1790年，英国所生产的铁大约只超过法国40%，即使在1800年，英国的铁产量还远不足欧洲大陆全部铁产量的一半，只达到25万吨。根据后来的标准，这是一个微不足道的数字。英国的铁产量在世界上占有重要比重的事实，要到随后几十年才看得到。

所幸的是，这些不利因素在矿业中，尤其在煤矿开采中并不太明显。因为煤炭业拥有的优势，不仅在于煤炭是19世纪工业动力的主要来源，而且，主要是由于英国森林资源的相对短缺，煤炭也是家庭燃料的一个重要种类。自16世纪晚期以来，城市的发展，尤其是伦敦的发展带动了煤矿业迅速发展。到18世纪早期，它实际上已算是初级的现代工业，甚至使用了最早的蒸汽机［其目的基本相同，主要是为康沃尔地区（Cornwall）有色金属矿的开采而设计］来抽水。从此以后，在本书所述时期里，煤矿业几乎不需要或不用经历重大的技术变革。但是，它的生产能力已经十分巨大，以世界标准来衡量，它已达天文数字。1800年，英国的煤炭产量大约已达到1 000万吨，或者说，生产了占世界总量大约90%的煤炭，英国最接近的竞争对手法国，它所生产的煤炭尚不足100万吨。

这一巨大的工业，虽然对于现代真正大规模的工业化来说，其发展可能还不算快，但却足以推动铁路的发明，这是一个将使资本产业发生转变的基本创造。由于采矿业不仅需要大量的大功率蒸汽机，而且还需要有效的手段，把大量煤炭从采煤场运送到矿坑，尤其是从矿坑口运输到装船现场。矿车所跑的"路轨"或"铁路"就是一个明显的答案。既然人们已在尝试利用固定的引擎拉动矿车，那么用移动的引擎拉动矿车看来也并非不可行。最后，由于陆路运输大批货物的费用是如此之高，这很可能打动了内陆矿区的矿主，将其所用的短程运输工具发展为有利可图的长程运输。从达勒姆（Durham）内陆煤田到沿海的铁路是第一条现代铁路［从斯托克顿（Stockton）至达灵顿（Darlington），1825年开通］。从技术发展方面来看，铁路是矿业，尤其是英国北部煤矿业的产儿。斯蒂芬森（George Stephenson）的职业生涯是从作为泰恩赛德（Tyneside）"机械师"开始的，在许多年里，火车司机实际上全是从他所在的煤矿区招收来的。

在工业革命中，没有什么革新能像铁路那样激起人们那么大的想象，这已有事实为证，这是19世纪工业化唯一被充分吸收到流行诗歌和文学想象之中的硕果。在大多数西方世界做出要建造铁路的计划（尽管实施这些计划一般都被拖延）之前，从工艺技术上看，几乎没有什么可以证明在英国（大约 1825—1830 年）建造铁路是可行的、有利可图的。1827 年在美国，1828 年和 1835 年在法国，1835 年在德意志和比利时，开通了最初的几条短程铁路，甚至俄国也于 1837 年修建了铁路。其原因无疑是：还没有其他发明能够如此富有戏剧性地向世人昭示新时代的力量和速度。即使是最早的铁路也明显反映了技术上的成熟，其中所揭示的意义更加令人惊讶。（例如在 19 世纪 30 年代，时速 60 英里已经不成问题，事实上，后来的蒸汽火车并未做根本改进。）火车在钢轨上拖着一条条长蛇般的烟尾，风驰电掣般地跨越乡村，跨越大陆。铁路的路堑、桥梁和车站，已形成了公共建筑群，相比之下，埃及的金字塔、古罗马的引水道，甚至中国的长城也显得黯然失色，流于一种古老的地域特色。铁路是人类经由技术而取得巨大胜利的标志。

实际上，从经济观点来看，铁路所需的巨大开支就是它的主要优势。毫无疑问，从长远看来，铁路有能力打开前此由于高昂的运输费用而被阻断于世界市场的国家大门，它大大地提高了陆路运输人员、货物的速度和数量，这就是铁路具有重要意义之所在。1848 年以前，铁路在经济上还不太重要，因为在英国以外，几乎没有什么铁路，而在英国国内，由于地理上的原因，处理交通运输问题远没有像幅员广大的内陆国家那么棘手。[a] 但是，从经济发展研究者的角度来看，在这一阶段，铁路对于钢铁、煤炭、重型机械、劳动力以及资本投资的巨大胃口，具有更为重要

a. 在英国，没有离大海超过 70 英里的地方。19 世纪所有重要的工业区中，除了一个例外，不是位于沿海，就是离海只有咫尺之遥。

第二章
工业革命
57

的意义。因为，如果资本产业也将经历如棉纺织业已经经历过的那种深刻转变，那么，铁路所提供的恰恰就是这种转变所需要的巨大需求。在铁路时代的前20年（1830—1850年），英国的铁产量从68万吨上升到225万吨，换言之，铁产量是原来的3倍。1830—1850年，煤产量也增至原来的3倍，即从1 500万吨增加到4 900万吨。产量急遽增加的主要原因在于铁路。因为，每建一英里铁路，仅铺设轨道所需的铁，平均就需要300吨。[26]工业发展第一次使钢的大规模生产成为可能，在未来的几十年里，随着铁路的大量修建，工业也自然蓬勃发展。

这项突如其来具有本质意义的巨大发展，其原因显然在于商人和投资者以非理性的激情投身于铁路建设之中。1830年，全世界只有几十英里的铁路线，主要是从利物浦到曼彻斯特。到1840年，铁路线已超过4 500英里，到1850年超过2.35万英里。其中的大部分路线是在被通称为"铁路狂热"的几次投机狂潮中规划出来的，这股狂热爆发于1835—1837年，尤其是1844—1847年。大部分铁路是用英国的资本、英国的钢铁、机器和技术建造起来的。[a]这种投资激增几乎是失去理性的，因为实际上，铁路很少为投资者带来高于其他企业的利润，这种高利润的报偿情况几乎不曾在铁路建设上发生过，大部分铁路的利润皆十分有限，很多铁路更是完全无利可图。例如：1855年，英国铁路投资的平均红利仅为3.7%。毫无疑问，创办人和投机者自然可大发横财，普通投资者显然不是这样。然而尽管如此，到了1840年和1850年，人们仍然满怀希望，投资到铁路上的钱分别

a. 1848年，法国铁路投资有1/3来自英国。[27]

高达 2 800 万和 2.4 亿英镑。[28]

原因何在呢？在英国工业革命的头两代人中，普遍存在一项基本事实，那就是小康阶级和富裕阶级累积所得的速度是如此之快，数量是如此之大，远远超过了他们所能找到的花钱和投资机会。（据估计，19 世纪 40 年代，每年可供投资的余额大约有 6 000 万英镑。[29]）封建贵族的上流社会将大把大把的钞票成功地挥霍在他们放荡的生活、豪华的建筑，以及其他非经济的活动中。[a] 在英国，德文郡（Devonshire）公爵六世的正常收入多得足以让他铺张挥霍，即使这样，他在 19 世纪中叶居然还为他的继承人留下了 100 万英镑的债务。（他另外又借了 150 万英镑，用于发展房地产，并还清了全部欠债。[30]）大量的中产阶级人士是主要的投资大众，但是，他们依然是敛钱者，而不是花钱者，尽管到 1840 年，已有很多迹象表明，他们已经感到有充分的财力既可投资又可花费。他们的妻子开始变成"女士"，大约在这一时期，礼仪方面的手册销路激增，女士们用礼仪手册来学习优雅举止。他们开始重建在教堂内的私人礼拜堂，把这些地方搞得富丽堂皇，他们甚至还模仿哥特式和文艺复兴时期的风格，建造了糟糕的市政厅和其他的城市怪物，以此来庆祝他们共同的荣耀，他们的城市史学家也自豪地记录了他们为此付出的巨额费用。[b]

再者，一个现代社会主义社会或福利社会，毫无疑问会从累

a. 当然，这种奢侈的消费也能刺激经济，但是效益极差，几乎不会把经济推向工业发展的方向。
b. 有些城市带有 18 世纪的传统，从来不曾停止公共建筑的建设，但是，像兰开夏郡博尔顿那样典型的新兴工业大都市在 1847—1848 年以前，实际上从没兴建过什么花哨的非功利性的建筑物。[31]

积起来的巨大财富中捐出一部分，用于社会目的。但是在本书所论的这个时代，这是不可能发生的事。中产阶级所负担的赋税实际上并不太重，于是他们可以不断在饥寒交迫的人民大众中累积财富，民众的忍饥挨饿与他们的财富累积如影随形。中产阶级不是乡下人，不满足于把自己的积蓄贮藏在长筒羊毛袜中，或者把钱财变成金手镯，他们必须为它们寻找到有利可图的投资渠道。但是，到哪里去投资呢？举例来说，现有的工业已经变得极为廉价，最多只能吸纳一小部分可供投资的剩余资金，即使我们假定棉纺织业的规模扩大一倍，它的资本费用也只能吸收其中的一部分。当时所需要的是一块足以吸纳所有闲余资金的大海绵。[a]

对外投资显然是一条可行的渠道。世界其他地区——首先，大部分旧政权力求恢复拿破仑战争所带来的创伤，而新政体则以它们惯常的做法，肆无忌惮地为一些不太明确的目的举债——迫不及待地要取得无限额的贷款，英国投资者何乐而不为！不过，南美洲的贷款在 19 世纪 20 年代显得那么有希望，北美洲的贷款在 19 世纪 30 年代之前的回报曾是那般诱人，只不过竟如此快速地变成了一钱不值的废纸：外国政府在 1818—1831 年所接受的 25 笔贷款中，到 1831 年时，竟有 16 笔（涉及大约 4 200 万英镑中的一半）是拖欠的。按规定，他们应偿还给投资者 7% 或 9% 的利息，但是，实际上投资者平均只收到 3.1% 的利息。在希腊有过这样的事情：1824—1825 年利息为 5% 的贷款，直到 19 世纪 70 年代才开始偿付，而且在此之前分文未给。遇上像希腊这样的情形，

a. 麦克库洛赫估计，1833 年，棉纺织业的总资本——固定资本和流动资本——为 3 400 万英镑，1845 年为 4 700 万英镑。

谁还能不感到沮丧呢？[32] 很自然，那些在 1825 年及 1835—1837 年投机狂潮中流向国外的资本，从此以后就开始追求显然不会太令人失望的投资场所。

作家弗朗西斯（John Francis）回顾了 1851 年后的投资狂热，他是这样描写富人的："对于工业界人士来说，富人们发现财富的累积速度总是超过合法公正的投资模式……他看到，在他年轻时，钱都投入了战争贷款，而成年时期积累的财富，则在南美的矿山中付诸东流，他的钱财在那里用于筑路、雇用劳工和扩大商业。（铁路）规模，投入的资本如果失败，至少是被创造铁路的国家吸收。投资铁路与投资外国矿山或外国借贷不同，它们不会一无所剩，或者说，不会毫无价值。"[33]

投资者是否能在国内找到其他的投资形式——比如建筑投资——仍是一个悬而未决的学术问题。实际上，投资者找到了铁路这条投资渠道，如果没有这股投资洪流，尤其是 19 世纪 40 年代中叶奔腾而来的投资潮流，那么，我们当然无法想象能这样迅速、这样大规模地修建铁路。这是一个幸运的关头，因为铁路恰好一下子解决了英国在经济增长过程中实际面对的所有问题。

5

追溯推动工业化的动力只是历史学家的部分任务。历史学家的另一个任务就是要追溯经济资源的动员和配置，追溯为维持这一崭新、革命化的过程所需要的经济和社会适应。

需要动员和调配的第一项，或许也是最为关键的因素，即劳动力，因为，工业经济意味着农业人口（也就是乡村人口）的比重明显下降，而非农业（也就是不断增长的城市）人口比重急遽上升，而且，几乎必然引起（如我们所论时期那样）人口迅速全面的增长。因而，这也意味着主要由国内农业所提供的食物，必先大幅度地增产，此即"农业革命"。[a]

长期以来，城镇和非农业聚居区在英国的迅速增长，都很自然地推动着农业。幸亏英国农业的效率在前工业化时期是如此之低，以至于只要对它稍加改良——对畜牧业稍加合理管理，实行轮作制、施肥，以及改进农场设计，或采用新作物——都能产生极为巨大的效果。这种农业变革发生在工业革命之前，使得人口在最初几个阶段的增长成为可能。物价在拿破仑战争期间异常高涨之后，紧接着发生经济衰退，使英国的农业生产惨遭损害，虽然如此，农业发展的动力却自然地持续下去。从技术和资本投资来看，本书所论时期所发生的变化，在 19 世纪 40 年代之前可能相当有限，但在此之后，农业科学和工程技术的时代可以说已经来临。英国粮食产量的大幅度攀升，使得英国的农业生产在 19 世纪 30 年代，能够为数量已达到 18 世纪 2 至 3 倍的英国人口提供 98% 的谷物，[34] 农业的进步是借由广泛采用在 18 世纪早期开始应用的耕作方法，通过合理化和扩大耕作面积而获得的。

所有这些进步，并不是经由技术变革，而是通过社会变革——取得的：取消中世纪遗留下来的共同耕作的敞田制和公共放牧（"圈地运动"），消灭了自给自足的小农经营，以及对土地非商业性经营的陈旧观念。由于 16—18 世纪的农业进步为日后做

a. 在铁路和轮船时代到来之前——我们所关心的这个时代结束之前——从国外大量进口粮食的可能性非常有限，尽管英国从 18 世纪 70 年代以后，最终成了粮食净进口国。

好了准备，因此，英国能够以独特的方式，较为顺利地从根本上解决土地问题，尽管在此过程中不仅常常受到农村不幸穷人的抵抗，而且也受到因循守旧的乡绅抵制。但是，土地问题的解决，使得英国成为一个由少数大土地所有者、一定数量以营利为目的的租佃农场主人，以及大量的雇佣劳动者所组成的国家。在1795 年的饥荒年和以后的岁月里，很多郡的乡绅法官，纷纷自动采纳救济贫民的"斯平汉姆兰制度"（Speenhamland System）。人们一直把这一制度看作为了保护旧有的乡村社会，抵御金钱关系侵害所做的最后一次有组织尝试。[a]农业经营者以《谷物法》来保护农业生产，抵御 1815 年以后的危机。他们不顾所有的经济保守主义，这些人把农业视如其他任何行业，只根据获利的标准来进行判断，《谷物法》在一定意义上就是一部反对上述倾向的宣言书。但是，这些为抗拒资本主义最终进入乡村所做的努力，是注定要失败的。1830 年后，他们在中产阶级激进派的前进浪潮中节节败退。1834 年颁布《新济贫法》（New Poor Law）和 1846 年废除《谷物法》，正式宣告了他们的最后失败。

从经济生产率的角度看，这项社会变革是一次大成功；从人们所遭受的痛苦而言，则是一次大灾难，并且因 1815 年后的农业萧条而加深，使得农村劳苦群众陷入水深火热之中。1800 年后，甚至像阿瑟·扬那样对于圈地和农业进步抱着如此热情的拥护者，也为它的社会后果深感震惊。[35] 但是，从工业化的角度来看，这些结果也是人们所希望的，因为工业经济需要劳动力，而除了从

a. 在这一制度之下，穷人可从地方税中得到必要补助，保证最低的生活工资。尽管这一制度用心良苦，但它最终还是使穷人比以前更加贫困。

先前的非工业领域外，还能从其他什么地方得到劳动力呢？国内的农村人口，国外的（主要是爱尔兰）移民，再加上各式各样的小生产者和劳苦大众，这些人是最为明显的劳动力资源。[a] 他们必须被吸引到新的职业中来，或者说，如果——这一点也是最有可能的——他们最初不为这些工作所吸引，不愿意放弃他们传统的生活方式，[36] 那么，就必须强迫他们从事新工作。经济和社会苦难是最有效的鞭子，更高的货币工资和城市生活更大的自由度，这些只是附加的胡萝卜。由于种种原因，在我们论述的这个时期里，能够撬动人们，使他们从历史形成的港湾中松动开来的力量，与 19 世纪下半叶比起来依然相当弱小。像爱尔兰饥荒那样触目惊心的大灾荒，带动了巨大的移民浪潮（1835—1850 年，总数850 万人口中，有 150 万人移居国外）。1850 年后，这样的现象变得很普遍。不过，这种情况在英国要比其他地方更为强烈。倘若不是这样，那么，英国工业的发展就会像法国那样，因农民和小资产阶级的稳定舒适生活而受到阻碍，因为这会使工业丧失它所需要吸纳的劳动力。[b]

a. 另有一种观点认为，劳动力供应并非来自这种转变，而是来自总人口的增加，就像我们知道的那样，当时的人口正在飞快增长。但是，这种看法不着要害。在工业经济里，不仅是劳动力的数量，而且非农业劳动力的比例也必须有大幅增长。这就意味着，本来会像他们的先人那样留居乡村的男男女女们，必须在他们人生的某个阶段移居他处，因为城市的发展速度快于他们自身的自然增长率。无论如何，城市人口的增加速度，正常情况下往往低于农村，不管农业人口是在减少、保持不变，或者是在增加。

b. 如果不是如此，英国就得像美国那样，依赖大量的外国移民。而实际上，英国只是部分依靠了爱尔兰移民。

要获得足够数量的劳动力是一回事，而要获得足够具有适当技能的合格劳动者又是另一回事。20世纪的经验已经表明，这个问题是一个关键性的，也是更加难以解决的问题。首先，所有的劳动者都必须学会如何用一种与工业相适应的方式去工作，也就是说，用一种完全不同于农业生产中的季节性波动，或者说完全不同于独立手工业者对于他经营的小块土地能够进行自我调节的方式去工作，与工业相适应的方式就是每日不断、有规律的工作节奏。劳动者还得学会对于金钱刺激做出敏锐的反应。那时，英国的雇主就像现在南非雇主那样经常抱怨劳动者的"懒惰"，或者抱怨他们的雇工有下述倾向，即挣够了按惯例能过一周生活的工资，就歇手不干了。这些问题或许能在严格的劳动纪律中得到解决（如罚款和使法律偏向雇主一边的《主仆法》等等），但首先采用的方法，却是尽可能压低劳动工资，使得他必须持续做满一周的工作，以便挣得最低限度的收入。工厂中的劳动纪律问题更显迫切，在这里，人们经常发现，雇主更加习惯于雇用听话的（也比较廉价的）妇女和儿童：1834—1847年，在英国棉纺织工厂的全部工人中，成年男子约占1/4，妇女和女孩超过半数，其余的为18岁以下的男性童工。[37]另一项为保证劳动纪律而普遍采用的方法就是订立转包合同，或是使熟练工人变成非熟练帮工的实际雇用者，这些方法反映了发生在工业化早期阶段小规模的、零零星星的进程。比如在棉纺织工业中，大约有2/3的男孩和1/3的女孩就这样"处在技术工人的直接雇用之下"，从此，他们受到了更为严密的看管。在工厂以外的地方，这种独特的做法甚至更为流行。当然，工头直接受到钱财的刺激，毫不放松对所雇用帮工的监督。

要招募或培训足够的熟练工人和技术上受过训练的工人，难度就更大。因为前工业化时期的技术，在现代工业中能大显身手的几乎没有，虽然还有很多工作，像建筑技术，实际上一如往昔，没有变化。所幸的是，在1789年之前的一个世纪里，英国缓慢发展的不完全工业化，无论在纺织技术，还是在金属处理方面，都已经造就了一批相当适用的技术队伍。所以，在欧洲大陆，制锁匠是仅有的几种会操作精密金属活儿的手工艺者之一，而他们竟成了机器制造者的鼻祖，而且，有时还被冠以"工程师"或"机械师"的名称（在开矿和与矿业有关的行业中已经很普遍），而英国的水车匠也是如此。英文里的"工程师"一词，既是指有一技之长的金属制品工人，又是指设计和规划人员，这不是偶然的，因为大多数拥有较高技术的工艺人员，就是来自这些在机械方面具有一定技术、能独立操作的人。实际上，英国的工业化便是依赖于这群未经计划培育的高技能工人，而欧洲大陆的实业家却没这么幸运。这解释了英国何以极为忽视普通教育和技术教育，这种忽视将要在日后付出代价。

除了劳动力供给的问题之外，资本供应的问题不大，与大多数其他欧洲国家不同，英国并不缺少能够立即用于投资的资本。主要的困难在于，18世纪掌握着大部分可供投资资本的有钱人——地主、商人、船商、金融家等等——不愿意把钱投资在新兴工业上，因此，新兴工业经常不得不靠小规模的积蓄或贷款起家，借由所获利润的再投资而得到发展。局部的资本短缺，使得早期的企业家——尤其是白手起家的实业家——更加勤俭节约、更加贪婪，因此，他们的工人相对受到更重的剥削。不过，这反映了全国性剩余投资流向的不完善，而不是资本短缺。另一方面，18世纪的富人们已经做好了准备，打算把他们的金钱投资于某些有利于工业化的事业，尤其是交通运输业（运河、码头设施、道路，后来还有铁路）和矿业。土地所有者即使不能亲自经营这些事业，也能从中抽取矿区使用费。

至于贸易和金融方面的技术，无论是私营还是公营，都不存在什么困难。银行、钞票、汇票、公债、股票、营销、海外贸易和批发贸易的技术细节，人们都了如指掌。能够操作这些业务，或者能轻而易举学会操作的，大有人在。此外，到18世纪末，政府坚决奉行商业至上的政策，与此背道而驰的旧法律［例如像都铎（Tudor）时期的《社会法》］早已废弃不用。1813—1835年，除了与农业有关的方面，其余都已完全废除。从理论上看，英国的法律、金融和商业制度都相当粗陋，与其说是有利于经济发展，不如说会阻碍经济发展。例如，人们如想组织股份公司，他们几乎每次都必须让会通过代价昂贵的"私法"（private acts）；法国大革命为法国——并通过革命的影响为欧洲大陆的其他地区——提供了更为合理和有效的机构，以便为此服务。英国也尽力而为，而且实际上，它的确比竞争对手做得更好。

通过这种相当任意的、无计划的经验主义方法，第一个重要的工业经济建立起来了。用现代的标准来衡量，这个经济规模小而陈旧，其陈旧的痕迹仍给今天的英国留下了烙印。然而以1848年的标准来衡量，它的成就是非常伟大的，虽然它也因新兴城市比其他地方丑陋，无产阶级的处境比其他地方更每况愈下而令人

第二章

工业革命

吃惊。[a]天空被烟雾笼罩，脸色苍白的人们匆匆穿行于乌烟瘴气之中，连外国游客都为此感到担忧。但是，它控制着100万马力的蒸汽机，依靠1 700多万枚机械化纺锤，每年生产出200万码棉布，开采了数量几达5 000万吨的原煤，每年进出口的货物价值达1.7亿英镑。它的贸易量，是法国这个最有力竞争对手的两倍，然而在1780年时，英国刚刚超过法国。英国的棉布消费量是美国的2倍，是法国的4倍。它生产的生铁占世界经济发达地区生铁总产量的一半以上，英国居民平均使用生铁的数量是工业化程度仅次于英国的国家（比利时）的2倍，是美国的3倍，法国的4倍以上。英国的资本投资——占美国1/4，占拉丁美洲几乎1/5——从世界各地带回2亿到3亿英镑的红利和汇票。[39]英国实际上已成为"世界工厂"。

商人和企业家的唯一法则就是贱买、无限制的贵卖。当时，无论是英国还是全世界都知道，在英伦诸岛发动的工业革命，正在改变着世界，工业革命将所向披靡，过去的神仙皇帝在今天的商人和蒸汽机面前，都将显得软弱无力。

a. 有一位现代史学家得出结论："从总体上看，1830—1848年英国工人阶级的状况，明显要比法国糟糕。"[38]

第三章

法国大革命

英国人一定是丧失了所有的道德和自由感,否则怎么会对这场世界经历过的最重要的革命,对它正在进行的庄严方式,不表敬仰赞赏。凡有幸目睹这一伟大城市最近三天发展的同胞,一定不会认为我的话是夸张的。

——《晨邮报》(*Morning Post*)

1789 年 7 月 21 日论巴士底狱的陷落

不久,开明国家将审判那些迄今统治着它们的人。国王们将被迫逃亡荒漠,与和他们相似的野兽为伍。而自然将恢复其权利。

——圣鞠斯特《论法国宪法》(*Sur la Constitution de la France*),

1793 年 4 月 24 日在国民公会发表的演说

1

如果说 19 世纪的世界经济主要是在英国工业革命的影响之下发展起来的话,那么它的政治和意识形态则主要是受到法国大革命的影响。英国为世界的铁路和工厂提供了范例,它提供的经济急剧增长,破坏了非欧洲世界的传统经济和社会结构;而法国则引发了世界革命，并赋予其思想，以至于三色旗这类事物成了实质上每个新生国家的象征，而1789—1917年的欧洲（或实际上是世界的）政治，主要是赞成或反对1789年的原则，或甚至更富煽动性的1793年原则的斗争。法国为世界大部分地区提供了自由和激进民主政治的语汇和问题。法国为民族主义提供了第一个伟大的榜样、观念和语汇。法国为多数国家提供了法典、科技组织模式和公制度量衡。经由法国的影响，现代世界的思想观念首次渗透进迄今曾抗拒欧洲思想的古老文明世界。以上便是法国大革命的杰作。[a]

如我们所见，对欧洲的旧制度及其经济体系来说，18世纪末期是一个危机时代。该世纪的最后几十年，充满了有时几乎达到起义地步的政治骚动和殖民地争取自治的运动。这种运动有时甚至可以使它们脱离宗主国，而且不仅发生在美国（1776—1783年），还见诸爱尔兰（1782—1784年）、比利时和列日（1787—1790年）、荷兰（1783—1787年）、日内瓦，甚至英格兰（1779年，此点曾有争议）。这一连串的政治骚动是那样引人注目，以至于近来一些历史学家形容这是一个"民主革命的时代"。法国大革命是唯一一次虽然程度最激进，影响也最为深远的民主革命。[1]

认为旧制度的危机并非纯粹是法国独有的现象，这样的看法

a. 对英国和法国各自所造成的不同影响，不应过分夸大。这两种革命的任何一个中心，都未将其影响局限于人类活动的任一特定领域，两种革命是互为补充，而不是相互竞争的。可是，即使当两者最清楚不过地汇聚在一起的时候（如像社会主义，它几乎是同时在两个国家发明和命名），也能看出它们明显来自不同的方向。

颇有一些分量。正因为如此，或许有人会争辩说，1917年的俄国革命（它在20世纪占有类似的重要地位）不过是这一连串类似运动中最惹人注目的一次。而1917年前几年的这类运动，最终埋葬了古老的奥斯曼帝国。然而，这有点文不对题。法国大革命或许不是一个孤立现象，但它比其他同时代的革命重大得多，而且其后果也要深远得多。第一，它发生在欧洲势力最强大、人口最多的国家（俄国除外）。1789年时，差不多每五个欧洲人中就有一个是法国人。第二，在它先后发生的所有革命中，唯有它是真正的群众性社会革命，并且比任何一次类似的大剧变都要激进得多。那些因政治上同情法国大革命而移居法国的美国革命家和英国"雅各宾党人"（Jacobins），发现他们自己在法国都成了温和派，这不是偶然的。潘恩（Thomas Paine）在英国和美国都是一个极端主义者，但在巴黎，他却是吉伦特派（Girondins）最温和的人物之一。广义说来，像从前许多国家进行的革命一样，美洲革命的结果仅仅是摆脱了英国人、西班牙人和葡萄牙人的政治控制。法国大革命的结果则是巴尔扎克的时代取代了杜·巴里夫人（Mme Du Barry，法王路易十五的情妇）的时代。

第三，在所有同时代的革命中，只有法国大革命是世界性的。它的军队开拔出去改造世界，它的思想实际上也发挥了相同作用。美国独立革命一直是美国历史上一个至关重要的事件，但（除直接卷入或被其卷入的国家以外）它在其他地方很少留下重大痕迹。法国大革命对所有国家而言，都是一个重要的里程碑。其反响比美国独立革命要大，它引起了1808年后导致拉丁美洲解放的起义。其直接影响远至孟加拉，该地的罗易（Ram Mohan Roy）在法国大革命的激励下，创立了第一个印度人的改革运动，并成为现代印度民族主义的鼻祖（当他于 1830 年访问英国时，坚持要搭乘法国船，以显示他对其信仰的热忱）。如上所述，它是"西方基督教世界对伊斯兰教世界产生实际影响的第一次伟大思想运动"，[2] 这种影响几乎是立即发生的。到 19 世纪中期，以前仅表示一个人的出生地或居住地的突厥语单词"vatan"，在法国大革命影响下开始变成类似"patrie"（祖国）的意思；1800 年以前，"liberty"（自由）一词最初是表示与"slavery"（奴隶身份）相反的法律术语，现在开始具有新的政治含义。它的间接影响是无所不在的，因为它为日后的所有革命运动提供了榜样，其教训（根据需要随意加以解释的）融入了现代社会主义和共产主义之中。[a]

因此，法国大革命是属于它那个时代的那种革命，而并不仅是其中最突出的一种。所以它的起源不应仅在欧洲的一般条件中去寻找，还应当在法国特有的形势下去寻找。其独特性或许在国际关系中做了最好的说明。在整个 18 世纪，法国都是英国的主要国际经济竞争对手。它的外贸额在 1720—1780 年增加了 3 倍，这引起了英国的忧虑；它在某些地区（例如西印度群岛）的殖民制度，比英国更具活力。然而法国不是英国那样的强国，后者的对外政策在很大程度上已是由资本主义扩张的利益来决定。法国是欧洲最强大，并在许多方面是旧贵族君主专制中最典型的国家。易言之，法国官方机构和旧制度既得利益集团与新兴社会势力之间的冲突要比其他国家更为尖锐。

新兴势力很清楚他们想要什么。重农学派经济学家杜尔哥主

a. 作者并未低估美国独立革命的影响。无疑，它有助于激励法国人，从狭义上说，它也为各拉美国家提供了宪法范例（它可与法国宪法相媲美，有时可作为其替代方案），并不时地激励着激进的民主运动。

张有效地开发土地，主张自由企业和自由贸易，主张对统一的国家领土实行有效的行政管理，废除阻碍国家能源发展的一切限制和社会不平等，以及合理公平的行政和税收。1774—1776年，他作为路易十六的首席大臣，曾试图实行这样的计划，但可悲地失败了，而这场失败是极具代表性的。这类性质的改革，即使是最温和的，也与君主独裁制不相容或不受其欢迎。相反，一旦改革者加强了自己的实力，就会像我们所见到的那样，他们就会在这时所谓的"开明君主"中被广泛地鼓吹。但在大多数"开明专制"的国家中，这样的改革不是行不通，因而只在理论上时兴一时，就是无法改变其政治和社会结构的整体性质；或者在地方贵族以及其他既得利益集团的抵制下归于失败，使国家沦为相对于从前状态稍事整顿过的那种样子。在法国，改革失败得比其他国家更快，因为既得利益团体的抵制更加有效。但这一失败的结果对君主制度更具灾难性，因为资产阶级变革的力量已经非常强大，他们不会无所作为。他们只是把自己的希望从开明君主身上转到人民或"民族"身上。

不过，这样的概括还是无法使我们理解，为什么这场革命会发生在这个时候，以及为什么它会走上那条引人注目的道路。正因为如此，研究一下所谓"封建反动"是非常有益的，因为它实际上提供了引爆法国火药库的火花。

在2 300万的法国人中，约40万人组成的贵族无疑是这个国家的"第一阶级"，尽管它并非像普鲁士或其他国家那样，绝对不受较低阶级的挑战，但仍然相当稳固。他们享有很大的特权，其中包括一些赋税的豁免权（但豁免数量不如组织更加严密的僧侣阶级那么多），以及收取封建税捐的权利。在政治上，他们的地位不那么显要。君主专制尽管在其性质上仍是贵族的甚至封建性质的，但它尽可能地剥夺了贵族的政治独立和职责，并削减了他们旧有的代表机构——三级会议（States-General）和高等法院。这一事实持续在高级贵族和长袍贵族（noblesse de robe）中引起怨恨。长袍贵族是后来国王们因各种目的，主要是出于财政和行政目的而册封的，一个被授予爵位的政府中产阶级，只要能通过残存的法院和三级会议，就能表达贵族和资产阶级的双重不满。贵族在经济上的忧虑绝非无关紧要，他们生来就是，并且按传统一直是武士而不是挣钱的人，贵族甚至被正式禁止经商或从事专门职业。他们依靠其地产收入，或者如果他们属于享有优惠的少数大贵族和宫廷贵族，则依靠富有的婚姻、宫廷的年金、赏赐和干薪。但是，有贵族地位之人，其开销是很大的，并且不断上涨；而他们的收入却在下降，因为他们之中很少有人是自己财富的精明管理人，如果他们勉强进行管理的话。通货膨胀使诸如租金这样的固定收入的价值逐渐减少。

因此很自然，贵族们只好利用自己的一项主要资产，即公认的阶级特权。在整个 18 世纪，在法国如同在其他许多国家一样，他们不断侵占官职，但专制君主却宁可让在专业上称职、在政治上无害的中产阶级人士来担任这些职务。至 18 世纪 80 年代，甚至要有贵族的徽饰才能购买军队的委任状，所有主教都是贵族，甚至管理王室的宫廷管家一职，也大都被他们夺占。由于他们成功地竞争了官职，贵族不但触怒了中产阶级的感情，还通过日益增强的接管地方和中央行政权的趋势，动摇了国家的基础。同样，他们，特别是那些少有其他收入来源的地方乡绅，为应付其收入日益下降的情形，极尽可能利用手中强大的封建权力，加紧搜刮农民的钱财（或劳役，不过这比较少）。为恢复这类已过时的权力或从现存权力中最大限度地获取收益，一种专职的、研究封建法的专家（feudist）产生了。其中最杰出的成员巴贝夫（Babeuf），于1796年成为近代史上第一次共产主义暴动的领袖。因而，贵族不仅触怒了中产阶级，而且也触怒了农民。

农民这个也许占了法国人口80%的广大阶级的地位绝对不值得称羡。大体而论，他们实际上是自由的，并且常常是土地所有者。在实际数字中，贵族仅占所有土地的1/5，教会地产也许占另外6%，这一比例随地区而波动。[3]例如，在蒙彼利埃（Montpellier）主教辖区，农民已占有38%—40%的土地，资产阶级占18%—19%，贵族占15%—16%，僧侣占3%—4%，还有1/5是公地。[4]可是，事实上多数人都没有土地或没有足够的土地，由于技术普遍落后，这个问题日趋严重；而人口的增长，更使普遍缺乏土地的问题日趋恶化。封建税捐、什一税和赋税掠走了农民收入的很大一部分，而且这部分比例日渐提高；与此同时，通货膨胀却使剩余部分的价值日趋减少。只有少数经常有剩余产品出售的农民，才能从涨价中获得好处；其余的人或多或少都遭受涨价之苦，特别是在歉收年，因短缺造成的高价主宰着市场。无疑，由于这些原因，在革命前的20年里，农民的境况日益恶化。

君主政体的财政困难使问题攀升到危机点。这个王国的行政和财政结构大体已经过时，如前所述，企图借由1774—1776年的改革来修补这一结构的努力，在以高等法院为首的既得利益团体的反抗下，已遭失败。然后，法国卷入了美国独立战争。对英国的胜利是以其最后破产为代价换得的，因此，我们可以说美国独立革命是法国大革命的直接原因。各种权宜之计都尝试过了，但收效日少。当时财政赤字率至少 20%，而且不可能有任何有效的节约措施，除非进行一项根本改革，以动员实际上相当强大的国家课税能力，否则无法应付此一局势。因为，尽管凡尔赛宫的挥霍经常因危机而受到谴责，但宫廷的开支仅占 1788 年总支出的 6%。战争、海军和外交支出占 1/4，现存债务负担占一半。战争和债务——美国独立战争及其债务——破坏了君主政权的根基。

政府的危机给贵族和高等法院带来了机遇。政府若不扩大他们的特权，他们就拒绝付款。专制主义面对的第一次破裂是 1787 年召开的"显贵会议"（assembly of notables）。这次会议的成员虽经过精心挑选，但仍然很难对付，召开这次会议的目的原本是要批准政府增辟税源的需求。第二次破裂，也是决定性的一次，便是三级会议——这项旧封建时代的会议自 1614 年起便已停止召开。因而，革命的开始，是贵族试图重新夺回国家控制权。因如下两个原因，这一企图失算了：其一，它低估了第三等级的独立意愿，这一虚构的团体想要代表既不是贵族也不是僧侣的所有人民，但实际上是由中产阶级主宰；其二，它忽略了在进行政治赌博之际被引入其中的深刻的经济和社会危机。

法国大革命并非由有组织的政党或运动发动领导的，也不是由企图执行某个计划纲领的人发动领导的。直到后革命时期的拿破仑出现以前，它甚至未能推举出在 20 世纪革命时我们习惯看到的那类"领袖人物"。然而，在一个相当有内聚力的社会集团中，他们的共同意愿惊人地一致，遂使该革命运动有力地团结起来。这个集团便是"资产阶级"；其思想观念是由"哲学家"和"经济学家"系统阐述、由共济会纲领以及在非正式同盟中所鼓吹的古典自由主义。正是在这个意义上，我们可以说是"哲学家"发动了这一场革命。或许没有他们，革命也会发生，但可能正是由于他们，才造成了只是破坏一个旧制度与迅速有效地以一个新制度取而代之这两者之间的区别。

在其最一般的形式上，1789年的思想观念可以说来自共济会，这种观念曾在莫扎特（Mozart）的《魔笛》（*Magic Flute*, 1791）中得到纯洁庄严的展现，它是那个时代最早的伟大的宣传艺术，那个时代最高的艺术成就经常都是宣传性的。更确切地说，1789年资产阶级的要求是在同年的《人权宣言》（*Declaration of Rights of Man and Citizens*）中提出来的。这是一份反对贵族特权阶级的宣言，但并不是支持民主社会或平等社会的宣言。宣言中的第一条说，"在法律上，人生来是而且始终是自由平等的"；但它也容许存在社会差别，"只要是建立在公益基础之上"。私有财产是一种自然权利，是神圣、不可剥夺和侵犯的。在法律面前人人平等，职务对有才能的人同等开放；但如果赛跑在同等条件下开始，那么同样可以假定，参赛者不会同时跑到终点。该宣言主张（如同反对贵族阶级或专制主义一样），"所有公民都有权在制定法律方面进行合作"，"个人亲自参与，或通过自己的代表参与"。而宣言中设想作为主要政府机构的代表大会，并不一定要通过民主选举产生，它所指的制度也不是要废除国王。建立在有产者寡头集团基础上的君主立宪制，比民主共和更符合资产阶级自由派的意愿，虽然民主共和在逻辑上似乎更符合他们理论上想要追求的目标。尽管也有些人毫不犹豫地捍卫民主共和，但总体说来，1789年典型的自由主义资产阶级（和1789—1848年的自由派）并非民主派，而是信仰立宪政体：一种具有公民自由和保障私有企业的世俗国家，以及由纳税人和财产所有者组成的政府。

第三章

法国大革命

不过，在官场辞令上，这样的制度表达的并不仅是单纯的阶级利益，同时也是"人民"的普遍意愿，而人民则被转化为"法兰西民族"（一种意味深长的认同）。国王不再是蒙上帝恩宠的法兰西和纳瓦尔（Navarre）的国王路易，而是蒙上帝恩宠和国家宪法拥立的法国人的国王路易。宣言中说，"一切主权均源自国家"，而国家，如西哀士（Abbé Sieyès）神父所说，不承认世上有高于其自身利益的利益，并且不接受国家法律以外的法律和权威，不管是一般人类的，还是其他国家的。无疑，法兰西民族及其以后的模仿者，最初未曾设想到其本身利益会与其他国家的人民利益相冲突，相反的，他们把自己看成是在开创或参与将各国人民从暴政下普遍解放出来的一项运动。但事实上，国家间的竞争（例如法国商人与英国商人的竞争）和国家间的从属（例如，被征服国家或已解放国家的利益对大国利益的屈从），已暗含于1789年资产阶级首次给予正式表达的民族主义之中。"人民"等同于民族，这是一种比意欲表达此点的资产阶级自由派纲领更具革命性的革命观念。但它也是一种双刃的观念。

因为农民和劳动穷人都是文盲，政治态度不是温和就是不成熟，加上选举过程是间接的，因而被选出来代表第三等级的610人，多数是同一个模子打出来的，其中大部分是律师，他们在法国地方上发挥着重要的经济作用；另有约100位资本家和商人。中产阶级为赢得相当于贵族和僧侣总和的代表权，为争取正式代表95%的人民，为了这些温和的抱负而进行了艰苦、成功的斗争。现在，他们以同样的决心为争取资产阶级潜在多数票的权利而斗争，其方式是把三级会议转变为个别独立的代理人会议。这些代表将以各自投票，取代以传统阶级为单位的商议或投票。在后一种情况下，贵族和僧侣的两票总是能够压倒第三等级的一票。在这个问题上，首次的革命性突破展开了。三级会议开幕六周以后，急于在国王、贵族和教士之前抢先采取行动的平民代表，将他们自己和那些准备好要跟随他们的人组织起来，以他们自己的方式组成了有权重新制定宪法的国民会议（National Assembly）。一次反革命的企图导致他们在实质上按英国下院的模式确定了自己的要求。专制主义已走到尽头，如才华横溢而又名声不佳的前贵族米拉波（Mirabeau）对国王所说的："先生，在这个会议里，您是一个局外人，您无权在这里说话。"[5]

第三等级虽面临国王和特权等级的联合反抗，但还是取得了成功，因为它不仅代表了有教养而又富有战斗性的少数人的观点，而且也代表了更强大的势力，即城市的，特别是巴黎劳动贫民的观点以及革命农民的观点，虽然这比较短暂。之所以能把一次有限的改革鼓动成一场革命，是因为这样一个事实，即三级会议的号召与经济和社会的深刻危机恰好一致。因一系列复杂原因，18 世纪 80 年代晚期，对法国经济的所有部门都是一个巨大的困难时期。1788 年和 1789 年的歉收和异常艰难的冬季，使这场危机尖锐起来。歉收使农民遭到损失，一时间，这意味着大生产者可以高价出售谷物，而大多数持地不多的人，则可能不得不去吃有钱人种植的粮食，或以无比的高价购买食物，特别是在临近新收获的月份（即 5、6 月）更是如此。歉收对城市贫民的冲击更为明显，他们的生活费（面包是主食）可能上涨了一倍。乡村的贫困使制成品市场萎缩，因此也造成了工业的萧条，这使歉收的危害日趋严重。乡村贫民因而陷于绝望和躁动不安，他们铤而走险，从事暴动和盗匪活动；在生活成本暴涨之时，城市贫民又失去工作，更陷入双重绝望之中。在正常情况下，或许只会发生一些盲目的骚动，但在 1788 年和 1789 年，法兰西王国的一场大骚动、一场宣传和选举的胜利，使人民在绝望中看到一种政治前景。他们提出了从乡绅的压迫下解放出来的要求，在当时，这是一种无比巨大、震天撼地的思想。骚动的人民站在第三等级代表的后面，做他们的坚强后盾。

镇压革命将原本的群众骚动变成了实际的起义。无疑，旧制度唯一本能的反应便是进行抵抗，如果必要的话，就使用武装力量，尽管军队已不完全可靠。（只有不切实际的梦想家才会认为，路易十六也许会接受失败并立即使自己转变为立宪君主，即使他不像实际上那样无足轻重，那样愚蠢，即使他娶的是一个头脑不那么简单、不那么没责任感的女人，即使他稍微愿意听从谋臣的忠告，不做那些灾难性的举动，他也不会那样做。）事实上，镇压革命已经促使巴黎那些饥饿、充满不信任感和富有战斗性的群众整个动员起来。这场动员最激动人心的结果是攻占巴士底狱，这是一座象征王室权威的国家监狱，革命者指望在那里找到武器。在革命的年代，没有比象征物倒塌更具影响力的东西了。攻占巴士底狱代表了专制主义的垮台，这个事件象征着解放的开端，因而使全世界为之欢呼，于是 7 月 14 日遂成为法国的国庆日。哥尼斯堡（Koenigsberg）的康德（Immanuel Kant）是一个稳健的哲学家。据说，他的生活习惯非常有规律，以至于他那个城镇的居民都用他的活动来校正自己的钟表，甚至是像他这样的人在听到攻占巴士底狱的消息后，也把下午散步的时间延后了。哥尼斯堡的人民于是都相信，震动世界的事件真的发生了。更能说明其影响的是，巴士底狱的陷落使革命蔓延到地方城镇和乡村。

农民革命是规模庞大、缺乏组织和明确目标、没有名称，但却不可抗拒的运动。使农民动乱转变成不可逆转的骚动的是地方城市起义与群众恐慌浪潮的结合，它们悄悄而又迅速地在广大的农村蔓延，此即1789年7月底8月初的所谓大恐慌（Grand Peur）。在7月14日之后的三周内，法国农村封建主义的社会结构和皇家法兰西的国家机器便告分崩离析。国家权力只剩下一些零散且未必可靠的军队、一个没有强制力的国民会议和许许多多自治城市或中产阶级的行政机关。它们不久就按巴黎模式组建了资产阶级的武装"国民军"（National Guard）。中产阶级和贵族立即接受了不可避免的事实：所有封建特权都被正式废除，虽然在政治局势安定之后，确定了对他们进行补偿的高昂价码。直到1793年后，封建主义才完全告终。到1789年8月底，革命还发表了其正式宣言——《人权宣言》。相反，国王以他惯常的笨拙方式进行了反抗，被群众性动荡的社会含义吓坏了的中产阶级革命分子开始想到，保守主义的时刻已经到来。

简言之，法国以及之后所有的资产阶级革命政治的主要形态，到这时已清晰可见了。这种戏剧性、充满辩证法的舞步将主宰日后的几代人。我们还会多次看到温和的中产阶级改良派，动员民众去对付反革命的死硬顽抗。我们还将看到，群众超越温和派的目标而走向自己的社会革命，而温和派则分裂为从此与反革命派同流合污的保守派，以及决心在群众的帮助下去追求温和目标中尚未实现部分的左派，即使冒着对群众失去控制的风险也在所不惜。如此，经过抵抗方式的反复变换——群众动员—向左转—温和派的分裂和向右转——直至中产阶级的多数转变成日后的保守阵营，或是被社会革命所粉碎。在以后多数的资产阶级革命中，温和的自由派通常都是在革命刚刚开始的阶段就倒退，或转向保守阵营。实际上，在19世纪，我们越来越发现（在德国最明显），由于担心其难以控制的后果，温和自由派压根儿就不想发动革命，而宁愿与国王和贵族达成妥协。法国大革命的独特之处在于，有一部分的自由派中产阶级愿意继续革命，直至达到或真正濒临反资产阶级革命之时为止。这便是雅各宾派，他们的名字已成了其他国家"激进革命"的代名词。

为什么呢？当然部分原因是法国资产阶级尚未像日后的自由派那样，被法国大革命的可怕记忆所吓坏。1794年后，温和派已经很清楚，对资产阶级的安适和前途来说，雅各宾制度已把革命推得太远了，正如革命者十分清楚的那样，即使"1793年的太阳"会再升上来，它也不会在非资产阶级的社会散发光辉。再者，雅各宾派之所以能有机会提出激进主义，是因为在那个时代，不存在可以取代他们的社会替代方案。这样一个阶级，只有在工业革命过程中随同"无产阶级"，或准确些说，随同建立在其基础之上的思想体系和运动而产生。在法国大革命中，工人阶级（这里指的是受雇者全体，其中多数都是非工业的雇佣劳动者）还没有发挥多大的独立作用。他们渴望过、造反过，或许还梦想过，但他们为了一些具体目的而追随非无产阶级的领袖。农民阶级从未提出不同于别人的政治替代方案；他们仅在情势需要时，提供几乎不可抗拒的力量，或者提出一个几乎不可更改的目标。取代资产阶级激进主义的唯一派别（如果不算一旦失去群众支持就无能为力的一小批思想家和好斗分子）是"无套裤汉"（Sansculotte），这是一个大多由劳动贫民、小匠人、店铺老板、手工业者和小业主等组成的、无定形的、主要是在城市的人群。无套裤汉的主要组织为巴黎的"区队"（sections）和地方政治俱乐部，他们提供了革命的主要打击力量——实际的示威者、暴动者和街垒构筑人。通过像马拉（Marat）和埃贝尔（Hébert）那样的新闻工作者和地方代言人，他们也提出了一种政策，在这些政策背后有一种模糊又自相矛盾的社会理想，他们把对（小）私有财产的尊重与对富人的敌视结合起来，要求政府保证穷人的工作、工资和社会保障，渴望一种极端的平等主义和地方化的直接民主。事实上，无套裤汉所反映的，是广大"小人物"的群众利益，这些小人物介于"资产阶级"和"无产阶级"之间，也许更接近后者而不是前者，因为他们毕竟多数是穷人。在美国［如杰斐逊主义（Jeffersonianism）和杰克逊民主派，或平民主义］、英国（如激进主义）、法国（如后来共和派和激进社会主义者的鼻祖）、意大利［如马志尼（Mazzini）派和加里波第（Garibaldi）派］和其他国家，我们都能看到这类人物。在后革命时期，它们大多变成中产阶级的自由左翼，但不情愿放弃左翼无敌人这一古老原则，并准备在遇到危机时起而反对"金钱壁垒"或"经济保皇派"，或"钉死人类的黄金十字架"。但无套裤汉也没有提出现实的替代方案。他们的理想、一种乡下人和小手工工匠的美好过去，或不受银行家和百万富翁干扰的美好未来，都是不可能实现的，历史与他们背道而驰。他们最多只能够（这在 1793—1794 年已经实现）在其道路上设置路障，而这些路障从那一天起几乎直到现在，始终阻挠了法国经济的发展。事实上，无套裤汉是那么无益的一种现象，以致其名称本身大多已被人遗忘，或只是作为在共和二年对其提供领导的雅各宾主义的同义词而被人想起。

第三章

法国大革命

2

1789—1791 年，胜利的温和派资产阶级经由现在已经变成制宪会议（Constituent Assembly）的机构，着手进行法国规模庞大的合理化改革，这是该机构的目标。这次革命大部分持久的制度性成就都源于这一时期，大革命最引人注目的国际性成果，如公制度量衡的施行和对犹太人的最早解放，也都完成于此一时期。经济上，制宪会议的观点是完全自由的：它的农民政策是圈围公地和鼓励农村企业家；工人政策是禁止工会；小手工业政策是废除行会和同业公会。它对普通人很少给予具体的满足，例外的是，从 1790 年起，通过教会土地（以及逃亡贵族土地）的世俗化和出售，一般人可从中获得三重好处：削弱教权，加强地方和农民企业家的力量，并对许多农民的革命活动给予有限的回报。1791年的宪法借由君主立宪制度，避开了过度民主，这种君主立宪政体，是建立在"积极公民"的财产权基础上。他们相信，消极公民将过着与他们的称谓相符的生活。

事实上，这种情形并未发生。一方面，尽管君主现在得到前革命资产阶级强大派别的支持，但还是不愿屈从于新制度。宫廷梦想让王弟进行征讨，以驱逐占统治地位的暴民，并恢复神授的法兰西最正统天主教徒国王的合法地位。《教士组织法》（1790）被误解为企图摧毁教会对罗马专制主义的忠诚，而不是摧毁教会，这把多数教士及其追随者赶到了反对派那边，并有助于迫使国王企图逃离国家，这是一种绝望的并被证明是自杀性的企图。路易十六在瓦雷讷（Varennes）被抓获（1791 年 6 月），从此，共和主义变成了一种群众力量。对抛弃其人民的传统上的国王来说，它已失去享有臣民忠诚的权利。另一方面，不受控制的温和派自由企业经济，加重了食品价格的波动，因而也加强了城市贫民，特别是巴黎贫民的战斗精神。面包价格以温度计般的准确性反映了巴黎的政治温度，而巴黎的群众是决定性的革命力量：法国的三色旗就是结合了旧时王室的白色和巴黎的红、蓝两色。

战争的爆发使事情达到危急关头，这指的是它导致了1792年的第二次革命。共和二年的雅各宾共和，最终导致了拿破仑上台。换句话说，它把法国大革命的历史转变成了欧洲的历史。

两股势力——极右派和温和左派——把法国推向了一场全面战争。因为国王、越来越多的贵族和教会流亡者，都麇集在德意志西部各城市，很明显，只有外国干涉才有办法恢复旧制度。[a] 由于国际局势复杂，加上其他国家在政治上相对平静，要组织这样的干涉并不那么容易。然而，对其他各国的贵族和君权神授的统治者来说，态势已越来越明显，恢复路易十六的权力不仅仅是阶级团结的行动，而且是防止令人震惊的思想从法国传播出来的重要防护措施。结果，夺回法国的势力在国外集结起来。

与此同时，温和自由派本身，最著名的是聚集在商业比较发达的吉伦特省代表周围的政治家集团，是一股好战的势力。一部分原因是每次真正的革命都有成为世界性趋向的可能。对法国人来说，诚如对他们在国外的许多同情者一样，法国的解放仅仅是全世界自由凯旋号吹响的第一声。这样的观念很容易让人相信，解放在压迫和暴政下呻吟的所有民族，是革命祖国的义务。这种崇高昂扬的热情，企图将自由传送到温和和极端的革命者中，这

a. 约有30万法国人在1789—1795年流亡国外。[6]

第三章

法国大革命

种热情的存在的确无法把法兰西民族的事业和一切受奴役之民族的事业分割开来。法国和其他所有的革命运动都会接受或采用这种观点，从这时起至少要到 1848 年止，情况都是这样。直到 1848 年，解放欧洲的所有计划，都以各国人民在法国人民领导下联合起义推翻欧洲反动派为枢纽；而在 1830 年以后，其他国家的民族和自由主义的行动，诸如意大利或波兰的起义，也都趋向于把他们自己的国家看成某种意义上的救世主，注定要用自己的自由去发动其他所有的民族。

另一方面，不那么理想主义的看法认为，战争也有助于解决大量的国内问题。把新制度的困难说成是流亡贵族和外国暴君的阴谋，并把群众的不满引向他们，这是颇具吸引力和显而易见的做法。尤其是商人争辩说，捉摸不定的经济前景、货币贬值和其他问题，只有在消除干涉威胁后，才能得到解决。只要看一看英国的历史便可知晓，他们和他们的思想家或许认为，经济霸权是有计划侵略的产物（18 世纪并非十分热爱和平的成功商人的世纪）；而且，如很快便会出现的那样，进行战争还可创造利润。由于这种种原因，除少数右翼和罗伯斯庇尔领导下的少数左翼以外，新的立法会议（Legislative Assembly）的大多数成员都主张进行战争。也由于这些原因，当战争开始时，革命的征服便把解放、剥削和政治变更结合起来。

战争是 1792 年 4 月宣布的。人们把失败归咎于王党的阴谋破坏和叛变（似乎完全可能），所以失败导致激进化。8 月和 9 月，巴黎无套裤汉群众的武装行动推翻了君主制度，建立了统一而不可分割的第一共和国。共和元年的确立，宣布了人类历史上的一个新时代。法国大革命的黑暗和英雄时代，在对政治犯进行大屠杀、选举国民公会（National Convention，也许是议会史上最杰出的代表）和号召全面抵抗入侵者的声音中展开了。国王被关进监狱，外国入侵在瓦尔米（Valmy）并不激烈的炮战中被阻挡住了。

革命战争强行按自己的逻辑行事。在新成立的国民公会中，占主导地位的党派是吉伦特派，他们是一些对外好战而对内温和的人士，是一批代表大商人、地方资产阶级和许多知识界杰出人物的富有魅力和才华的议会演讲家。他们的政策是绝对不可能实现的，因为只有能用已经建立的正规军发动有限战争的国家，才有希望把战争和国内事务局限在严密分隔的空间里，就像简·奥斯汀（Jane Austen）小说中的女士和绅士们恰好在那时的英国所做的那样。革命既未发动有限的战役，又没有已经建立的军队；因而其战争摇摆于世界革命的最大胜利和最大失败之间，失败意味着全面的镇压革命，其军队（法国旧军队的残余）则既没有战斗力，又不可靠。共和国的主要将领迪穆里埃（Dumouriez）不久就投向敌人。只有用前所未有的革命办法才能在这样一场战争中取胜，即使胜利仅意味着粉碎外国干涉。事实上，这样的办法是找到了。在其危机过程中，年轻的法兰西共和国发现了或发明了总体战：通过征兵、实行定量配给制、严格控制战时经济，以及在国内外实际消除士兵和平民之间的差别，来全面动员国家资源。这一发现所具有的惊人含义，直到我们所处的这个时代才变得清楚起来。既然1792—1794年的革命战争仍然是一个特殊插曲，无怪乎19世纪的多数评论家弄不清它的意义，除了注意到（直至维多利亚晚期的丰腴时代之前，这一点甚至被人遗忘）战争导致了革命，而革命赢得了用其他办法无法赢得的战争。唯有到今日我们才能了解，雅各宾共和加上1793—1794年的"恐怖统治"，其所进行的努力是多么贴切地体现了现代总体战这个词语。

无套裤汉欢迎建立一个革命的战时政府，这不仅是因为他们正确地证明，只有这样才能粉碎反革命和外国武装干涉，也是因为，其方法动员了民众，而且更接近社会正义（他们忽略了下述事实，即没有任何有效的现代战争可以与他们喜爱的分权式直接民主相协调）。另外，吉伦特派害怕他们发动的群众性革命一旦和战争相结合，可能导致严重的政治后果。他们也未做好与左派竞争的思想准备。他们不想审判或处决国王，但又不得不为了革命热情的这一象征而与他们的对手"山岳派"（雅各宾党人）竞争；是山岳派赢得了声誉，而不是他们。另一方面，他们的确想把战争扩大成一次普遍的思想解放运动和对主要经济对手英国的直接挑战。他们在实现这一目标方面获得了成果。至1793年3月，法国正在与大多数欧洲国家作战，并开始兼并外国土地（法国有权占有其"自然边疆"的新理论，使这项兼并合法化）。

但是，战争的扩大加上战争进行不利，只会加强左派力量，因为唯有后者才能赢得战争。节节败退并在谋略上被打败的吉伦特派，最终被迫对左派发起不明智的进攻，后者不久就转向有组织的地方起义以反对巴黎。由无套裤汉所发动的一次快速政变，于1793年6月2日推翻了吉伦特派。雅各宾共和由此诞生。

3

当一个受过教育的非专业人士思考法国大革命时，他主要想到的是 1789 年的事件，特别是共和二年的雅各宾共和。我们看得最清楚的革命形象是罗伯斯庇尔，身材高大、好卖弄才华的丹东（Danton），冷静而且举止优雅的圣鞠斯特，粗犷的马拉，以及公安委员会、革命法庭和断头台等等。介于 1789 年的米拉波（Mirabeau）和拉法耶特（Lafayette）以及 1793 年的雅各宾领导人之间的温和革命派，他们的名字已从所有非历史学家的记忆中消失。人们记得的吉伦特派只是一个集团，而且还可能是因为那些在政治上微不足道但风流浪漫的女士——例如罗兰夫人（Mme Roland）或科黛（Charlotte Corday）。除了专家圈子之外，即使是像布里索（Brissot）、韦尼奥（Vergniaud）、加代（Guadet）等人，也没有几个人知道吧！保守派恐怖、独裁和歇斯底里的杀戮形象，长久以来总是摆脱不开，尽管按 20 世纪的标准，事实上就是按保守派迫害社会革命的标准，例如 1871 年巴黎公社（Paris Commune）失败后的大屠杀。相比之下，雅各宾专政所进行的大屠杀还是比较温和的：它在 14 个月中正式处决 1.7 万人。[7] 革命者，特别是法国的革命者把它看成是第一个人民共和国，是对日后一切起义的鼓舞。虽然这是一个不能用常人标准衡量的时代。

这的确是事实。但对支持恐怖统治的法国稳健派中产阶级而言，恐怖既不是变态，也不是狂热放纵，而是保存他们国家的唯一有效办法。雅各宾共和这样做了，而且其成就超乎寻常。1793年 6 月，法国 80 个省中有 60 个起义反对巴黎；日耳曼王公们的军队从北部和东部侵入法国；英国军队从南部和西部发起进攻，国家已处于崩溃无助的状态。14 个月后，全法国已处于牢固控制之下，入侵者已被驱逐，法国军队反过来占领了比利时，并将开启一段长达 20 年几乎连续不断的、轻而易举的军事胜利时期。

更有甚者，到了1794年3月，一支规模增至以往3倍的军队，仅用了1793年3月开销的一半，而且法国货币［更确切地说，应是已取代大部分货币的指券（assignat）］的币值大体上保持了相当的稳定，这与过去和将来都形成了鲜明的对照。难怪公安委员会的雅各宾派成员圣安德烈（Jeanbon St. André），尽管是一个坚定的共和主义者，而且日后成为拿破仑最能干的省长之一，但却以轻蔑的态度看待实行帝制的法国，因为它在1812—1813年的失败中摇摆不定。共和二年的共和国以较少的资源应付了严重许多的危机。[a]

对这类人来说，的确就像对实际上已夺回整个英雄时期控制权的国民公会一样，摆在眼前的选择是显而易见的：若不进行恐怖统治，尽管从中产阶级的观点看来具有种种弊端，就只好坐看革命瓦解、民族崩裂（波兰不就是证据吗？）和国家消失。要不是因为法国严重的经济危机，很可能他们之中的多数人，宁愿实行不那么严厉的制度，当然也是不那么严格控制的经济。罗伯斯庇尔的垮台导致经济失控和贪污诈骗蔓延，这种现象随后在飞速的通货膨胀和1797年全国性的破产中达到了巅峰。但即使从最狭义的观点来看，法国中产阶级的前途也得仰赖于一个统一的、

a. "你知道什么样的政府是'胜利的政府'吗？……是国民公会的政府，是热情的雅各宾派的政府。他们头戴红帽，身穿粗呢衣，两脚着木屐，靠简单的面包和劣质啤酒生活。当他们困乏得睁不开眼睛、无法再思考问题的时候，就在会议厅打地铺。这就是拯救了法国的那些人。先生们，我就是其中之一。而在这里，在我即将进入的皇帝寝宫里，我为这里所发生的一切而自豪。"参见：J. Savant, *Les Prefets de Napoléon*（1958），p.111—112。

强烈中央集权化的民族国家。不管怎么说，实际上创造了现代意义的"国家"和"爱国主义"一词的法国大革命，会放弃它"伟大的国家"吗？

雅各宾制度的首要任务就是动员民众反对吉伦特派和地方贵族的不满分子，并使已经动员起来的民众对无套裤汉的支持得以持续。后者对打好革命战争的某些要求——普遍征兵（全民皆兵）、对"卖国者"采取恐怖措施和全面控制物价（"最高限价"）——一般而言是与雅各宾的观念相吻合，尽管他们的其他要求后来被证明是有点麻烦。以前遭吉伦特派拖延，而今已多少变得激进一点的新宪法公布了。根据这一庄严但遵循惯例的文件，人民被赋予普选权、起义权、工作或维持生活的权利，而最有意义的是，它正式宣布，全体人民的福祉是政府的目标，而人民的权利不仅可以获得，而且可以实行。这是一个现代国家颁布的第一部民主宪法。更具体地说，雅各宾派不予赔偿地废除了一切残余的封建权利，改善了小买主购买流亡分子被没收之土地的机会，而且在数月以后，废除法属殖民地的奴隶制度，其目的在于鼓励圣多明各岛（San Domingo，即今海地）的黑人为争取共和、反对英国而进行抗争。这些措施产生了极其深远的后果，在美洲，它们帮助塑造出像杜桑·卢维杜尔（Toussaint Louverture，1749—1803，海地奴隶起义领导者）那样的首位独立革命领袖。[a]在法国，它们为中小农、小手工业者和店铺老板建立了坚不可摧

a. 拿破仑法国重新夺回海地的行动失败，是促使法国决定彻底结束其美洲残余帝国的主要原因之一，这些残余的殖民地通过《路易斯安那购买案》（1803）出售给美国。于是，雅各宾主义传播到美洲的进一步后果，便是把美国变成一个拥有广阔大陆的强国。

的堡垒。这些人在经济上是倒退的，但却热情献身于革命和共和。从此，这些人主宰了乡村生活。加速经济发展的重要条件——农业和小企业的资本主义化，放慢到了爬行的速度，因此也降低了都市化、扩大国内市场和工人阶级成长的速度。顺便说一句，它也影响了随后无产阶级革命的发展。大企业和劳工运动在相当长的一个时期，注定是法国少数人的现象，是被街角杂货商、小土地自耕农和咖啡馆老板的汪洋大海所包围的孤岛（参见第九章）。

新政府的核心，诚如它的所作所为，代表了雅各宾派和无套裤汉的联盟，因而明显地向左转。这在重建的公安委员会中反映出来，该委员会很快变成法国事实上的战时内阁。它失去了丹东，他是一个强有力的、放荡的，也许还是腐败的，但却极富天才的革命家，其内心比他的外表温和许多（他曾在最后一任国王的政府里担任大臣），但保留了罗伯斯庇尔，后者成为该委员会最有影响力的成员。少有历史学家能对这个花花公子般的、缺少血色、个性独断的狂热律师无动于衷，因为他仍然体现着可怕而光荣的共和二年。对于这个时代，没有一个人能无所偏倚。罗伯斯庇尔并非一个令人愉快的人，甚至那些认为他正确的人，如今也倾向于年轻的圣鞠斯特所散发出的准确和严酷。罗伯斯庇尔并非伟人，他经常显得心胸狭窄。但他是大革命制造出的唯一一个（拿破仑以外）受到崇拜的个人。这是因为对他来说，就像对历史来说一样，雅各宾共和不是一个赢得战争的谋略，而是一种理想：在正义道德庄严而可怕的统治下，所有良民在国家面前人人平等，叛国者则遭到人民的惩罚。卢梭（Jean-Jacques Rousseau）的精神和对正义的纯洁信仰赋予他力量。他没有正式的独裁权力甚或职位，因为他仅仅是公安委员会的一员，后者只是国民公会的下属委员会，一个最强有力，但从来也不是一个全权机构的下属委员会。他的权力是人民给的，是巴黎民众的；他的恐怖也是他们主张的。当他们抛弃他时，他便只有垮台。

罗伯斯庇尔和雅各宾派共同的悲剧是，他们自己被迫疏远了这样的支持。雅各宾政权是中产阶级和劳动群众的联盟，但对中产阶级的雅各宾派来说，对无套裤汉的让步之所以尚可容忍，只是因为他们将群众与该制度的依附关系控制在不会威胁到有产者的程度上；而且在联盟内部，中产阶级的雅各宾派具有决定性的作用。战争的紧迫迫使任何一个政府实行中央集权并加强法纪，而这必须以牺牲俱乐部和支部自由的地方直接民主、牺牲临时的自愿民兵和无套裤汉据以发展壮大的自由辩论式选举为代价。这样的过程强化了圣鞠斯特之类的雅各宾派，而牺牲了埃贝尔之类的无套裤汉；而同样的过程也在1936—1939年的西班牙内战中，强化了共产党人，而牺牲了无政府主义者。到了1794年，政府和政体已坚如磐石，并通过中央的公安委员会或国民公会（通过特使），以及地方上由雅各宾军官、官吏和地方党派组织结合而成的庞大团体正常运作。最后，战争的经济需要失去了民众的支持。在城镇，物价控制和配给制度使群众获益；在乡村，有计划地征集食物（这是城市无套裤汉首先捍卫的办法）则使农民疏远了。

因此，群众退入不满、困惑、心怀抱怨的消极状态之中，特别是在审判处决了埃贝尔派之后，更是如此，该派是无套裤汉当中最畅言无忌的代言人。同时，比较温和的支持者又被以丹东为首的右翼反对派所震惊。这个派别为大量的诈骗分子、投机人物、黑市投机商以及其他靠营私舞弊累积资本的人提供了避难所，丹东本人就体现了不道德的、福斯塔夫式（Falstaffian，莎士比亚戏剧中的一个肥胖、快活、滑稽的角色）的随便示爱、随便花钱的角色。这种现象在社会革命之中，总是最先浮现，直到严苛的清教主义占上风时，才会停止。历史上的丹东们总是被罗伯斯庇尔们打败（或被那些伪装得像罗伯斯庇尔般行事的人打败），因为极端褊狭的献身精神，总能在放荡不羁无法取胜的地方获得成功。然而，如果罗伯斯庇尔在消除腐败方面赢得了温和派的支持，因为这毕竟有利于战争，但在进一步限制自由和限制赚取金钱方面，则造成更多商人惊慌失措。最后，没有多少人喜欢那个时期有点荒诞的意识形态偏移——有组织的脱离基督教运动（由于无套裤汉的狂热），以及罗伯斯庇尔崇拜最高主宰的新市民宗教，这种宗教有一整套仪式，意在对抗无神论者并贯彻神学家让-雅各（Jean-Jacques）的训诫。

到了 1794 年 4 月，左右两派都被送上了断头台，罗伯斯庇尔在政治上被孤立了，只剩战时危机支撑着他维持权力。1794 年 6 月末，当共和国的新式军队在弗勒吕斯（Fleurus）大败奥地利军队并占领比利时，从而证明了它们的坚定强韧之时，罗伯斯庇尔的末日就在眼前。革命历热月 9 日（1794 年 7 月 27 日），国民公会推翻了罗伯斯庇尔。第二天，罗伯斯庇尔、圣鞠斯特和库东（Couthon）被处决。几天以后，87 名革命的公安委员会成员也遭处决。

4

热月是法国大革命值得记忆的英雄阶段的结束，是衣衫褴褛的无套裤汉和头戴红帽、把自己看成是布鲁图和加图（Brutus

and Cato，古罗马共和派政治家）公民阶段的结束，是夸张的古典和宽宏阶段的结束，但又是发出如下绝望呼号阶段的结束："里昂不复存在了！""1万名战士缺鞋。你们没收斯特拉斯堡所有贵族的鞋，并准备好在明天早晨10点钟以前运到司令部。"[8]这并不是一个好日子的阶段，因为多数人都处在忍饥挨饿和惊恐不安的状态；而且是一个像第一颗原子弹爆炸般可怕而又不可改变的现象，将全部的历史永远地改变了。其中所产生的力量足以把欧洲旧制度的军队像枯草一样扫荡掉。

在专业术语上可称作革命时期的剩余时期里（1794—1799），中产阶级所面临的问题是如何在1789—1791年的最初自由纲领基础上，达到政治稳定并取得经济进步。从那时到现今，这个问题从来没有获得完美解决，尽管从1870年后，可在议会共和的多数时期里找到能够运作的处方。制度迅速变换——督政府（1795—1799）、执政府（1799—1804）、第一帝国（1804—1814）、波旁复辟王朝（1815—1830）、君主立宪（1830—1848）、第二共和国（1848—1851）、第二帝国（1852—1870）——种种尝试都是为了维护中产阶级社会，避免雅各宾共和和旧制度的双重危险。

热月党人的最大弱点是，他们没有享受到政治上的支持，而是以最大的忍受力被挤压在复辟的贵族反动派和雅各宾—无套裤汉巴黎贫民之间的狭缝中，而后者很快就为罗伯斯庇尔的倒台而感到惋惜。1795年，他们制定了一部意在牵制和保持均势的复杂宪法，以保障他们自己免受来自左右两方的伤害，并且他们周期性地变换态度，一会儿向右，一会儿向左，勉强地保持平衡，但不得不越来越依赖军队去驱散反对派。这是一种与第四共和国惊人相似的局面，而且其结果也是相似的：一位将军的统治。但是，督政府对军队的依赖，主要不是为了镇压周期性爆发的政变和阴谋。（例如 1795 年的种种阴谋、1796 年的巴贝夫密谋、1797 年的果月政变、1798 年的花月政变以及 1799 年的牧月政变。）[a] 由于制度脆弱且不得人心，无为而治是保障政权的唯一办法，但主动性和扩张是中产阶级所需要的。军队解决了这个显然难以解决的问题。它克敌制胜，不但养活了自己，而且所掠夺的战利品和征服地也养活了政府。在这种情况之下，当最后那位明智而又能干的军事领袖拿破仑，认定军队可与脆弱的平民制度分道扬镳，也就没什么好奇怪的了。

　　这支革命军队是雅各宾共和最可怕的产物。从革命公民的"全民皆兵"开始，它很快就变成了一支由职业军人组成的军队，因为在 1793—1798 年从未征过兵，而那些没有兴趣和才能当兵的人，大多都当了逃兵。所以，这支军队既保留了革命的特征，也具有既得利益者的优势：典型的拿破仑主义混合物。革命赋予军队前所未有的军事优势，而拿破仑卓越的统帅才能将其发挥得淋漓尽致。革命军队总是保持某种临时征兵的性质，其中几乎未经训练过的新兵是从过去的苦差事中获得练习和士气，正规的军营纪律是无关紧要的，士兵受到人道的待遇，而绝对论功（即战场上的杰出表现）晋升的原则，则产生了纯粹凭借勇气的军队制度。凡此种种，再加上骄傲的革命使命感，使法国军队不依赖比较正统军队所依赖的那些资源。它从未获得过有效的补给体系，因为它驻扎在国外。它从未得到军火工业的有力支持，因为后者的力量薄弱，难以满足其需要；但由于它很快就打了胜仗，以至

　　a. 政变的名字是根据革命历中的月份而定的。

于所需的军火比理论上少得多。1806年，普鲁士军队的强大战争机器，在一支全军仅发射1400发炮弹的军队面前土崩瓦解。将军们可以依靠无限的进攻勇气和相当大程度的因地制宜。如众所公认，这支军队也有其原生性的弱点。除拿破仑和其他少数几个人，其统帅部和参谋工作的效率甚差，那些革命的将领或拿破仑的元帅，其实更像是粗暴的士官长或尉官。他们之所以晋升，靠的是勇敢和服众，而非头脑。那个英勇却很愚蠢的赖伊（Marshall Ney）元帅，就是再典型不过的例子。拿破仑常打胜仗，而他的元帅单独作战时则经常打败仗。其粗陋的后勤补给系统，在已高度发展而且可进行掠夺的富庶地区（比利时、北意大利、德意志）是足够的，但如我们在下面将会看到的那样，在荒凉的波兰和俄国大地，它就土崩瓦解了。完全缺乏的医疗卫生服务，增加了军队的伤亡：1800—1815年，拿破仑损失其军队的40%（虽然其中约有1/3是开小差），但这些损失中有90%—98%不是死于战斗，而是死于受伤、疾病、精疲力竭和寒冷。简言之，这是一支能在短时间的突发性猛攻中征服整个欧洲的军队。它之所以能取得成功，不仅是因为它有能力征服，还因为它不得不这样做。

另一方面，就像资产阶级革命向有才能者开放的其他许多职业一样，军人也是一种职业；而那些在军队中取得成功的人，则像其他任何资产阶级分子一样，能在内政的稳定中享有既得利益。正因为如此，这支带有雅各宾主义的军队成了后热月政府的支柱，并使其领袖拿破仑成为结束资产阶级革命和开启资产阶级制度的合适人物。拿破仑，按他家乡科西嘉岛的蛮荒标准，虽也算出身名门，但他本人也是这类典型的追名逐利之徒。他出生于1769年，在皇家炮兵中缓慢升迁，炮兵是皇家军队少数几个须具备技能的兵种之一。他是一个野心勃勃、心怀不满的革命者。在革命期间，特别是在他强烈支持的雅各宾专政期间，在一次艰苦的战斗中，他赢得一位地方长官的赏识，该长官认为他是一个颇具天赋和前途的军人。共和二年，拿破仑成为将军。罗伯斯庇尔垮台时，他幸免于难，在巴黎靠着广结有用关系的天赋帮助他渡过了这一难关。他抓住 1796 年意大利战役的机会，使自己成为共和国毫无争议的首席军事家，他实际上不受文官政府管辖，独自采取行动。当 1799 年的外国入侵暴露出督政府的软弱无能，而且离不开拿破仑的事实后，有一半的权力是别人加诸的，另一半则是他自己攫取的。拿破仑变成了第一执政，接着是终身执政，最后是皇帝。而随着他的到来，执政府无法解决的问题奇迹般地迎刃而解。在几年之中，法国制定了一部《民法典》(Civil Cade)，和教会达成了协议，甚至还建立了国家银行这一最令人注目的资产阶级稳定象征，而世界上则有了第一个世俗神话。

老一辈的读者或那些旧式国家的读者便会知道，拿破仑神话是如何流传于整个世纪，那时没有任何中产阶级的房间里没有他的半身塑像，而写小册子的才子们则辩论说，即使是为了说笑，他也不是人，而是太阳神。这个神话的超常力量不能用拿破仑的胜利或是拿破仑的宣传，甚至也不能用拿破仑无可怀疑的天才来做恰当的解释。作为一个人，他无疑是异常能干、多才多艺、聪明过人并富有想象力的，虽然权力把他造就成一个很危险的人物。作为将领，他是无与伦比的。作为统治者，他是一个极有效率的计划者、首领和执行者，足以使周围的知识分子理解并监督其下属的所作所为。作为单独的个人，他似乎向四周扩散了一种伟大的意识。但大多数体验到这点的人，例如歌德，都是在神话已将他拱升至声誉顶峰的时候。毫无疑问，他是一个非常伟大的人，而（也许列宁是个例外）他的画像，是大多数受过一点教育的人，即使在今天，都很容易在历史的画廊中辨认出来的。即使从很小的三角商标上，也能认出他那梳至额头的发型和手插进半敞开背心的形象。把他拿来与20世纪的候选人比看谁更伟大，是没有什么意义的。

拿破仑的神话与其说是建立在拿破仑的功绩之上，毋宁说是建立在他那堪称独一无二的生涯事实上。这个伟人知道，过去那些撼动世界的人，都是像亚历山大那样的国王或像恺撒那样的显贵，但拿破仑只是一个"小小的下士"，他完全是靠个人的天才，崛起并统治欧洲大陆。（严格地说，这不完全正确，但他的升迁真是疾如流星，并升得很高，足以使上述描述合情合理。）每一个像年轻的拿破仑那般贪婪地阅读书籍的年轻知识分子，都写些差劲的诗词小说，崇拜卢梭。他们从此可以把天空看成是他的界限，他的姓名环绕成荣誉的桂冠。从此，每一个商人的雄心都有个共同的名字：成为一名"金融拿破仑"或"工业拿破仑"（陈词滥调、千篇一律）。那时有一个独特现象，即当看到一个普通人变得比那些生来就戴王冠的人更伟大时，其他的普通人似乎都会受到激励。在双元革命向雄心勃勃之人敞开世界大门的时刻，拿破仑使他的名字等同于雄心壮志。不只如此，他还是18世纪的文明人和理性主义者的崇拜对象。他好奇、开明，但身上也有足够的卢梭信徒气质，因此他又成为19世纪富于浪漫色彩的人物。他是从事革命和带来稳定的人。一言以蔽之，他是每一个与传统决裂的人梦想成为的人物。

更简单地说，对法国人民而言，他也是其悠久历史上最成功的统治者。在国外，他赢得了辉煌的胜利；但在国内，他也创建或重建了法国的体制机构，它们一直留存至今。大家公认，他的大部分思想，也许是所有的思想，都是法国大革命和督政府预先提出来的；他的贡献在于使它们变得更保守、更具等级性，也更具权威主义。他将前辈预见到的付诸实行。明白易懂，成为整个非盎格鲁-撒克逊资产阶级世界典范的法国民法典，是拿破仑制定的；从省长以下，法院、大学和中小学的官阶是他制定的；法国公共生活、军队、文官、教育和法律的众多"职业"至今还带有拿破仑的外形。除了那25万名未能从他进行的战争中生还的法国人外，他给所有人，甚至为他赢得荣誉的阵亡将士的亲属们带来了稳定和繁荣。无疑，虽然英国人认为他们是在为自由、为反对暴政而战，但在1815年之际，也许多数英国人都比1800年时更贫穷，处境更恶劣；而大多数法国人的处境几乎都有肯定的改善。毫无例外，当时仍微不足道的工资劳动者失去了革命的主要经济利益。拿破仑主义作为非政治化的法国人，特别是较富裕农民的思想观念，在他垮台后仍长久存在，是一点也不奇怪的。1851—1870年，拿破仑主义才被地位不及他的拿破仑三世驱散。

拿破仑只破坏了一样东西：雅各宾革命。那是一种对平等、自由、博爱的梦想，以及人民起义推翻压迫的梦想。这是比他的神话更强有力的神话，因为在他垮台之后，是这种梦想，而不是对拿破仑的记忆，激励了19世纪的革命，甚至在他自己的国家也是如此。

第四章

战争

在革新的时代里，一切不是新的东西都是有害的。君主制度的军事艺术不再适合我们，因为我们的成员和敌人都已经不同了。各民族的权力和征服，他们的政治和战争辉煌，总是依赖于单一的原则、单一强大的制度……我们已具有自己的民族性格。我们的军事制度应和敌人不同。那么很好，如果法兰西民族因我们的热情和技能而令人生畏，如果我们的敌人笨拙、冷漠而又慢条斯理的话，那么，我们的军事制度必定是奋勇向前的。

——圣鞠斯特，共和二年一月十九日

（1793 年 10 月 10 日）

以救国委员会名义向国民公会提出的报告

说战争是天命注定是不对的；说大地渴望流血也是错误的。上帝自己诅咒战争，发动战争并使战争显得秘密恐怖之人也是这样。

——维尼（Alfred de Vigny），

《军事奴役与尊严》（ *Servitude et Grandeur Militaries* ）

1

从 1792 年到 1815 年，欧洲的战事几乎连绵不断，而且与欧洲大陆以外的战争相结合或同时发生。先是发生在 18 世纪末和 19 世纪初的西印度群岛、地中海东岸和印度，接着是偶然于境外爆发的海战，然后是 1812—1814 年的英美战争。在这些战争中，胜利和失败的后果都很重大，因为它们改变了世界地图。所以，我们应当首先研究这些战争、战争的实际过程以及由此而来的军事动员和战役；但我们也必须注意不那么具体实在的问题，即战时政治经济措施的面貌如何？

两种极不相同的交战者在这 20 余年相互对峙，它们的实力和制度都极不相同。作为一个国家，法国为了自身的利益愿望而与其他国家对抗（或结盟）；但另一方面，作为革命的化身，法国又呼吁世界各国人民推翻暴政、争取自由。于是保守和反动的势力都一致反对它。无疑，经过革命最初的天启年代之后，对抗两边的差异性逐渐减小了。到拿破仑统治末期，帝国主义征服和剥削的因素已压倒了解放的因素。每当法国军队打败、占领或兼并了一些国家，国际战争与（在每一个国家之内则是）国内内战的混淆情况便可减少一些。反之，反革命强权则顺应了法国许多革命成就的不可逆转性，因此愿意谈判（带有一些保留的）和平条件，但这种谈判更像正常行使职能的强国之间的谈判，而不像光明与黑暗之间的谈判。反革命强权甚至在拿破仑失败的最初几周内，就准备重新吸纳法国为同盟以对抗联盟，恫吓、威胁在战争等传统游戏中的平等伙伴，在这些游戏中，外交活动调节着主要国家之间的关系。虽然如此，战争作为国家之间和社会制度之间冲突的双重性质依然存在。

一般来说，交战双方的阵营是很不平等的。除法国本身以外，只有一个重要国家因其革命的起源和对《人权宣言》的赞赏，使其在思想上倾向法国一边，那就是美国。事实上，美国的确倒向法国那边，并且至少有一次（1812—1814 年）进行了战争，即或未与法国人结盟，美国至少也是反对彼此共同的敌人——英国。但是，美国在大部分时间里都保持了中立，而它与英国的摩擦也不需要意识形态上的解释。至于其他的盟友，法国意识形态方面的盟友，是其他国家的政党和舆论流派，而不是国家权力本身。

从非常广泛的意义上来说，实际上每一个受过教育、有才能、具有开明思想的人都同情法国大革命，至少在雅各宾专政以前是如此，而且通常持续得更久（直到拿破仑称帝以后，贝多芬才将献给他的《英雄交响曲》收回）。最初支持大革命的欧洲天才异士者名单，只有 20 世纪 30 年代对西班牙共和国那种类似的、几乎是普遍的同情可以与之媲美。在英国，有诗人华兹华斯（Wordsworth）、布莱克（Blake）、柯勒律治（Coleridge）、彭斯（Robert Burns）、骚塞（Southey），有化学家普里斯特利和几个伯明翰新月学会的杰出科学家[a]，有像冶铁业者威尔金森（Wilkinson）和工程师特尔福德那样的工艺学家和企业家，以及一般辉格党（Whig）和非国教知识分子。在德国，有哲学家康德、赫尔德（Herder）、费希特（Fichte）、谢林（Schelling）和黑格尔（Hegel），诗人席勒（Schiller）、荷尔德林（Holderlin）、维兰德（Wieland）和年老的克洛普施托克（Klopstock），以及音乐家贝多芬。在瑞

a. 瓦特的儿子亲身前往法国，令他父亲大为惊异。

士有教育家裴斯泰洛齐（Pestalozzi）、心理学家拉瓦特（Lavater）和画家富斯利（Fuessli）。在意大利，实际上所有反教会的舆论界人士都支持法国大革命。可是，尽管大革命因得到这些知识界人士的支持而陶醉，并授予杰出的外国同情者和那些据信是支持其原则的人法国荣誉公民的称号，以表示敬意，但无论是贝多芬还是彭斯，他们在政治上和军事上都没有太大的重要性。[a]

政治上重要的亲雅各宾主义或亲法国的情绪，主要存在于与法国毗邻、社会条件类似，或经常有文化接触的一些地区（低地国家、莱茵地区、瑞士和萨伏伊）、意大利，以及原因有些不同的爱尔兰和波兰。在英国，雅各宾主义如果不是与英国民族主义普遍的反法倾向相冲突的话，无疑将具有更大的政治影响力，甚至在恐怖时期以后亦将如此。这种民族主义是轻蔑和仇视的混合物。吃牛肉长大的约翰牛对饥饿的大陆人（在这一时期流行的漫画中，所有法国人都像火柴棍般瘦小）的轻蔑，以及对英国世敌的仇视，无视法国是苏格兰的世代盟友[b]。英国的雅各宾主义最初是一种手工业者和工人阶级的现象，至少在第一次普遍热潮过去以后是如此，这是很独特的。通讯协会（Corresponding Societies）

a. 获此荣誉称号的有：英国的普里斯特利、边沁、威尔伯福斯（Wilberforce）、克拉克森（Clarkson，反奴鼓动家）、麦金托什（James Mackintosh）和威廉斯（David Williams）；德国的克洛普施托克、席勒、坎姆佩（Campe）和克罗茨（Cloots）；瑞士的裴斯泰洛齐；波兰的柯斯丘什科（Kosziusko）；意大利的戈拉尼（Gorani）；尼德兰的德保（Cornelius de Pauw）；美国的华盛顿（Washington）、汉密尔顿（Hamilton）、麦迪逊（Madison）、潘恩和巴罗（Joel Barlow）。但这些人并不全是法国大革命的同情者。

b. 这或许与苏格兰的雅各宾主义是一支强大得多的民众力量不无关系。

可以声称是劳动阶级的第一批政治组织。但它是在潘恩的《人权》（*Rights of Man*）一书中找到特殊力量的代言人，并得到辉格党利益集团的一些政治支持。辉格党利益集团本身因其财富和社会地位而免遭迫害，并准备捍卫英国公民的自由传统，以及与法国议和所得的好处。然而，英国雅各宾主义的实际弱点在下述事实上表现出来，即在战争的关键阶段（1797 年），于斯匹海德（Spithead）发生兵变的那支舰队自己吵嚷说，只要他们的经济要求得到满足，他们便将出航迎击法国人。

在伊比利亚半岛，在哈布斯堡王朝统治下，在德意志的东部和中部、斯堪的纳维亚、巴尔干半岛和俄国，亲雅各宾主义的力量都是微不足道的。它吸引了一些热情的年轻人，一些自称先知先觉的知识分子和少数人，例如匈牙利的马丁诺维奇（Ignatius Martinovics）和希腊的里加斯（Rhigas），他们在自己国家争取民族和社会解放的历史中，扮演了光荣的先驱者角色。但他们的观点在中层和上层阶级中缺乏广泛的支持，更不用说孤立于愚昧顽固的农民之外，这样的情形使雅各宾主义很容易受到镇压，甚至在他们冒险密谋的阶段就被镇压了，如奥地利。强大而富有战斗性的西班牙自由传统，整整花了一代人的时间，才从人数极少的学生密谋圈，或 1792—1795 年的雅各宾密使中，冒出头来。

法国之外的雅各宾主义多半在意识形态上直接诉求于受过教育的人和中产阶级，因此，其政治力量便依赖于他们运用的效力或意志。于是在波兰，法国大革命造成了深刻的印象。在很长的一段时间里，波兰人都希望从法国那里寻求支持，以对抗普鲁士人、俄国人和奥地利人的贪婪。普、俄、奥已经割占了该国的广大地区，并且不久便将进行彻底的瓜分。法国也提供了一切深谋远虑的波兰人同意的那种深刻内部改革的典范，只有这样的改革才能使他们的国家有能力抵御其屠杀者。无怪乎 1791 年的改革宪法，如此自觉而深刻地受到法国大革命的影响。这也是第一部显示了法国大革命影响的现代宪法。[a] 然而在波兰，从事改革的贵族和乡绅可以自由行事。在匈牙利，那里特有的维也纳和地方自治派之间的冲突，为乡村士绅们提供了类似的刺激，使他们对反抗理论发生兴趣［哥美尔州（Gömör）要求废除违背卢梭社会契约论的检查制度］，但他们却没有行动自由。因此，这里的雅各宾主义要微弱得多，也没有效力得多。其次，在爱尔兰，民族问题和农民不满赋予雅各宾主义的政治力量，远远超过对"爱尔兰人联合会"（United Irishmen）的实际支持，该会领袖秉持的是自由思考的共济会意识形态。在那个几乎全都信仰天主教的国家，教堂举行礼拜，为不信上帝的法国人祈求胜利。更有甚者，爱尔兰人随时准备欢迎法国军队入侵，这不是因为他们同情罗伯斯庇尔，而是因为他们憎恨英国人，并想寻求反英盟友。另一方面，在西班牙，天主教和贫困问题同样突出，雅各宾主义未能在这里站住脚，则是由于相反的原因：唯一压迫西班牙的，不是别人，正是法国。

不管是波兰还是爱尔兰，都不是亲雅各宾主义的典型例子，因为革命的实际纲领在那里没有多大的感染力。它在和法国有着类似社会和政治问题的国家中，作用较大。这些国家分为两类：一类是本国的雅各宾主义有相当大的希望取得政治权力；而另一

a. 由于波兰实际上是贵族和乡绅的共和国，其宪法只有在最表面的意义上才是"雅各宾式"的：贵族的统治不是被废除，而是被加强了。

类是，只有法国的征服才能推动它们前进。低地国家、瑞士的部分地区，也许还有一两个意大利邻国属于第一类；德意志西部和意大利的大多数地区属于第二类。比利时（奥属尼德兰）已置身1789年的起义之中：人们常常忘记，德穆兰（Camille Desmoulins）把他的杂志称为"法国和布拉班特的革命"（Les Révolutions de France et de Brabant）。革命者中的亲法国分子［民主的冯济茨派（Vonckist）］，其势力无疑要比保守的国家经济统治论者弱一些，但仍有足够的力量提供真诚的革命支持，协助法国征服这个他们所爱的国家。在联合省（United Province），寻求与法国结盟的"爱国者"已强大到考虑发动革命的程度，虽然若无外部援助，能否取得成功仍属可疑。这群爱国者代表较低层的中产阶级和其他人士，反对由大商人所垄断的寡头政治。在瑞士，一些新教州的左翼分子势力一直很强，而法国的引力也始终很大。在这里，法国的征服也只是加强，而不是建立地方革命势力。

在德意志西部和意大利，情况有所不同。法国入侵受到德意志雅各宾分子的欢迎，特别是在美因茨（Mainz）和西南部，但谁也不会说，他们已强大到足以凭自己的力量给政府制造大量事端。[a] 在意大利，启蒙思想和共济会纲领的优势，使革命在知识阶层中大获人心，但地方上的雅各宾主义可能只有在那不勒斯王国势力比较强大，在那里，它实际上赢得了所有开明（即反教会的）中产阶级和部分乡绅的注意，并且还更进一步地组成秘密团体和会议，这些组织在南意大利的环境下蓬勃发展。但即使在这里，雅各宾分子在与社会革命群众建立接触上，也遭到彻底的失

a. 法国甚至在建立卫星国，如莱茵地区共和国时，遭到失败。

第四章
战争

败。当法军向前推进的消息传来时，一个那不勒斯共和国便轻而易举地宣告成立，但也同样轻而易举地被举着教皇和国王旗帜的右翼社会革命推翻了，因为农民和那不勒斯的游民（lazzaroni），不无道理地把雅各宾分子形容为"有四轮大马车的人"。

因此，广义地说，外国亲雅各宾主义的军事价值，主要是作为法国征服的辅助力量，并在被征服者与旧式强权的关系方面，其力量组合要复杂些。情况也的确如此。那些受当地雅各宾势力影响的地区，很容易就会被推向卫星国，而且不久就会沦为法国的附庸。1795年比利时成为附庸国。同一年尼德兰变成了巴达维亚共和国，最终被纳入波拿巴家族王国的版图。莱茵河左岸也被占有，并被置于拿破仑的卫星国成员中，例如贝格大公国（Grand Duchy of Berg）——现在的鲁尔地区，还有威斯特伐利亚王国。很快，整个西北德意志就被直接并吞了。1798年瑞士变成了赫尔维第共和国（Helvetic Republic），然后又迅速地成为附属国。在意大利，一连串的共和国宣告成立——阿尔卑斯山南共和国（Cisalpine，1797年）、利古里亚共和国（Ligurian，1797年）、罗马共和国（1798年），还有帕特诺伯共和国（Partenopean，1798年），这些地区很快就成为法国版图的一部分，但是，它们的地位并没有比卫星国好多少（例如意大利王国和那不勒斯王国）。

法国国外的雅各宾党人在军队中具有一些重要影响，而且，这些国外的雅各宾势力在法国国内的共和国军队中也扮演了举足轻重的角色。就像大名鼎鼎的萨利切特集团（Saliceti group），某种机遇使他们从一个小帮手摇身一变而升为法国军队内的"意大利拿破仑·波拿巴党"，并且随后在意大利获得了巨大的好处。但是很少有人认为他们是具有决定性作用的重要势力。倒是有一个海外的"支持法兰西"（pro-French）运动让人们觉得还算是个英勇果敢的行为，那就是爱尔兰人联合会的独立运动，一个爱尔兰革命和法国军队入侵的联合行动，主要战事发生在 1797 年到 1798 年之间。当时的不列颠正在与法国的交战中暂时处于不利地位，爱尔兰的行动很有可能迫使英国与其签订和平条约。但是这次入侵对法国军队来说有一个困难的技术问题，就是如何跨越宽阔的海域到达爱尔兰岛。法国人的援助行动看上去来势汹汹，不过却在时间上一误再误，显得有些居心叵测。此间爱尔兰人决定于 1798 年起义，虽然他们受到了热烈而广泛的支持，但由于组织不利而被轻易地镇压了。这个法兰西—爱尔兰的联合行动只是提供了一种军事理论上的可能性，最终却一事无成。

但是，正如法国人乐于支持海外的革命力量一样，反法联盟也是这样做的。不可否认，在民众自发的抵制反抗法国人征服的运动中，带有一些社会革命的成分，甚至在那些被国王与教会临时组织起来的农民雇佣军中也是如此。这是值得注意的重要事实，在 20 世纪的军事战略中，对于带有革命意义的战争分析几乎复杂得无法实现。活跃在 1792—1815 年的游击队或民兵队，几乎是反法同盟保存下来的仅有的军事力量。在法国国内，旺代战争和（布列塔尼的）朱安党导致了从 1793 年开始绵延不绝的贵族游击战，其中虽有中断，却到 1802 年才基本平复。在法国国外，1798—1799 年在意大利南部发生的小规模战事，恐怕是反法民兵队的星星之火。甚至在 1809 年，安第斯·霍费尔（Andreas Hofer，1767—1810）的共和政体掌管了蒂罗尔地区。但是上述这些地区从 1808 年开始就被西班牙人统治，而且在 1812—1813 年有一部分由俄罗斯人占领，实际上它被认为是社会革命的成功表现。或者反过来说，对反法运动而言，这些带有革命成分的军事行动的重要性，比起国外雅各宾党人对法国的军事重要性要高得多。每当法国军队溃败和撤退之后，几乎所有的境外前雅各宾政权都不复存在。但是在蒂罗尔、西班牙和意大利南部的一些地区，一旦法国人表面上的军事占领和统治宣告结束，更频繁、更严重的反法战斗随之而起。原因很明显，这些现象的背景都是农民运动。而在那些反法民族主义者不依赖于当地广大农民的地区，它们在军事上的地位就变得无足轻重了。在 1813—1814 年，一些保守的具有爱国精神的人士曾经创立了一个日耳曼的"战斗解放组织"，但是可以肯定，与其说它是建立在对法兰西的全面抵抗的基础上，毋宁说它是一个带有浓厚而虔诚的宗教成分的传奇。[1]在西班牙，法国军队被击败时，人们就抓住那些法国兵把他们囚禁起来。而在德意志，忠于正教的军队则以完全正统的方式打败了法国人。

从社会意义的角度说，即使是一个法国人，他对当时战争形势的看法也不会有太多的不同，应该说，他的祖国有点"四面楚歌"。在那个旧时代，各种力量、各种势力的关系更加复杂多变，这里的基本冲突是法国和英国之间的冲突，这种冲突在那个世纪的大部分时间里，主宰了欧洲的国际关系，从英国的观点看来，这几乎完全是经济冲突。他们想消灭主要竞争对手，以实现完全主宰欧洲贸易、全面控制殖民地市场和海外市场（这也意味着要控制公海）的梦想。事实上，战争的结果差不多就是这样。在欧洲，这样的目标意味着英国不具有任何领土野心，除了控制在航海上具有重要性的某些据点以外，或者确保这些据点不落入那些强大到足以构成危险的国家手中。至于其他方面，英国对任何具均势性的欧洲大陆政策，均表示欢迎。在海外，这样的目标代表着大肆破坏其他国家的殖民帝国，使其尽数纳入英国统治下。

这种政策本身原足以为法国提供一些潜在盟友，因为所有从事航海、商业和殖民的国家都会以疑虑、敌视的态度来看待英国的政策。事实上，它们的正常态度就是中立，因为在战时自由经商的好处是很大的，但英国倾向于把中立国的船运（完全现实地）看作在帮助法国人而不是他们，因而时常有冲突爆发，直至1806年后，法国的封锁政策才把它们推到对方阵营。由于大多数航海大国都力量薄弱，或者深居欧洲，所以，没有给英国造成多大麻烦；但1812—1814年的英美战争，却是这样一种冲突的结果。

从另一方面看，法国对英国的敌视态度就要复杂一点，但其中，像英国人一样，要求全面胜利的因素因革命而大为加强，这次革命使法国资产阶级取得了政权，而资产阶级的胃口在某种程度上也和英国人的胃口一样，是没有止境的。要想对英国取得起码的胜利，便需破坏英国的商业（他们正确地认为，英国仰赖于商业），而要预防英国恢复势力的措施，便是一劳永逸地摧毁它的商业。（英—法冲突和罗马—迦太基冲突的类比，大量存在于法国人的思想中，他们的政治意象主要是古典的。）在野心大一些时，法国资产阶级会指望靠着自身的政治和军事资源抵消掉英国明显的经济优势，例如为自己建立一个广大而受控制的市场，把竞争对手排除在外。与其他冲突不同，这两种考虑都会使英法冲突变得持久而又难以解决。任何一方实际上除获得全面胜利外，都不准备解决问题（这种情况在今天虽然很常见，但在当时却是罕有的事）。两次战争之间的短暂和平（1802—1803年），便因双方都不愿意维持下去而告终结。这种冲突的难以解决，因双方在纯军事领域中的对峙局势，而变得更明显：从 18 世纪 90 年代末期，情况就很清楚，英国人无法在大陆上有效地赢得战争，而法国人也不能成功地突破海峡。

另一些反法强国，则忙于不那么残酷的争斗。它们都希望推翻法国大革命，虽然都不想以它们自己的政治野心为代价，但到了 1792—1795 年后，这样的愿望显然已难以实现。奥地利是最坚定的反法大国，因为法国直接威胁到它的属地、它在意大利的势力范围和对德意志的主宰地位。因而奥地利加强了与波旁王朝的联系，并参加每一次重要的反法同盟。俄国参加反法战争则时断时续，它仅在 1795—1800 年、1805—1807 年和 1812 年参战。普鲁士的态度则有点游移，它一方面同情反革命势力，一方面又不信任奥地利，而它想要染指的波兰和德意志，却需要法国的主动支持。于是，它只是偶尔参战，并且是以半独立的方式：如在 1792—1795 年、1806—1807 年（当时它被粉碎）和 1813 年。其余时不时参加反法联盟的国家也表现了类似的政策摇摆。它们反对法国大革命，但是，政治归政治，它们还另有重要的事情要做，而在它们的国家利益中，并没有什么东西非要它们坚定不移地敌视法国，特别是一个决心定期重划欧洲领土的常胜法国。

欧洲国家这种长期存在的外交野心和利益，也为法国提供了许多潜在盟友。因为在相互竞争和处于紧张关系的每一个永久性国家体系中，与甲方的不和，就意味着对反甲一方的同情。这些潜在盟友中最可靠的是地位较低的德意志王公们，他们有的是长期以来便将自身的利益建筑在（与法国结盟）削弱皇帝（即奥地利）对各诸侯国的权力上，有的则是饱受普鲁士势力增长之苦。

德意志西南部诸邦，如构成拿破仑莱茵邦联（Confederation of the Rhine，1860 年）核心的巴登（Baden）、符腾堡（Wurtemberg）、巴伐利亚和普鲁士的老对手以及受害者萨克森，是这类国家的代表。实际上萨克森是拿破仑最后一个最忠实的盟友，其原因部分可用经济利益来说明，因为萨克森是一个高度发展的制造业中心，可以从拿破仑的"大陆体系"（Continental System）中获得好处。

即使把反法一方的分裂和法国人可资利用的盟友潜力考虑在内，根据统计数字判断，反法联盟还是要比法国强大得多，至少开始阶段是如此。然而，战争的军事记载却是法国一连串令人震惊的胜利。在外国军队和国内反革命的最初联合被打退之后（1793—1794 年），在战争结束前只有一个短暂时期，法国军队的防御是处于危急状态，即 1799 年，第二次反法联盟动员了苏沃洛夫（Suvorov）统率的俄国军队，这支强大而可怕的队伍首次出现在西欧战场上。就一切实际成果而言，1794—1812 年的战役和地面战斗一览表，实际上便是法国不断取得胜利的记载。而其原因就在于法国的革命本身。如前所述，法国大革命在国外的政治宣传并非决定性的。我们最多只能说，它防止了反动国家的居民起而抵抗为他们带来自由的法国人，但事实上，18 世纪正统国家的战略战术，并不指望也不欢迎平民参战。腓特烈大帝（Frederick the Great）曾斩钉截铁地告诉那些支持他对抗俄国的柏林人，要他们远离战争去做自己的事。但是大革命改变了法国人的作战方式，并使其比旧制度的军队优越许多。从技术上来说，旧制度的军队有较好的训练、较严密的军纪，在这些素质能产生决定性作用的地方，例如海战，法国军队便处于明显劣势。他们是出色的私掠船和打了就跑的武装快船船员，但这不足以弥补训练有素的海员尤其是称职海军军官的缺乏。这部分人被革命杀死了一大批，因为他们大多是保王派的诺曼底和布列塔尼乡绅，而具有这种素质的人又无法很快拼凑起来。在英法之间的六次大海战和八次小海战中，法国的人员损失大概是英国的 10 倍。[2] 但在临时编队、机动性、灵活性，特别是十足的进攻勇气、总体的士气等方面，法国人是没有对手的。这些优势靠的并不是任何人的军事天才，因为在拿破仑接管军权前，法国人的军事纪录已相当令人注目，虽然法国将帅的一般素质并不突出。但这些长处多少得益于国内外核心官兵的活力恢复，而这正是任何革命的主要成效之一。[3] 1806 年，在普鲁士强大陆军的 142 位将军中，有 79 人超过 60 岁，而所有的团级指挥官中，这种年龄的军官也占了 1/4。但同年，拿破仑（24 岁时任将军）、缪拉（Murat，26 岁时指挥一个旅）、赖伊（27 岁时也指挥一个旅）和达福（Davout），却只有26—37 岁不等。

2

由于胜利一面倒向法国，因而在此无须详细讨论陆上战争的军事行动。1793—1794 年，法国人保住了大革命。1794—1795 年，他们占领了低地国家、莱茵地区、部分西班牙、瑞士、萨伏伊（和利古里亚）。1796 年，拿破仑著名的意大利战役使法国人赢得整个意大利，并破坏了第一次反法同盟。拿破仑对马耳他、埃及和叙利亚的远征（1797—1799 年），被英国的海军力量割断了他与其基地的联系，而他不在法国的这段时期，第二次反法同盟把法国人赶出了意大利，并使他们退回德意志。盟军在瑞士（苏黎世战役，1799 年）的大败，使法国得以免遭入侵，而在拿破仑回国和夺取政权不久，法国人又再度处于强势。至 1801 年，他们把和平强加于欧洲大陆盟国，到 1802 年，甚至强迫英国人接受和平。此后，在 1794—1798 年被征服或被控制的地区中，法国的主宰地位一直是不成问题的。1805—1807 年，一轮重新发动的抗法企图，更把法国的影响推进到俄国边境。1805 年，奥地利在摩拉维亚（Moravia）的奥斯特里茨（Austerlitz）会战中被打败，并被迫议和。独自而且较晚参战的普鲁士，在 1806 年的耶拿（Jena）和奥尔施塔特（Auerstaedt）会战中遭击垮和肢解。俄国虽然在奥斯特里茨战败，在艾劳（Eylau，1807 年）受挫，并在弗里德兰德（Friedland，1807 年）再度战败，但仍保持军事强国的完整性。《提尔西特和约》（Treaty of Tilsit，1807 年）以无可非议的礼遇对待俄国，尽管该和约确立了法国在欧洲大陆上的霸权——除斯堪的纳维亚和奥斯曼属巴尔干外。1809 年，奥地利企图摆脱法国控制，但在阿斯本—埃斯林（Aspern-Essling）和华格南（Wagram）会战中被打败。然而，1808 年西班牙人起义反对拿破仑兄长约瑟夫成为他们的国王，从而为英国人开辟了一个新战场，经常性的军事行动在伊比利亚半岛持续进行，但因英国人周期性的失败和撤退（如 1809—1810 年），而未取得重大效果。

可是在海上，法国人此时已被彻底打败。特拉法尔加（Trafalgar，1805 年）战役以后，别说越过海峡入侵英国，就连在海上保持接触的机会都消失了。除施加经济压力外，打败英国的办法似乎已不存在，因而拿破仑试图通过"大陆体系"有效地实施经济封锁。实行封锁的种种困难，相当大程度地破坏了《提尔西特和约》的稳定性，并导致与俄国的决裂，这成为拿破仑命运的转折点。俄国遭到入侵，莫斯科被占领。如果沙皇像拿破仑的多数敌人那样，会在类似的情况下进行议和，那么这次冒险就大功告成了。但沙皇没有这样做，因而拿破仑面临的问题是进行一场胜利无望、休止无期的战争，还是撤退。两者都同样是灾难性的。如前所述，法国军队的制胜办法是在足够富庶和人口众多、可靠该国生存的地区进行速决战。但是，这在最先产生这种战法的伦巴底或莱茵地区行之有效，在中欧仍然行得通，到了波兰和俄国的广大不毛之地，却彻底失败了。与其说是俄国的严冬使拿破仑招致失败，毋宁说是他无法使他庞大的军队保持足够给养所致。莫斯科撤退摧毁了这支军队。曾几何时，首次穿越俄国国境、人数曾高达 61 万的大军，当再度越过国境回国时，却只剩下几万之众。

在这种情况下，最后一次反法同盟不仅包括法国的宿敌和受害国，更联合了那些急于站到此刻明显将取得胜利那方的国家，只有萨克森国王过迟地离开其原先追随的人。一支新的、大多未经训练的法国军队，在莱比锡（Leipzig，1813 年）惨遭大败，尽管拿破仑进行了令人眼花缭乱的调动，盟国军队还是无情地向法国本土推进，而英国人则从伊比利亚半岛攻入法国。巴黎被占领，而皇帝则于 1814 年 4 月 6 日退位。尽管他企图于 1815 年恢复其政权，但因滑铁卢会战（Waterloo，1815 年）失败而告终。

3

在战争进行的这几十年里，欧洲的政治疆界被重新划过几次。在此只需考虑那些因这样或那样的原因，而使其持续时间超过拿破仑失败的变动时间。

这些变动中最重要的是欧洲政治地图的普遍合理化，特别是德意志和意大利。在政治地理方面，法国大革命宣告了欧洲中世纪的结束。经过几个世纪的演变，典型的现代国家是受单一最高权力当局根据单一的基本行政和法律体系所治理，领土是连成一体并有明确边界的完整区域。（法国大革命以来，也设定国家应代表一个单一"民族"或语言集团，但在这个阶段，有主权的领土国家尚不包含这层意思。）尽管典型的欧洲封建国家有时看起来也像是这样，如中世纪的英国，但当时并未设定这些必要条件。它们多半是模仿"庄园"而来。好比"贝德福公爵庄园"既不意味它必须在单一的区段，也不意味它们全体必须直接受其所有者管理，或按同样的租佃关系持有土地，或在同样的条件下租佃，也不一定排除转租，也就是说西欧的封建国家并不排除今天显得完全不能容忍的复杂情况。然而到了 1789 年，大多数国家已感受到这些复杂情况是一种累赘。一些外国的领地深处在另一个国家的腹地之中，如在法国的罗马教皇城阿维尼翁（Avignon）。一国之内的领土发现自己因历史上的某些原因也要依附于另一个领主，而后者现在恰好是另一个国家的一部分，因此，用现代词汇来说，它们处于双重主权之下。[a] 以关税壁垒形式存在的"边界"，存在于同一国家的各个省份之间。神圣罗马帝国皇帝有他自己几个世纪积攒下来的公国，但它们从未充分实行同一制度或实现统一。哈布斯堡家族的首领，直至 1804 年前，甚至没有一个单一

a. 这类国家在欧洲的唯一幸存者是安道尔（Andorra）共和国，它处于西班牙乌盖尔（Urgel）主教和法兰西共和国总统的双重主权之下。

的称号可以涵括他对自己全部领土的统治。[a]此外，他还可对形形色色的领土行使皇帝权力，从独立存在的大国（如普鲁士），到大大小小的公国，到独立的城市共和国，以及"自由帝国骑士"，后者的领地常常不超过几英亩，只是恰好没有位居其上的领主。每个这类公侯国本身，如果足够大的话，通常也呈现出同样缺乏的统一领土和划一管理，它们依据的是家族遗产的逐块占有、分割和再统一。结合了经济、行政、意识形态和实力考虑的现代政府概念，在当时尚未被大量采用，于是再小的领土人口，都可组成一个政府单位，只要其实力允许。因此，特别是在德意志和意大利，小国和迷你国仍大量存在。

革命以及随之而来的战争，大量清除了这类残余，这部分是由于对领土统一和简单划一的革命热情，部分是因为这些小国和弱国，一而再，再而三地长期暴露于较大邻国的贪婪面前。诸如神圣罗马帝国、大多数城市国家和城市帝国之类的早期国家，都告消失。神圣罗马帝国亡于1806年，古老的热那亚（Genoa）和威尼斯共和国亡于1797年。而到战争末期，德国的自由城邦已减少到四个。其他独具特色的中世纪幸存者——独立的教会国家——也经历了同样的道路：由主教团统治的侯国科隆、美因茨、特里尔（Treves）、萨尔茨堡（Salzburg）等，都告灭亡；只有意大利中部的教皇国残存到1870年。法国人通过吞并、和平条约和几次会议，企图有计划地重组德意志的政治地图（1797—1798年、1803年），并使神圣罗马帝国的234块领土（不算自由帝国骑士及其类似的领地）减少到40块；在意大利，变化没那么剧烈，

---

a. 他只是奥地利公爵、匈牙利国王、波希米亚国王、蒂罗尔伯爵等等。

这里世世代代的丛林战已使其政治结构简单化了，迷你国家仅存在于意大利北部和中部。既然这类变化大多有益于一些地位稳固的君主国家，拿破仑的失败只会使他们更长久地持续下去。奥地利不再考虑恢复威尼斯共和国，因为它最初是通过法国大革命而占有其领土的，而它之所以想放弃萨尔茨堡（于1803年获得），仅因它尊重天主教会。

在欧洲以外，战时领土变更当然主要是由于英国大量吞并他国殖民地，以及殖民地解放运动的成果。这类解放运动，或受到法国大革命的激励（例如圣多明各），或因与宗主国的暂时分离而成为可能（例如西、葡属美洲）。英国的制海权确保了这类变化的不可逆转性，不管这些变化是否对法国或（更多的是）反法国家的利益有损，其结果都是一样的。

与领土变更同等重要的是，法国征服行动所直接或间接造成的体制性变革。在其权势的巅峰时期（1810年），作为领土的一部分，法国直接统治了莱茵河左岸的德意志、比利时、尼德兰、东至卢卑克（Luebeck）的北部德意志、萨伏伊、皮德蒙特（Piedmont）、利古里亚、亚平宁山脉以西的意大利直到那不勒斯边境，以及从卡林西亚（Carinthia）到包括达尔马提亚（Dalmatia）在内的伊利里亚各省。属于法国家族或卫星王国以及公爵领地的地方，包括西班牙、意大利其余部分、莱茵—威斯特发里亚的其余部分和波兰的大部。上述地区（也许华沙大公国除外），都自动实行了法国大革命和拿破仑帝国的制度，或成为地方行政的显著典范。封建主义被正式废除，拿破仑法典被采用，如此等等。历史证明这些变化远不像边界变动那样可以逆转。于是，拿破仑的《民法典》在比利时、莱茵地区（甚至在回归普鲁士以后）和意大利仍然是，或再次成为当地法律的基础。封建主义一旦被正式废除，就不曾在任何地方重新建立。

既然对法国明智的对手来说，事实已经很明显，他们已经被新政治制度的优势所击败，或者说至少是因为他们未能实行同等的改革而失败。战争造成的变化不仅是通过法国的征服，而且也在对征服的反应中实现；在有些情况下，如西班牙，则是由于双重作用。一方是拿破仑的合作者西班牙亲法派，另一方是加的斯（Cadiz）反法集团的自由派领袖，双方实际上所向往的西班牙，都是沿着法国大革命改革路线实现现代化的西班牙，在这个过程中，如果一方遭到失败，另一方就会尝试实现它。通过反动派实现改革的更鲜明例证是普鲁士，因为西班牙自由派原本便是改革家，其反法只是出于历史的偶然。但在普鲁士，一种农民解放形式的创立，一支以征兵组建的军队的成立，立法、经济和教育改革的进行，全都是腓特烈大帝的军队和国家，在耶拿和奥尔施塔特土崩瓦解的影响下实现的，而其绝对性的目的，就是要扭转败局。

事实上，我们可以毫不夸张地说，位居俄国、奥斯曼帝国以西，以及斯堪的纳维亚以南的欧洲大陆国家，在这 20 年的战争期间，其国内制度没有一个完全未受到法国大革命的影响。甚至极端反动的那不勒斯王国，在法定的封建主义被法国废除以后，实际上也没有再恢复过。

但是，边界、法律和行政制度的变化，若与革命战争年代的第三种影响，即政治环境的深刻变化比较起来，仍算不了什么。当法国大革命爆发的时候，欧洲各国政府相对说来仍处之泰然。当时有的仅是制度的突然改变、起义的爆发、王朝被推翻，或国王被暗杀处决。这些事实本身，并未震动 18 世纪的统治者们，他们对此已习以为常，而且他们是从这些事件对其本身的实力均势和相对地位的影响来看待其他国家的这些变化。法国旧制度著名的外交大臣维尔让（Vergennes）写道："我从热那亚驱逐的暴动者是英国的代理人，而美国的暴动者则与我们维持着长期友谊。我对每个国家的政策并不取决于他们的政治制度，而是取决于它们对法国的态度。这才是我的根本考虑。"[4] 但到了 1815 年，对革命完全不同的态度压倒并主宰了各强国的政策。

现在大家认识到，个别国家的革命可以是一种欧洲现象，其信条可以传出国界，而更坏的是，其远征大军可以席卷整个大陆的政治制度。现在他们知道，社会革命是可能的，现实世界中存在着可以独立于国家的民族，可以独立于其统治者的人民，甚至存在着可以独立于统治阶级的平民。博纳尔（De Bonald）在1796 年评道："法国大革命是历史上的一个独特事件。"[5] 这句话是错的，法国大革命是一个普遍事件，没有一个国家能幸免于它的影响。法国军人从安达卢西亚出征，一直打到莫斯科；从波罗的海打到叙利亚，征战的区域比蒙古人以来的任何一批征服者都大，当然也比之前除古代斯堪的纳维亚人（Norsemen）以外的任何欧洲军事力量所征战的区域为大，他们比任何可能做到的事情都更有效地突出了其革命故乡的普遍性。而他们随之带去的，甚或在拿破仑统率下带去的信条和制度，从西班牙到叙利亚，如各国政府所知道的那样，也如各国人民自己很快就知道的那样，是具有普遍影响力的信条。一位希腊爱国盗匪透彻地表达了他们的感受：

"根据我的判断，"科洛科特罗尼斯（Kolokotrones）说，"法国大革命和拿破仑的所作所为，打开了世界的眼界。在此之前，这些国家一无所知，而其人民则认为国王是世间的上帝，他们一定会说，不管国王做什么都是对的。经过现在这场变化，统治人民将会更困难了。"[6]

4

我们已经看到20余年的战争，对欧洲政治结构造成的影响。但是战争的实际过程、军事动员、战役的结果是什么，以及随之采取的政治和经济措施的后果又如何呢？

矛盾的是，除几乎肯定比其他国家伤亡更大、间接人口损失更多的法国本身以外，与实际流血关系最不密切的地方，反而受影响最大。法国大革命和拿破仑时期的人们，有幸生活在两大野蛮战争（17世纪和20世纪）之间，这些战争以真正骇人听闻的方式蹂躏世界。受1792—1815年战争影响的地区，即使是军事行动持续时间比别的地方都长、群众性抵抗和报复使之变得更残酷的伊比利亚半岛，其所受到的蹂躏也不及17世纪"30年战争"和"北方战争"中的中欧和西欧，不及18世纪初的瑞典和波兰，或20世纪国际战争和内战中的世界大部分地区。1789年之前的长期经济改善，意味着饥荒以及随之而来的瘟疫和恶性流行病，不会使战争和劫掠的破坏过分加重；至少在1811年后是这样（主要的饥荒时期发生在战后的1816—1817年）。每次会战都趋于短暂而激烈，而所用武器——相对来说为轻型武器和机动大炮——用现代的标准来衡量，破坏力并不很大。围攻战不太常见。炮火可能对住宅和生产工具的破坏最大，但小房屋和农舍是很容易重建的。在前工业经济中，真正难以很快恢复的物资是树木、果园或橄榄园，它们需要很多年才能培植起来，但在工业地区，园林似乎并不太多。

因此，因这20年战争而造成的纯人力损失，按现代标准来衡量，并不显得特别高，虽然事实上没有一个政府试图去计算这些损失，而我们所有的现代估算都模糊得近似于推测，只有法国和几个特定场合的伤亡人数例外。和为期四年半的第一次世界大战任何一个主要交战国的死亡人数或1861—1865年的美国内战约60万的死亡人数比较起来，这20年时期约100万人[7]的战争死亡数字并不算多。而如果我们还把当时饥荒和时疫特别厉害的致死力考虑进去，对20余年的全面战争来说，即使是死200万人也不显得杀伤力特别大。据报道，西班牙延续至1865年的一次霍乱流行，便造成了236 744人死亡。[8]事实上，也许除法国以外，没有一个国家在这段时期，其人口增长率呈现明显下降。

除交战人员以外，对大多数居民来说，这场战争很可能只是偶尔间接地打乱了正常生活，如果有打乱的话。简·奥斯汀笔下的乡村家庭照样做他们自己的事，好像战争不曾发生似的。路透（Fritz Reuter）笔下的梅克伦堡（Mecklenburg）人，他们对外国占领时期的回忆，好似一件小逸事，而不是戏剧性大事。老库格尔根（Herr Kugelgen）想起他在萨克森（欧洲的"斗鸡场"之一，那里的地理位置和政治形势吸引了各国的军队和战斗，好像只有比利时和伦巴底可与之媲美）的童年时，仅回忆起军队向德累斯顿（Dresden）开拔或宿营的奇特时光。大家公认，卷入战争的武装人员数量，要比以往战争的正常人数多得多，尽管按现代标准并不算特别多。即使征兵，也仅征召了应征人数的一小部分，拿破仑执政时期，法国的黄金海岸省（Côte d'Or）只提供了 35 万居民中的 1.1 万人，占总人口的 3.15%。在 1800—1815 年之间，被征召的人数不超过法国总人口的 7%，而在短得多的第一次世界大战期间，却足足征召了居民总数的 21%。[9]但在绝对数字上，这仍是一个很大的数字。1793—1794 年的《全民征兵法》，可能武装了 63 万人（来自理论上可征召的 77 万人）；1805 年，拿破仑在和平时期的兵力约 40 万人；而 1812 年对俄战争开始时，若不算欧洲大陆其余地区，特别是西班牙的法国部队，其庞大军队由 70 万人所组成（其中 30 万为非法国人）。法国的几个敌国经常动员的人数少得多，因为（英国除外）它们持续停留在战场的人要少得多，同样也因为财政上的困扰和组织上的困难，常使充分动员变得很不容易。例如，根据 1809 年的和约，奥地利人在 1813 年有权拥有 15 万军队，但实际只有 6 万人可用于作战。另一方面，英国人保持了一支动员人数极为庞大的军队。在其鼎盛时期，他们有足够的拨款，可供养一支 30 万人的常备军和 14 万人的水兵及海军陆战队，在这场战争的大部分时间，他们所能承担的人力负荷，要比法国人多得多。[a][10]

人员损失是巨大的，尽管用 20 世纪的伤亡标准来衡量，并不算特别大；但奇怪的是，伤亡实际上很少是敌人造成的。1793—1815 年之间，英国死亡的海员中，只有 6% 或 7% 是死于法国人之手，而有 80% 死于疾病或事故。战死沙场是一种小风险；奥斯特里茨会战的伤亡人数中，只有 2% 是实际战死的，也许在滑铁卢会战中，这个比例有 8% 或 9%。战争中真正可怕的风

a. 由于这些数字是根据议会批准的拨款，实际征集人数当然要少一些。

险被忽略了，污秽、组织不善、医疗服务的缺陷、卫生方面的无知，是这些因素屠杀了伤兵和俘虏。若在适当的气候条件下（例如热带），这些因素也足以使每一个人毙命。

实际的军事行动直接或间接地杀伤人员，而且破坏生产设施，但是如前所述，它们并没有在很大程度上严重干扰乡村生活的正常进行和发展。但是战争的经济所需和经济战，却有着很深远的后果。

以 18 世纪的标准，法国大革命和拿破仑战争可谓耗资空前；而且在实际上，其金钱的耗费留给当时人的印象，也许更胜过其生命的代价。滑铁卢会战之后的那代人，他们所感受到的财政负担下降，肯定比人力损失的下降更引人注目。据估算，1821—1850 年的战争平均耗费，低于 1790—1820 年的 10%，而年平均的战争死亡人数，却保持在略低于前一时期的 25%。[11] 这种空前的耗费是怎样支付的呢？传统的办法是通货膨胀（发行新货币以支付政府账单）、贷款和加征最低限度的特别税。之所以只能加征最低限度的税，是因为征税会激起公众不满和（当必须由议会和三级会议批准征税时）引起政治上的麻烦。但是，特殊的财政需求和战时条件，打破并改变了这一切。

首先，它们使世界熟悉了无法兑换的纸币。[a] 用可以轻易印制的纸币去支付政府债务，在欧洲大陆上，这种便宜的方法被证明是不可抗拒的。法国的指券（1798 年），最初只不过是一种利息 5% 的法国国库债券（bons de trésor），旨在提前使用最终将出

---

a. 事实上，在 18 世纪末之前，任何类型的纸币，不管是否可以据以要求兑换成金银锭，都是比较不常见的。

售的教会土地收益。在几个月之内，指券演变成货币，而相继而来的每一次财政危机都使指券数量越印越多，这使指券贬值的幅度越来越大，公众日渐缺乏信心，更加快了贬值的速度。到战争爆发时，指券已贬值约 40%，到 1793 年 6 月，已贬值约 2/3。贬值的情形在雅各宾掌政时维持得相当不错，但热月政变之后，经济严重失控，使指券加速贬值到其票面价值的 1/300，直到 1797 年国家正式破产，才宣告了这个货币事件的终结。这个事件使法国人在将近一个世纪的时间里，对任何类型的银行券都抱有偏见。其他国家的纸币没有那么惨烈的经历，虽然到 1810 年，俄国纸币已降到票面价值的 20%，而奥地利纸币（1810 和 1815 年两次贬值）则降至面值的 10%。英国人避开了这种特殊形式的财政战争，而且也不回避使用他们所熟悉的银行券。即便如此，英格兰银行还是无法抗拒双重压力——政府巨大的需求，大部分作为贷款和补助金汇往国外；以及私人积攒金银和特别紧张的饥馑年。1797 年，银行停止对私人顾客兑付黄金，而无法兑换的银行券则成为事实上的有效货币：一英镑券就是其结果之一。"纸镑"从来不曾像大陆货币那样严重贬值，其最低线是面值的 71%，而到 1817 年，它又回弹到 98%；但它持续的时间却比预期要长得多。直到 1821 年，现金支付才完全恢复。

　　征税之外的另一选择是贷款，然而战争的绵长和开支的沉重，都是始料未及的，而伴随而来的公共债务增长速度，更是叫人头晕目眩，甚至吓坏了大多数最繁荣、最富有和最善于理财的国家。在实际上靠贷款支撑战争五年之后，英国政府被迫采取空前而又不祥的步骤，即靠直接税来支付战争费用，为此目的开征了所得税（1799—1816 年）。国家迅速增长的财富使征税完全可行，从此，战争的耗费基本上便靠日常收入来满足。如果战争一开始就征收足够的赋税，国债就不会从1793年的2.28亿英镑，增至1816年的8.76亿英镑了，而每年的债务偿付额也不会从1792年的1 000万英镑，增至1815年的3 000万英镑，这个数目比开战前一年政府的总支出还多。这种贷款的社会后果非常严重，因为在效果上，它像一个漏斗，通过它，主要由居民支付的税收以越来越高的比例，转移到"公债持有人"这一小撮富有阶级的腰包中。于是，贫民、小商人和农民的代言人如科贝特（William Cobbett），便开始在报刊上发动雷霆般的抨击。国外贷款主要是（至少反法阵营一边是如此）向英国举借，后者长期遵循一种资助军事盟国的政策：1794—1804年间，英国为此目的贷款高达8 000万英镑。其直接受益人是国际金融机构、英国或法国的金融机构，但交易活动愈来愈倾向通过已成为主要国际金融中心的伦敦进行。例如，在这些交易中扮演中介角色的巴林银行（Baring）和罗斯柴尔德家族银行［House of Rothschild，该银行创始人阿姆斯歇尔（Amschel Rothschild）于1798年将他的儿子内森（Nathan）从法兰克福派到伦敦］。这些国际金融家的黄金时代是从战后开始的，当时贷出大量款项，旨在帮助旧制度国家从战争中恢复过来，而贷款给新制度国家，则是为了巩固自己；但是，由巴林和罗斯柴尔德主宰世界金融时代（自16世纪伟大的德意志银行建立以来，谁也未能做到这一点），其基础是在战争期间奠定的。

不过，战时财政的技术细节，其影响不像资源从和平用途到军事用途的大转移——这是战争的主要遗产——那么普遍、那么重大。认为战争的花费完全是吮吸或以牺牲民用经济为代价，显然是错误的。武装部队可以在某种程度上仅动员那些不当兵就会失业，或者甚至在其经济范围内无力雇用的人[a]。军事工业虽然在短期内把人力和物资从民用市场转移出来，但长期看来，却有助于推动那些在和平时期一般考虑利润时可能会被忽视的部门。众所周知，钢铁工业就是最明显的例子，如第二章所述，钢铁工业无法像棉纺织业那样迅速发展，因此向来需要依赖政府和战争的刺激。拉德纳（Dionysius Lardner）于 1831 年写道："在 18 世纪，钢铁的铸造几乎就等于是大炮的铸造。"[12] 因此，我们有充分的理由认为，部分从和平用途转移而来的资本，在本质上是对资本产业和技术发展的长期投资。在法国大革命和拿破仑战争促成的技术革新中，有欧洲大陆的甜菜制糖工业（以取代从西印度群岛进口的蔗糖）和罐头食品工业（源自英国海军对能在船上无限期保存食物的摸索）。然而，尽管有种种保留，一场大战还是意味着资源的重大转移，在相互封锁的情况下，或许甚至意味着经济的战时部门和平时部门，对同感缺乏的资源的直接争夺。

这种竞争的明显后果便是通货膨胀，18 世纪各国原本都呈缓慢上升的价格曲线，却在战争的推动下全部急遽攀爬，尽管这部分是由于货币贬值造成的。战时需要本身，意味或反映了个人所得的某种再分配，其带来的经济后果是：部分收入从工资劳动者转到商人（因为工资增长在正常情况下总是落后于价格上涨），从制造业转到农业，因为大家都公认农业欢迎战时的高价。反之，战时需要的结束，把之前用于战争的大量资源（包括人力）释放

a. 像瑞士那种人口过多的山区，其人民外出担任他国雇佣兵的传统，便是建立在这样的基础之上。

到和平时期的市场，而这通常会带来更为紧张的重新调整问题。举一个明显的例子来说，1814—1818 年间，英国军队裁减了约 15 万人，也就是说其裁减人数比当时曼彻斯特的总人口还要多，而小麦的价格从 1813 年每夸脱 108.5 先令，下降到 1815 年的 64.2 先令。事实上，如我们所知，战后调整时期是整个欧洲经济特别困难的时期之一，1816—1817 年的农业严重歉收，使这种困难更为加剧。

可是，我们应该提一个更一般性的问题。因这场战争而发生的资源转移，在多大程度上阻碍或延缓了各国的经济发展？显然，这个问题对身为经济两强并承受最沉重经济负担的法、英来说，特别具有重要性。到了战争末期，法国的负担主要不是战争造成的，因为战争主要靠以战养战，他们向外国人强征人力、物力和钱款，牺牲的是其所征服的领土和所掠夺的人力物力。1805—1812 年，意大利约有一半的税收都给了法国。[13]这些收入或许无法完全满足战争需求，但至少明显减少了战争开支（实际数额和货币数额），否则开支会更惊人。对法国经济的真正破坏，源于大革命年代、内战和混乱，例如，下塞纳河畔（鲁昂）制造业产值，在 1790—1795 年间，从 4 100 万降到 1 500 万，其工人数由 24.6 万人降至 8.6 万人。此外还应加上因英国控制海洋而造成的海外商业损失。英国的负担不仅来自本国进行战争造成的花费，而且还包括对欧洲大陆盟国的惯常资助，其中有些资助竟是为了攻打法国以外的国家。战争期间，英国在金钱方面承担了比其他参战国大得多的沉重负担：它使英国花费了相当于法国三四倍的钱财。

对这个问题的回答，法国要比英国容易一些，因为毫无疑问，法国经济处于相对停滞状态，若无这场革命和战争，法国的工业和商业几乎肯定会进一步发展，速度会更快一些。尽管在拿破仑统治时期，国家经济曾有很大的发展，但仍无法弥补18世纪90年代的倒退和推进动力的丧失。对英国人来说，答案就没那么显而易见了，因为他们的发展快如流星，唯一的问题是，如果没有战争，是否会发展得更快一些？今天普遍同意的答案是肯定的。[14] 对其他国家来说，这个问题一般而言没那么重要，那些国家就像哈布斯堡王朝控制的大部分地区一样，经济发展缓慢不定，而其战争花费在数量上的影响也相对较小。

当然，这样直截了当的说法是用未经证明的假定为论据。即使以17世纪和18世纪英国人公开的经济战争为例，我们也不会认为战后的经济发展是来自战争本身或战争所带来的刺激，而是因为胜利，因为消除了竞争者而且夺取了新市场。这些战争在破坏商业、转移资源等方面的"代价"，是对照所获取的"利润"来衡量的，这表现在战后交战双方的实力消长之上。按这样的标准，1793—1815年战争所得到的补偿，显然是绰绰有余的。以稍稍降低经济发展速度（但仍然是很快的）为代价，英国决定性地消灭了最危险的潜在竞争者，并在两代人的时间中，跃居为"世界工厂"。在每一种工业或商业指数上，英国都比1789年时更进一步领先其他所有国家（或许美国除外）。如果我们相信，暂时消灭它的竞争对手并在实际上垄断航运和殖民地市场，是英国进一步实现工业化的重要前提，那么获得这一点的代价并不算太高。就算我们辩称，没有1789年之后的长期战争，英国的领先地位仍足以确保它的经济霸权，但我们还是可以确定地说，保护这项霸权不必再受到法国的政治、经济的威胁，英国所付出的代价并不算太高。

第五章

和平

（列强）目前的协调一致，是其对付在每个欧洲国家或多或少都存在的革命余火的唯一保障；而且……最明智的做法是搁下平时的小争端，共同支持现有的社会秩序准则。

——卡斯尔雷（Castlereagh）[1]

此外，俄国沙皇是当今唯一能够立即进行大战的君主。他掌握着当今欧洲唯一能够调用的军队。

——根茨（Centz），1818 年 3 月 24 日 [2]

在 20 多年几乎没有中断的战争和革命之后，战胜的旧政权面临着尤为困难而危急的缔造和平以及维持和平的问题。它们必须清理 20 多年的废墟，并重新分配领土战利品。此外，对所有明智的政治家显而易见的是，今后任何大规模的欧洲战争都是无法容忍的，因为这样一场战争，几乎意味着一次新的革命，也就是旧政权的毁灭。比利时国王利奥波德（King Leopold，维多利亚女王聪明但略嫌讨厌的舅父）在讲述稍后的一次危机时说："在欧洲充满社会弊端的现状下，发生……一场全面战争，其影响将会是空前的。这样一场战争……必定会带来一场原则性的冲突，我认为这样一场冲突，将改变欧洲的形式并推翻它的整体结构。"[3] 国王和政治家既不比以前更聪明，也不比以前更爱好和平，但是他们无疑会比以前更加恐惧。

在避免全面战争这个问题上，他们的成就相当不凡。从拿破仑失败到克里米亚战争（Crimean War, 1854—1856 年）之间，欧洲实际上既没有全面战争，也没有在战场上发生一个大国与另一个大国的任何冲突。的确，除克里米亚战争外，在 1815—1914 年之间，没有任何战争同时牵涉两个以上的大国。20 世纪的人民应当可以体认到此一成就的重大。而当时国际舞台的不平静以及冲突诱因的层出不穷，更让这样的成就令人难以忘怀。革命运动（我们将在第六章加以分析）一次又一次地摧毁了得来不易的国际稳定：在 19 世纪 20 年代的南欧、巴尔干半岛和拉丁美洲，1830 年以后的西欧（尤其是比利时），以及 1848 年革命前夕的全欧。而内有分崩瓦解的危机，外有强国——主要是英、俄，其次是法国——觊觎的威胁，奥斯曼帝国的衰落，使所谓的 "东方问题"（Eastern Question）成为一个持久的危机根源：19 世纪 20 年代爆发于希腊，19 世纪 30 年代引燃于埃及。尽管它在 1839—1841 年一场特别尖锐的冲突后，暂时被平息下去，但仍像以前一样具有潜在的爆炸性。英、俄两国为了近东和亚洲两大帝国间的未被征服土地而关系交恶。法国则十分不甘于比它 1815 年前微弱甚多的地位。不过尽管有这许许多多的陷阱和旋涡，外交之船仍然航行在艰难的水道上，并没有发生碰撞。

我们这一代人，在国际外交的基本任务上，即避免全面战争上，有着如此显著的失败，因而，我们倾向于用他们的直接后继者不曾感知的敬重，来回顾那些政治家及 1815—1848 年的外交方法。1814—1835 年间主管法国外交政策的塔列朗（Talleyrand），迄今仍是法国外交家的典范。而英国外交大臣卡斯尔雷、坎宁（George Canning）和帕默斯顿子爵（Viscount Palmerston）——他们分别主掌 1812—1822 年、1822—1827 年和 1830—1852 年所有非托利党（Tory）执政期间[a]的外交政策——更已成为令人仰叹缅怀的外交巨人。从拿破仑战败便出任奥地利首相，直到 1848 年垮台为止的梅特涅（Metternich）亲王，在今天通常不会只被当作是一个反对改革的强硬敌手，而更常被视为一个维持稳定的明智之士，这和以往的看法是不同的。然而，即便以信任的眼光也不能说明在亚历山大一世（1801—1825 年在位）和尼古拉一世（1825—1855 年在位）统治下的俄国外交家有什么建树。这个时期相对说来不那么重要的普鲁士外交大臣，则是值得加以理想化的。

在某种意义上，上述的赞誉是合理的。拿破仑战争之后的欧洲安排，绝不比任何其他决定更公正、更道德；但是，以其制定者完全反自由主义和反民族主义（即反革命）的目标来看，这种安排既现实又合理。他们不曾试图将全面胜利加诸法国身上，以挑起法国人投入一场新的雅各宾主义。战败国的边界得到了比 1789 年还要好的保护，战争赔款并不太高，外国军队占领极为短暂，而到 1818 年，法国再次被承认为"欧洲协调"（Concert of Europe）组织的正式成员。（若非 1815 年拿破仑失败的复辟举动，这些条款甚至会更为温和。）波旁家族复辟了，但可以理解的是，他们必须向其臣民的危险精神做出让步。大革命的重大变

a. 例如整个期间除去 1834—1835 年和 1841—1846 年的数目。

革被接受承认，而且那个富有煽动性的宪法机制，也在复辟专制君主路易十八"慷慨赐予"的一个宪章幌子下——尽管自然极为有限——留给了他的臣民。

欧洲地图的重画，既没有考虑各国人民的愿望，也没有顾及曾被法国人在不同时候赶下台的王公权利，但却相当关注从战争中崛起的五大列强的平衡：它们分别是俄国、英国、法国、奥地利和普鲁士。而其中只有前三者才真正算数。英国对欧洲大陆没有领土野心，它在意的是控制或保护在航海和商业上的一些重要据点。于是，它保留了马耳他、爱奥尼亚群岛（Ionian Islands）和赫里戈兰岛（Heligoland），密切注视西西里，而且显然从丹麦将挪威移交给瑞典，以及荷兰、比利时（前奥属尼德兰）的结合中得益。前者防止了波罗的海入口控制在单一国家之手，后者则把莱茵河和斯凯尔特河（Scheldt）河口，置于一个无害但又足够强大的国家手中，特别是在得到南方的堡垒屏障下，能够抵抗法国对比利时众所周知的胃口。这两项安排都很不受挪威人和比利时人欢迎，尤其是后者，只能勉强延续到 1830 年革命。经过法、英之间的一些摩擦之后，比利时成为一个永久性的中立小国，而其亲王则由英国选定。当然，在欧洲之外，英国的领土野心便大得多了。尽管英国海军对海洋的全面控制，使什么地方是否实际在英国旗帜之下，基本上无关紧要，除了印度西北部那几个扮演大英帝国与俄罗斯帝国分界线的混乱弱国之外。但是英俄间的这种对立，对 1814—1815 年必须重新安排的地区，几乎不具影响。对欧洲，英国仅要求不要有任一大国变得过于强大。

欧洲大陆的决定性军事强权俄国，由于获得芬兰（以瑞典为代价）、比萨拉比亚（以奥斯曼为代价）和大部分波兰，因而满足了其受到限制的领土野心。波兰在一贯支持与俄国人联盟的当地派别领导下，被赐予一定程度的自治（1830—1831年的起义之后，该自治被取消）。波兰的剩余部分由普鲁士和奥地利瓜分，只有克拉考（Cracow）这个城市共和国除外，但它也未能在1846年的起义后幸存。至于其他方面，俄国满足于对法国以东的所有专制公国，行使鞭长但远非莫及的支配权，其主要的课题是必须避免革命。沙皇亚历山大为此目的而发起成立神圣同盟（Holy Alliance），奥地利和普鲁士加入，但是英国置身其外。在英国看来，俄国对大部分欧洲的实际霸权，也许远非一种理想的安排，但它反映了军事现实，而且无法阻止。除非让法国保有比其前对手准备给予的更大程度的实力，否则无法忍受的战争将是其代价。法国作为一个大国的地位显然得到承认，但那是任何人准备接受的极限。

奥地利和普鲁士只是承蒙礼貌好意才实际成为大国，或者说人们是因奥地利在国际危机期间众所周知的软弱（这是正确的），以及根据1806年普鲁士的崩溃（这是错误的），才如此认定。它们的主要作用是扮演欧洲的稳定者。奥地利收回了其意大利诸省，加上前威尼斯共和国的意大利领地和达尔马提亚，并对意大利北部和中部小公国享有保护权。这些公国大多由哈布斯堡家族的亲戚统治。[皮德蒙特-萨丁尼亚（Piedmont-Sardinia）除外，它吞并了前热那亚共和国，使之成为奥地利和法国之间一个更有效的缓冲地。]如果要在意大利任何地方维持"秩序"，那么奥地利就是执勤的警察。因为其唯一关心的就是稳定，消除任何将导致其瓦解的事物，因此它必须扮演一个永久性的安全警察，以对抗在欧洲大陆制造动乱的任何企图。普鲁士受益于英国想在德意志西部建立一个适当强大国家的愿望，该地区的公国长期以来皆倾向于支持法国，或被法国控制。普鲁士还收回了莱茵地区，而这个地区的巨大经济潜力是贵族外交家无法估计的。普鲁士也从英、俄冲突中获利，英国认为俄国在波兰的扩张太过分了，因战争威胁而更为复杂的谈判结果是，普鲁士将之前占领的部分波兰地盘让给俄国，但是收回富裕而且工业发达的半个萨克森。从领土和经济上说，在1815年的解决方案中，普鲁士比任何其他大国获益更多，而且在实际资源方面，它首次成为一个欧洲大国，尽管要到19世纪60年代，政治家们才明显认识到这点。奥地利、普鲁士和一批日耳曼小邦国的主要作用，在于为欧洲各王室提供教育良好的血统。它们在日耳曼邦联（German Confederation）内相互提防，虽然奥地利的较高地位没有受到挑战。邦联的主要作用是使小邦国保留在法国轨道之外，因为传统上它们很容易被吸引过去。尽管民族主义者不愿承认，但它们作为拿破仑的卫星国一点也没感到不幸。

1815年的政治家们清楚地知道，尽管精心制定，但没有任何解决办法能长久经得起国家对立和环境变化的压力。因此他们借由定期会议的方式，即一旦发生重大问题立即开会解决，从而提供一种维护和平的机制。在这些会议上的重大决定理所当然都是由"大国"（great power，亦即强权，这个词语本身就是这个时期的产物）做出的。"欧洲协调"（另一个那时开始使用的词汇）并不相当于联合国，而是很像联合国安全理事会的常任理事国。然而，定期会议只在最初的几年里召开过，即从法国正式重新获准加入协调组织的1818—1822年。

会议制度解体了，因为它挺不过紧接在拿破仑战争之后的那些年代，当时因 1816—1817 年的饥荒和商业萧条，到处都笼罩着对社会革命的强烈恐惧，其中包括英国，尽管这种恐惧最后并未得到证实。在大约 1820 年经济恢复稳定后，每一次违反 1815 年解决方案的事件，都仅反映出列强利益间的分歧。面对 1820—1822 年的第一拨动荡和暴动，只有奥地利坚持必须立即主动地加以镇压这类运动，以维持社会秩序和奥地利领土统一。在德意志、意大利和西班牙问题上，"神圣同盟"的三个君主国和法国立场一致，虽然喜欢在西班牙行使国际警察职责（1823 年）的法国，对欧洲稳定不如前三国那么感兴趣，其更感兴趣的是拓宽它的外交和军事活动领域，特别是在西班牙、比利时和意大利，因为其大量投资都投注在那里。[4] 英国则置身事外。这部分是因为——尤其是在灵活的坎宁代替古板反动的卡斯尔雷（1822 年）后——英国相信在专制主义的欧洲，政治改革迟早是不可避免的，而且因为英国政治家不同情专制主义，加上警察原则的运用只会把敌对列强（特别是法国）引入拉丁美洲。正如我们所看到的，拉丁美洲是英国的经济殖民地，而且是非常有活力的殖民地。因此英国人支持拉丁美洲独立，正如美国在 1823 年《门罗宣言》（Monroe Declaration）中所主张的那样。这个宣言没有实际价值，但有重大的利益暗示，如果有任何东西确保了拉丁美洲独立，那就是英国海军。对于希腊问题，列强间的分歧甚至更大。对革命具有无限憎恶的俄国，却无疑能从这场东正教（Orthodox Church）人民的起义中得到好处，因为它一方面可以削弱奥斯曼的力量，而且必定要依靠俄国帮助（此外，俄国还拥有一项为保护东正教基督徒得以干涉奥斯曼的条约权利）。对俄军干涉的担心、亲希腊的压力、经济利益以及虽不能阻止奥斯曼瓦解，但最好能让它保持秩序的普遍信念，最终导致英国从敌意转为中立，再转到亲希腊的非正式干预。于是，希腊因得到俄国和英国的帮助而赢得了独立（1829年）。借着把该国变成一个随便都可找到的德意志小亲王统治下的王国，希腊不会只变成俄国的卫星国，而国际损失也可因此减到最低程度。但是，1815年解决方案的持久性、会议制度以及镇压一切革命的原则，却因此而告崩溃。

1830年革命彻底摧毁了1815年的解决方案，因为革命不仅影响了小国，而且还影响了一个大国——法国本身。实际上，1830年革命使莱茵河以西的欧洲全都从"神圣同盟"的警察行动下解脱出来。同时"东方问题"，即对奥斯曼无可避免的瓦解命运该采取什么行动的问题，则把巴尔干国家和地中海东部地区变成列强们，特别是俄国和英国的角斗场。"东方问题"打乱了均势，因为所有的图谋都强化了俄国的力量，从那之后，俄国的主要外交目标，就是赢得位于欧洲和小亚细亚之间，控制着其通往地中海航道的海峡控制权。此一行动不仅具有外交和军事重要性，而且随着乌克兰谷物出口的增加，也有其经济紧迫性。像往常一样关心通往印度航道的英国，深切担忧俄国有可能会威胁到它的南进。英国明显的政策便是不惜一切代价支持奥斯曼反对俄国扩张。（这对英国在地中海东部地区的贸易还有额外好处，在这个时期贸易有了非常令人满意的增加。）不幸的是，这个政策完全不切实际。奥斯曼帝国绝不是一个不可救药的躯壳，至少在军事方面是如此，但它最多只能采取迟缓的行动，去对付由国内叛乱（它仍能轻易地加以镇压）、俄国，以及一个不利于己的国际形势所联合而成的力量（这是它无法轻易击败的）。而此时，奥斯曼帝国尚无能力实现现代化，也未表示出高昂的意愿，虽然现代化的开端已在 19 世纪 30 年代马哈穆德二世（Mahmoud Ⅱ，1809—1839）统治时便已开始了。所以，只有英国直接的外交和军事支持（即战争威胁），才能够阻止俄国影响力的不断增长和奥斯曼在各种困扰下的瓦解命运。这使"东方问题"成为拿破仑战争之后国际事务中最具爆炸性的问题，而且是唯一可能导致一次全面战争和唯一的确于 1854—1856 年间导致了国际战争的问题。然而，在这场国际赌博中，有利于俄国而不利于英国的局势不断加剧，但这种发展却也使俄国趋向妥协。下列两种方式都可使俄国达到其外交目标：或借由击败、瓜分奥斯曼而占领君士坦丁堡以及两个海峡；或对软弱顺从的奥斯曼建立实际的保护关系。而不管哪一种方式都明摆在那里。换句话说，对沙皇而言，绝不值得为君士坦丁堡打一场大仗。因此，19 世纪 20 年代发生的希腊战争虽然符合其瓜分和占领政策，但俄国并没有从这次事件中得到它渴望得到的那么多好处，因为它不愿过分坚持其优势。相反，它还在恩基尔斯凯莱西（Unkiar Skelessi，1833 年）与受到强大压力、急切意识到需要强大保护者的奥斯曼，签订了一个特别有利的条约。这项条约使英国勃然大怒，并在 19 世纪 30 年代产生一股民众仇俄情绪，俄国是英国传统敌人的形象，就此形成。[a]面对英国的压力，俄国人自动退却了，而且在 19 世纪 40 年代转而提出瓜分奥斯曼的主张。

因此，俄英在东方的对立，实际上没有公开的战争叫嚣（特别是英国）那么危险。此外，英国对法国复兴的更大担忧，也

a. 事实上，以经济互补为基础的英俄关系，传统上非常友好，直到拿破仑战争之后才开始严重恶化。

减低了这种对立的重要性。事实上,"大赛局"(great game)一词,更贴切地形容了当时的情况,该词后来逐渐用来指那些冒险家和密探们,在两强的东方未定界中所从事的间谍活动。使形势变得真正危险的,是奥斯曼内部解放运动不可预测的进程和其他列强的干涉。列强之中,奥地利显得毫无兴趣,它自己就是个摇摇欲坠的多民族帝国,动摇奥斯曼稳定的民族运动——巴尔干斯拉夫人,特别是塞尔维亚人——也同样威胁着它。不过,类似的威胁并不直接,虽然它们在日后成为第一次世界大战的直接原因。法国则比较麻烦,它在地中海东部地区有外交和经济影响的漫长记录,并且每隔一段时间便试图恢复和扩大其影响力。特别是自拿破仑远征埃及之后,法国对埃及的影响更大,由于埃及国王穆罕默德·阿里实际上是一个独裁统治者,其意愿多少能够左右奥斯曼帝国的瓦解或拼合。确实,19 世纪 30 年代(1831—1833 年、1839—1841 年)的东方问题危机,基本上是阿里与其名义上宗主国之间的关系危机,后来更因法国对埃及的支持而复杂化。然而,如果俄国不愿为君士坦丁堡开战,那么法国当然不能也不想进行战争。外交危机是存在的。但是最终,除了克里米亚插曲外,一直到 19 世纪结束都没有因奥斯曼而发生战争。

因此,从这一时期国际争端的过程,我们可以清楚地看出,国际关系中的易燃性材料早已存在,只不过还没有达到引爆大战的程度。在大国中,奥地利和普鲁士过于弱小不能指望太多。英国人已得到了满足。他们在 1815 年已赢得世界历史上任何强国所能获得的最全面胜利。它从 20 年的反法战争中一跃而为唯一的工业化经济强国、唯一的海军强国(1840 年英国海军拥有的舰船数几乎等于其他各国海军的总和)和世界上唯一的殖民强国。

似乎已没有任何东西足以妨碍英国外交政策唯一重要的扩张主义，即英国贸易和投资的扩张。俄国尽管并不满足，但它只有有限的领土野心，而且眼前没有任何东西能长期（或者看起来如此）妨碍其推进。至少没有什么东西显示出其有必要进行一场具有危险性的全面战争。只有法国是个"不满意的"强国，而且有打乱国际稳定秩序的能力。但是法国只有在某种条件下才能这样做，即它能再次激发国内雅各宾主义和国外自由主义以及民族主义的革命活力。因为在正统的大国竞争方面，它已受到致命的削弱。它绝不可能再像路易十四或大革命时期那样，只靠其国内的人口和资源，在同等条件下与两个或更多大国组成的联盟作战。在1780年时，法国人口是英国的2.5倍，及至1830年，两国人口数之比已超过2：3。1780年，法国人口几乎与俄国一样多，但到了1830年，法国人口数却几乎仅占俄国的一半。同时，法国经济发展的速度致命地落后于英国人、美国人，而且很快更落后于日耳曼人。

但是，对任何法国政府而言，利用雅各宾主义来实现其国际野心，代价未免太大。当法国人在1830年和1848年推翻其政权，并使专制主义到处遭受动摇或摧毁之际，列强颤抖不已。它们本可以使自己免于不眠之夜。1830—1831年间的法国温和派，甚至不准备给起义的波兰人任何一点帮助，尽管全法（以及欧洲自由派）的舆论都同情波兰。年老但热情的拉法耶特（Lafayette）于1831年致信当时的英国外交大臣帕默斯顿说："对于波兰，你将做什么？我们可以为它做点什么？"[5]答案是，什么也不做。法国当然乐意用那些欧洲革命来加强其自身力量，而所有的革命者也的确希望它这样做。但是这样猛然投入革命战争将导致的结果，

第五章
和平

不仅使梅特涅害怕，也令温和自由派的法国政府同感恐惧。因此在 1815—1848 年间，为了自己国家的利益，没有任何一个法国政府会去危及普遍的和平。

在欧洲均势范围之外，当然没有任何东西会妨碍扩张和好战。事实上，尽管白人列强的势力极其强大，但其实际征服的领土还是有限的。英国人满足于一些小据点的占领，那些据点关系到英国海军对世界的控制和其以世界为范围的贸易利益，例如（在拿破仑战争期间从荷兰人那里夺取的）非洲南端、锡兰（在这个时期建立的）、新加坡和中国香港地区。而反对奴隶贸易运动的急迫性——该运动既迎合了国内的人道主义舆论，又满足了英国海军的战略利益——则使英国仅在非洲沿岸保留立足之点。总的来说，英国的观点是：一个对英国开放贸易并由英国海军保护使之不受讨厌者侵犯的世界，可在不花占领行政费的情况下，得到更加廉价的开发。只有一个重要例外，即印度，而且上述的一切努力，都与印度的统治有关。印度必须不惜一切代价地加以占有，即使大多数反殖民主义的自由贸易者也从不怀疑这点。由于印度市场日益重要，一般认为，如果由印度人自行管理的话，英国贸易肯定会遭受损失。印度对于开辟远东市场、毒品交易，以及欧洲商人希望从事的其他有利可图的活动，都是一个关键所在。于是在 1839—1842 年的鸦片战争中中国被打开了大门。而英国在 1814 年至 1849 年间对马拉特人（Mahratta）、尼泊尔人、缅甸人、拉杰普特人（Rajput）、阿富汗人、信德人（Sindhis）和锡克人（Sikh）所进行的一系列战争，则使英印帝国的版图扩张至次大陆的 2/3 地区，而且英国的影响之网，已在中东地区拉得更紧，因为该地控制着通往印度的通道。从 1840 年起，这条通道便由

P & O(半岛及东方）公司的汽船航线为主轴，再由跨越苏伊士运河的陆上道路做补充。

　　虽然在扩张主义上俄国人的名声要大得多（至少在英国人眼中），但其实际征服却比较有限。在这个时期，沙皇仅只设法获得了乌拉尔山脉（Ural）以东吉尔吉斯（Kirghiz）草原的一些广大未征服地带，以及高加索一些经过激烈争夺的山区。另一方面，美国借由动乱和对可怜的墨西哥人所发动的战争，而获得整个西部地区，加上俄勒冈边界的南部地区。法国人则不得不将其扩张野心局限在阿尔及利亚。1830年他们在那里捏造借口入侵，并且在日后的17年里试图加以征服。直到1847年，他们才摧毁该地的主要抵抗。

　　无论如何，国际和平解决方案中的一个条款必须单独提一下，即废除国际奴隶贸易。这项做法既有人道主义因素，也有经济考虑：奴隶制度令人恐怖，而且极端没有效率。此外，英国人是这一令人敬佩运动的主要国际提倡者。从英国人的角度看来，1815—1848年的经济不必再像18世纪那样依赖于黑人和蔗糖买卖，而是取决于棉纺织品的买卖。奴隶制度的实际废除比废奴运动来得慢（当然，法国大革命已经将其扫除的地方除外）。英国于1834年在其殖民地——主要是西印度群岛——废除了奴隶制度，虽然在大规模种植农业存在的地区，不久便以从亚洲进口的契约劳工来代替。法国人直到1848年革命，才再次正式废除奴隶制度。1848年，奴隶制度仍大量存在，因此世界的（非洲）奴隶贸易也大量残存下来。

第六章

革命

自由，那带着巨人声音的夜莺，惊醒了大多数沉睡者……除了为争取或反对自由而战，还有什么事情值得我们关注？那些不可能热爱人类的人，可能仍然是大人物，例如专制君主。但是，普通人怎么可能无动于衷？

——伯尔纳（Ludwig Boerne），1831 年 2 月 14 日 [1]

已失去平衡的各国政府感到恐惧，受到威胁，并且因社会中产阶层的呼声而陷入混乱之中，他们处于国王和臣民之间，打碎了君主的权杖并盗用了人民的呼声。

——梅特涅致沙皇，1820 年 [2]

1

很少有政府在阻止历史进程的无能为力上，表现得像 1815 年后那个时代那般明显而普遍。防止第二次法国大革命，甚或一场法国模式的欧洲普遍革命，是所有刚刚花了 20 多年才粉碎第一次革命的列强的最高目标，即使英国也是如此。虽然它并不同情在整个欧洲重新建立起来的反动专制主义，而且清楚地知道改革不可能也不应该避免，但是它对一场新的法国雅各宾扩张的恐惧，恐怕更甚于其他国际偶发事件。更有甚者，革命主义在欧洲历史上从来没有，在其他地方也很少这样流行，这样普遍，这样容易在自发感染和有意宣传的影响下传播开来。

在 1815—1848 年之间，西方世界有三次主要的革命浪潮。[亚洲和非洲尚未受影响，亚洲第一轮大革命，"印度兵变"（Indian Mutiny）以及"太平天国运动"，要到 19 世纪 50 年代才发生。]第一次发生在 1820—1824 年。欧洲地区主要局限在地中海一带，以西班牙（1820 年）、那不勒斯（1820 年）和希腊（1821 年）为中心。除希腊外，所有起义都遭镇压。西班牙革命使拉丁美洲的解放运动重新复活，该运动是受到拿破仑于 1808 年征服西班牙而激发，并在最初的尝试失败后，沦为少数偏远地区的难民和盗匪活动。西属南美的三个伟大解放者，玻利瓦尔（Simon Bolivar）、圣马丁（San Martin）和沃伊金斯（Bernardo O'Higgins），分别建立了独立的"大哥伦比亚"（包括现在的哥伦比亚、委内瑞拉和厄瓜多尔共和国）、阿根廷［但减去现在的巴拉圭和玻利维亚内陆地区，以及减去拉布拉塔河（River La Plate）的对岸草原，在这里，现属乌拉圭的东班达牛仔们曾与阿根廷和巴西人作战］，以及秘鲁。圣马丁在英国激进贵族柯克兰尼［Cochrane，福雷斯特《霍恩布洛尔舰长》（*C. S. Forester's Captain Hornblower*）的原型］统率的智利舰队帮助下，解放了西班牙势力的最后堡垒——秘鲁总督府。到了 1822 年，西属南美已获解放。温和、有远识而且具有罕见自我克制精神的圣马丁，把解放后的南美留给玻利瓦尔共和派，自己则退往欧洲隐居，靠着沃伊金斯的补助金，在通常是债务缠身的英国人的庇护地布伦（Boulogne-sur-Mer）度过了高贵的一生。与此同时，派去对付墨西哥残存农民游击队的西班牙将军伊图尔比德（Iturbide），在西班牙革命的影响下与游击队联合起来共同起事，并在 1821 年奠定了墨西哥的永久独立。1822 年，在当地摄政领导下，巴西平静地从葡萄牙独立出来，该摄政是葡萄牙王室在拿破仑垮台后，重返欧洲时留驻在巴西的代表。美国几乎立即承认了巴西这个新国家中最重要的一员；英国关心的是与它缔结商业条约，不久也承认了巴西的独立；法国人实际上在 19 世纪 20 年代之前便已撤出该地。

第二次革命浪潮发生在 1829—1834 年，而且影响了俄国以西的整个欧洲以及北美大陆，因为杰克逊总统的伟大改革年代（1829—1837 年），虽然与欧洲的动荡没有直接关联，但仍应算作其中的一部分。在欧洲，推翻法国波旁王朝的革命激起了其他各种动乱。比利时（1830 年）从荷兰赢得独立；波兰革命（1830—1831 年）在经过重大的军事行动后被镇压下去；意大利和德意志各地动荡不安；自由主义在瑞士盛行，那时它是一个远不如现在太平的国家；而在西班牙和葡萄牙，则开启了自由派和教士的内战时代。甚至连英国也受到影响，部分是因为其境内火山——受到《天主教解放法》（1829 年）和重新展开改革鼓动的爱尔兰——随时都有喷发的危险。英国 1832 年的《改革法》（Reform Act）相当于法国 1830 年的 7 月革命，而且的确受到来自巴黎的强烈刺激。该时期是近代史上英国政治发展与欧洲大陆同调的唯一时期，我们可以中肯地说，若非受到辉格和托利两党的抑制，某种革命形势可能会在 1831—1832 年的英国发展起来。而在整个 19 世纪，也只有这段时期可以使上述分析不像纯然虚构出来的。

因此，1830 年的革命浪潮要比 1820 年那次严重得多。事实上，它标志着西欧资产阶级势力对贵族势力的最后胜利。接下来 50 年的统治阶级，将是银行家、大企业家，以及有时是高级文官的"大资产阶级"。他们被不露锋芒或同意推行资产阶级政策的贵族所接受，没有受到普选的挑战，尽管有来自外部的小商人或不满商人、小资产阶级和早期工人运动的困扰。资产阶级主导的政治制度，在英国、法国和比利时大致相似。它们都采行君主立宪，都为选举人设下财产或教育资格的限制，借此确保民主的安全性。法国最初只有 16.8 万人具有投票资格。事实上，这与法国大革命的第一阶段，也是最温和的资产阶级统治时期制定的 1791 年宪法极其相似[a]。然而在美国，杰克逊式的民主已比欧洲更进一步：不受限制的政治民主，因赢得边疆居民、小农场主和城市贫民的选票而全面得势，击败了类似西欧的非民主有产者寡头政治。这是个不祥的变革，温和自由主义的那些思想家，充分认识到扩大普选权可能是迟早的事，因而密切地注视着这个问题。特别是托克维尔（Alexis de Toqueville），他的《美国的民主》（*Democracy in America*，1835）一书，曾就此问题得出悲观的结论。但是正如我们在后面将看到的，1830 年同时也标志着一种甚至更加激进的政治变革：英、法工人阶级开始成为一支独立自觉的政治力量，而民族主义运动也开始在许多欧洲国家兴起。

在这些重大政治变化背后，是经济和社会发展上的重大变化。从社会的任何方面来说，1830 年都代表着一个转折点，在 1789—1848 年，这显然是最值得纪念的一段时期。在欧洲大陆和美国的工业化和都市化历史上，在人类社会和地理的迁移史上，

a. 实际上它只有一个比 1791 年限制更多的选举权。

第六章
革命

在艺术和思想史上，这个年代显得同样突出。而且在英国和整个西欧，它开启了新社会发展的危机年代，这场危机结束于1848年革命失败和1851年后的经济大跃进。

第三次也是最大一次的革命浪潮，即1848年革命浪潮，便是上述危机的产物。在法国、意大利全境、德意志各邦、哈布斯堡王朝辖下的大部分以及瑞士（1847年），革命几乎同时爆发并（暂时）取得胜利。不算剧烈的动乱也影响了西班牙、丹麦和罗马尼亚，并零星地影响了爱尔兰、希腊和英国。再没有任何事件比这场自发且全面爆裂的革命，更接近这个时期起义者梦寐以求的世界革命了，这场革命革了本书讨论的这个时代的命。1789年由一个单一国家掀起的革命，现在看来似乎已演变成整个欧洲大陆的"民族之春"。

2

与18世纪后期的革命不同，后拿破仑时期的那些革命是蓄谋已久甚至计划周密的。法国大革命本身最重要的遗产，是它确立了一整套政治大变革的模式和典范，而这套典范已为各地起义者普遍采用。1815—1848年间的革命，并不像密探和警察（充分就业的一类人）汇报给他们上司的那样，只是少数不满的煽动者所为。革命的发生，是因为强加于欧洲的政治制度极不适合欧洲大陆的政治状况，而且在一个社会急剧变化的时期，便显得愈来愈不适合；革命的发生，也因为经济和社会的不满是如此尖锐，以致一系列革命的爆发实际上无可避免。但是1789年大革命创造的政治模式，有利于向不满者提供一个特定的目标，即把暴动变成革命，而且要先把整个欧洲联成一个单一的颠覆运动或颠覆潮流。

这些模式虽然都起源于 1789—1797 年之间的法国经验，但却呈现出几种不同的典范。它们与 1815 年后反对派的三种主要潮流相一致，它们包括：温和自由派（或说上层中产阶级和自由派贵族的派别）、激进民主派（或说下层中产阶级、部分新兴制造商、知识分子和心怀不满的乡绅的派别），以及社会主义派（或说"劳动贫民"或新兴的产业工人阶级的派别）。顺道一提，从词源上看，这些名词全都反映了这个时期的国际性："自由派"起源于法语—西班牙语，"激进派"起源于英语，"社会主义派"起源于英语—法语。"保守派"也部分起源于法语，这是《改革法案》（Reform Bill）时期英国和欧洲大陆政治密切联系的另一证明。第一种潮流的激励力量是 1789—1791 年的革命，其政治理想类似于带有财产资格限制，因而是寡头代议制度的准英国君主立宪制度，1791 年的法国宪法采用了这种制度，而且正如我们在前面已经看到的那样，它成了 1830—1832 年后，法国、英国和比利时宪法的标准类型。第二种潮流的推动力量可以 1792—1793 年的革命来代表，而其政治理想：带有"福利国家"倾向和对富人的某种憎恨的民主共和国，是与 1793 年理想的雅各宾宪法相一致。但是就像主张激进民主的社会团体，是个定义模糊、面貌复杂的群体一样，因此也很难为法国大革命的这种模式贴上一个准确的标签。1792—1793 年被称为吉伦特主义、雅各宾主义以及甚至无套裤汉主义等多种成分的结合，尽管也许在 1793 年的宪法中，雅各宾主义的味道最浓。第三种潮流的推进力量是共和二年革命和后热月党人起义，其中最重要的是巴贝夫的平等派（Equals）密谋，那是雅各宾极端派和早期共产主义者的重要起义，后者标志着近代共产主义政治传统的诞生。第三种潮流是无套裤汉主义和左翼罗伯斯庇尔主义的产儿，虽然除了从前者那里继承了对中产阶级和富人的强烈憎恨以外，并没有得到什么。在政治上，巴贝夫主义的革命模式已蕴含在罗伯斯庇尔和圣鞠斯特的传统之中。

从专制主义政府的观点看来，所有的运动都同样是稳定和良好秩序的颠覆者，尽管某些运动似乎比其他运动更有意识地热衷于散布混乱，而某些运动似乎比其他运动更加危险，因为更可能煽动无知而又贫困的群众。[因此 19 世纪 30 年代梅特涅的秘密警察，在今日看来，似乎太过重视拉梅内（Lamennais）《一个信仰者的话》（*Paroles d'un Croyant*，1834）的发行，因为用非政治性的天主教语言来说，它只可能诉诸没受到公开无神论宣传影响的臣民。[3] 然而事实上，反对派运动之所以能联合，只不过是因为他们对 1815 年政权抱有的共同憎恶，以及所有——不管基于任何原因——反对专制君主、教会和贵族的人，一向有合组共同阵线的传统。然而 1815—1848 年的历史，就是这个统一战线瓦解的历史。

3

在复辟时期（1815—1830 年），反动黑幕笼罩着所有持不同政见的人士，在这样的黑暗中，拿破仑主义者和共和主义者、温和派和激进派之间的分歧几乎看不出来。除英国外，至少在政治上还没有出现自觉的工人阶级革命者或社会主义者。而英国，在欧文于 1830 年前发起的"合作运动"影响下，不论在政治上或意识形态上，一个独立的无产阶级趋势已经出现。大多数非英国群众的不满还是非政治性的，要不就是如表面上的正统主义者和教权主义者那样，对似乎只会带来罪恶和混乱的新社会发出无声抗议。因此除了极少数例外，欧洲大陆的政治反对派通常局限于一小群富人或受过教育的人，而这两者多半意味着同一群人，因为即使在巴黎综合工艺学校（Eook Polytechnique）这样强大的左翼阵营中，也只有 1/3 的学生———一个突出的反抗分子群体——来自小资产阶级（大多经由低层军官和文官晋升而来），而只有 0.3% 来自"大众阶层"。这些穷人就像自觉加入左翼的人一样，接受中产阶级革命的经典口号，虽然是激进民主派而非温和派的形式，但仍只不过是向社会挑战的某种暗示。英国劳动贫民一次又一次为之团结在一起的典型纲领，只是单纯的议会改革，具体表现在《人民宪章》（People's Charter）的"六点要求"上。[a] 这个纲领实质上与潘恩时代的"雅各宾主义"没有区别，而且与老穆勒（James Mill）提出的功利主义中产阶级改革家的政治激进主义完全一致（其与日益自觉的工人阶级的联系除外）。复辟时期唯一不同的是，劳工激进分子已经更愿意听取用他们的语言所进行的宣传——如演说家亨特（Orator Hunt，1773—1835）那样善于侃侃而谈的人，或者像科贝特（William Cobbett，1762—1835）那样既聪明又精力旺盛的批评家，当然还有潘恩（1737—1809）——而不是中产阶级改革者的语言。

因此，在这个时期，无论是社会的甚或民族的差异，都没有

---

a. "六点要求"包括：一、成年男子普选权；二、无记名投票；三、平等选区；四、议员有薪制；五、每年召开议会；六、取消候选人的财产资格。

明显地把欧洲反对派分裂成互不理解的阵营。如果我们略去大众政治的正规形式已告确立的英国和美国（虽然在英国直到 19 世纪 20 年代还受到反雅各宾主义歇斯底里式的压制），对欧洲所有国家的反对派来说，政治前景看起来非常相似，而达成革命的方式也几乎一样，因为专制主义的统一战线，实际上在大部分的欧洲地区排除了和平改革的可能。所有革命者都以不同的理由把自己看成是已解放的少数进步精英，在缺乏活力、无知且被误导的广大群众中活动，并为了其最终利益而进行抗争。普通群众在解放到来时无疑会起而欢迎，但是不能指望他们积极参加抗争、准备解放。他们全都（至少在巴尔干半岛的西部）认为自己是在与单一的敌人作战，即沙皇领导下的专制王公联盟。因此，他们全都把革命看成是统一而不可割裂的；是单一的欧洲现象，而不是国家或地区解放的集合体。他们都倾向于采用同一类型的革命组织，甚或同一个组织——秘密暴动兄弟会。

这类兄弟会每个都有来自或仿自共济会模式的复杂仪式和等级制度。它们在拿破仑时代后期如雨后春笋般发展起来，其中最负盛名的（因为是最国际性的）是"好表亲"或烧炭党（Carbonari）。它们似乎是通过意大利反拿破仑的法国军官，继承了共济会或类似的结社，1806 年后在南意大利形成，而且和其他类似团体一起向北传播，并在 1815 年后越过地中海。这些组织本身，或其衍生组织和平行组织，连在俄国特别是希腊，都可以找到其踪影。在俄国，这类团体联合成十二月党人（Decembrists），他们在 1825 年发动了俄国近代史上的第一次起义。烧炭党时代在 1820—1821 年达到顶峰，及至 1823 年，大多数兄弟会实际上都被破坏殆尽。然而,（一般意义上的）烧炭党以革命组织的主干角色坚持了下来，也许还借着帮助希腊争取自由（亲希腊运动）的共同任务而结合在一起，而且于 1830 年革命失败后，通过波兰和意大利的政治移民，把它传播到更远的地方。

在意识形态上，烧炭党及其类似组织是个混杂的团体，只是因为对反动派的共同憎恨而联合在一起。激进派，其中最坚定的是左翼雅各宾派和巴贝夫主义者，很明显对兄弟会的影响日益增强。巴贝夫的叛乱老同志布纳罗蒂（Filippo Buonarroti），是他们之中最能干、最不屈不挠的密谋者，虽然他的信仰对大多数兄弟会和"好表亲"而言是太过偏左。

他们是否曾致力于发动国际性的协同革命，仍是件有争论的事，虽然他们的确坚持不懈地尝试联合所有的秘密兄弟会，至少在其最高和最初的层次上，组成国际型的超级密谋党派。不管事情的真相如何，在 1820—1821 年间，欧洲确实发生了大量烧炭党类型的起义。他们在法国完全失败，那里的革命政治条件相当缺乏，而密谋者在相关条件尚未成熟的形势下，无法接触到暴动的唯一有效力量，即不满的军队。在当时以及整个 19 世纪都是行政机构一部分的法国军队，无论什么样的官方政府命令他们都得执行。他们在一些意大利邦国，特别是在西班牙，获得了彻底但是暂时性的胜利。在西班牙，"纯粹的"起义找到了最有效的方式——军事政变。组成秘密军官兄弟会的自由派上校，命令其团队跟随他们一起起义，而后者则听命行事。（俄国十二月党人密谋者于 1825 年极力发动禁卫军起义，但是因为害怕走过头而失败。）军官兄弟会——由于军队为非贵族青年提供了职业，故而他们通常具有自由主义倾向——和军事政变，自此成为伊比利亚半岛和拉丁美洲政治舞台上的固定戏剧，同时也是烧炭党时期最持久但最值得怀疑的政治成果之一。从过往的事件中我们可以观察到，仪式化、等级森严的秘密会社如共济会，由于可以理解的原因，非常强烈地求助于军队人员。西班牙的自由派新政权，于1823年被欧洲反动势力支持的法国入侵推翻。

1820—1822年的革命只有一次是自力维持的，部分是因为它成功地发动了一场真正的人民起义，部分是因为它得益于有利的外交形势，那就是1821年的希腊革命（参见第七章）。希腊因此成了国际自由主义和"亲希腊运动"的激励力量。亲希腊运动包括对希腊有组织的支援和无数志愿战士的前往，它对团结19世纪20年代欧洲左翼的贡献，类似于20世纪30年代晚期支援西班牙共和国的行动。

1830年革命使形势完全改观。正如我们已看到的那样，这些革命是一个非常时期的第一批产物，在这个时期里充满着尖锐而广泛的经济社会骚动，以及急剧加速的社会变化。于是两个主要结果从中而生。第一个结果是，1789年模式的群众政治和群众革命再次成为可能，因此对秘密兄弟会的依赖遂变得没有那么必要。在巴黎，波旁王朝是被复辟君主制度所经历的危机和经济衰退所导致的群众骚乱联手推翻的典型代表。所以，群众绝非不具有行动力，1830年7月的巴黎证明，街垒路障在数量和分布的面积上，比以前或以后的任何时候都要多。（事实上，1830年已使街垒路障成为人民起义的象征。虽然在巴黎的革命历史上，它们的出现至少可上溯到1588年，但在1789—1794年间，却没有发挥过重要作用。）第二个结果是，随着资本主义的发展，"人民"和"劳动贫民"——构筑街垒路障的人——愈来愈等同于作为"工人阶级"的新兴无产大众。一个无产阶级的社会主义革命运动，就此产生。

1830 年革命也为左翼政治带来两项进一步的变化。革命从激进派中分裂出温和派，并且造成一种新的国际形势。在这样做的同时，它们不但促使运动分裂成不同的社会组织，而且更分裂出不同的民族成分。

在国际上，革命把欧洲分裂成两大地区。在莱茵河以西，革命将反动列强的联合控制击成碎片，永远无法恢复。温和的自由主义在法国、英国和比利时取得胜利。（更为激进类型的）自由主义在瑞士和伊比利亚半岛没有取得完全胜利，该地以民众为基础的自由派运动和反自由派天主教运动互相对抗，但是，神圣同盟再也不能以它在莱茵河以东各地仍在采用的那种手段，来干涉这些地区。在 19 世纪 30 年代的葡萄牙和西班牙内战中，专制主义和温和自由主义的列强，各自支持其中一方，虽然自由主义国家稍显得更有力些，而且得到一些外国激进志愿者和同情者的帮助，这依稀预示出 20 世纪 30 年代的亲西班牙运动。[a]但是，各国的自由或专制课题，基本上仍有待当地的力量平衡来加以决定，也就是说它们仍悬而未决。在短暂的自由派胜利（1833—1837 年，1840—1843 年）和保守派复兴之间，它们总是在动荡摇摆。

莱茵河以东的情况，表面上与 1830 年前一样，因为所有的革命都被镇压下去，德意志和意大利起义被奥地利人或在奥地利

a. 英国人通过 19 世纪 20 年代接触到的自由派西班牙难民，而对西班牙这个国家感兴趣。英国的反天主教教义，在将西班牙的抗争潮流——反映在博罗（George Borrow）的《西班牙的圣经》和默里（Murray）著名的《西班牙手册》中——转移到反王室正统派（anti-Carlist）一事上，也发挥了一些作用。

人的支持下被镇压，更重大的波兰起义被俄国镇压。此外，在该地区，民族问题继续优先于其他所有问题。以民族的标准而言，当地所有人民都生活在不是太小就是太大的国家里：若不是分裂成小公国的不统一民族或亡国民族（德意志、意大利、波兰）的成员，便是多民族帝国（哈布斯堡、俄国和奥斯曼）的成员，或两者兼是。我们不必操心荷兰人和斯堪的纳维亚人，因为他们虽然在广义上属于非专制地区，但因其超然于欧洲其他地方正在上演的戏剧性发展之外，而过着相对平静的生活。

莱茵河东西两区的革命者仍有许多共同之处，例如：他们都目睹了1848年革命在这两个地区同时发生的事实，尽管并非两个地区的所有部分都发生了革命。然而，在每个特定地区内出现的革命热情，却有着明显差异。在西方，英国和比利时停止追随一般革命的节奏；而西班牙、葡萄牙，其次是瑞士，已经陷入当地特有的国内斗争，除偶发事件外（如1847年的瑞士内战），其危机不再与其他地方的那些危机一致无二；在欧洲的其他部分，则有"革命"的积极民族和消极或不热心民族之间的明显区别。于是哈布斯堡的密探机构，经常受到波兰人、意大利人和（非奥地利）日耳曼人，以及永远难以驾驭的匈牙利人的困扰，而没有任何来自亚平宁地区或其他斯拉夫地区的危险情报。俄国只需担忧波兰人，而奥斯曼仍能指望大多数巴尔干斯拉夫人保持平静。

这些差异反映出不同国家的发展节奏和社会变化。这种变化在19世纪30年代和40年代变得日益明显，而且对政治越发重要。因此，英国发达的工业化改变了英国的政治节奏，而欧洲大陆大部分地区，却在1846—1848年处于社会危机的最尖锐时期。英国有其同样严重的危机，即1841—1842年的工业大萧条（参见

第九章）。反之，19 世纪 20 年代的俄国理想青年或许有理由指望，一次军事暴动就能在俄国赢得像在西班牙和法国那样的胜利；但到了 1830 年后，俄国进行革命的社会和政治条件已远不如西班牙成熟，这是一个无法忽视的事实。

然而，东西欧的革命问题是可以比较的，虽然性质不一样：它们都使温和派和激进派之间的紧张关系愈益加剧。在西欧，温和自由派基本上退出反对派的共同战线（或退出对它的深切同情），而进入政界或潜在的政界。在靠着激进派的努力（因为除此之外，还有谁会在街垒中战斗呢？）取得权力之后，他们立即背叛了激进派，不再与民主或共和国那类危险东西有所牵扯。法国七月王朝的首相基佐（Guizot），是一位自由主义反对者，他曾说："不再有合法的动机，也不再有长期置于民主旗帜下的热情和貌似有理的激进借口。以前的民主将是今日的无政府主义；自今而后，民主精神便意指着革命精神。"[4]

不仅如此，在宽容与热情的短暂间歇之后，自由派趋向于降低进一步的改革热情。在英国，1834—1835 年间的欧文式"总工会"（General Union）和宪章主义者，既要对抗反改革法案者的敌视，也得面对许多支持者的不友善态度。1839 年派去对付宪章分子的武装部队指挥官，是一位中产阶级激进分子，他虽然同情宪章分子的许多要求，但还是遏制了他们。在法国，对 1834 年共和派起义的镇压，标志着这项转折。同年，六个诚实的卫斯理教派（Wesleyan）的劳工，因试图组建农业劳工工会而遭到恐怖压制，他们就是"托尔普德尔殉难者"（Tolpuddle Martyrs），这个事件象征了英国对工人阶级运动的同样的敌视。激进派、共和派和新兴无产阶级运动，因此脱离了与自由派的联合。原属于反对派的温和主义者，现在开始为已成为左派口号的"民主社会共和国"感到不安。

在欧洲其他地方，革命没有取得胜利。温和派和激进派的分裂以及新兴社会革命思潮的出现，便是起源于对失败的探讨和对胜利前景的分析。温和派（辉格党地主和现存的这类中产阶级）将其希望寄托在相对易受影响的政府和新的自由主义大国之上，期盼前者进行改革并能赢得后者的外交支持。易受影响的政府极为罕见。意大利境内的萨伏伊王室，继续同情自由派而且日益吸引了一大批温和派的支持，希望帮助这个国家实现最终的统一。新教皇庇护九世提出的短命的"自由主义教皇论"（1846年），曾鼓舞一群自由派教徒，徒然妄想为同一目的而动员教会力量。在德意志，没有一个邦国不敌视自由派，但这并未阻止少数温和派（比普鲁士历史宣传所言要少）指望普鲁士能继续有所作为，毕竟它至少曾组织过一个值得夸耀的德意志关税同盟（1834年）；同时也未使人们的梦想停止，梦想中期盼的是愿意适度改革的君主，而非满街革命路障。而波兰，在沙皇的支持之下，温和改革的前景已不再能激励通常对此寄予厚望的权贵派——恰尔托雷斯基派（Czartoryskis），但温和派至少可以对西方的外交干涉抱一线希望。根据1830—1848年的形势看来，这些前景没有一项是实际可行的。

激进派同样对法国感到失望，因为它无力扮演法国大革命和革命理论赋予它的国际解放者角色。的确，这种失望加上19世纪30年代不断发展的民族主义（参见第七章），以及各国在革命前景上方向不同的新意识，打碎了革命者在复辟时期所追求的国际主义的一致性。战略前景仍然未变。一个新雅各宾派的国际主义，也许（像马克思认为那样）还得加上一个激进干涉主义的英国，对欧洲解放几乎仍是必不可少的（不大可能出现的俄国革命前景除外）。[5] 尽管如此，一种民族主义反动此际已逐渐展开，它针对烧炭党时期以法国为中心的国际主义。这场民族主义反动是一种非常适合浪漫主义（参见第十四章）的情感，而浪漫主义则是 1830 年后最受左派注意的风行时尚。没有比 18 世纪沉默寡言、理性主义的音乐大师布纳罗蒂和糊涂无能却又自吹自擂的马志尼（1805—1872）之间的对比更鲜明的了。马志尼成了这类反烧炭党反动的鼓吹者。他把各民族的密谋集团（"青年意大利"、"青年德意志"、"青年波兰"等等）联合在一起，组成"青年欧洲"。革命运动非中心化在某种意义上是符合实际的，因为在 1848 年，各国的确是个别、自发并同时起义的。然而在另一种意义上，这又不合乎实际：它们同时爆发的刺激因素仍来自法国，但因法国不愿扮演解放者的角色，而使它们终归失败。

不管是否有些离奇，激进派出于现实和意识形态原因，排斥了温和派对王公和列强的信任。人民必须靠自己赢得解放，因为不会有任何人为他们代劳，这样的观点，在同一时期也为无产阶级社会主义运动变通使用。激进派必须借由直接行动来争取解放，而这类行动大多仍以烧炭党习用的方式呈现，至少，在群众仍处于消极状态的时候是这样。因此行动的效果不是很好，尽管在马志尼试图进攻萨伏伊的可笑举动，与 1831 年革命失败后波兰民主派不断进行的游击尝试之间，有着天壤之别。然而，排除或反对现存势力的决心，造成激进派内部的另一次分裂。分裂的焦点在于：他们要不要以社会革命为代价来夺取政权？

第六章

革命

4

除美国外，这个问题在任何地方都是具煽动性的。在美国，再也没有什么人会做出或忍不住做出在政治上动员普通人民的决定，因为杰克逊式的民主已经达成这样的目的。[a]尽管1828—1829年在美国出现了工人党（Workingmen's Party），但欧洲式的社会革命在那个辽阔而快速发展的国家，还不是个严重问题，虽然局部的不满依然存在。在拉丁美洲，这个问题也不具煽动性，也许墨西哥除外，不管出于何种目的，那里没有人会在政治上去动员印第安人（即农民和农村雇工）、黑奴，甚或"混血儿"（即小农场主、手工业者和城市贫民）。但是在西欧，由城市贫民进行社会革命是实际可行的，而在进行农业革命的广大欧洲地区，是否要诉诸群众的问题，更显得紧迫而不可避免。

在西欧，贫民，尤其是城市贫民日益增长的不满随处可见。甚至连皇帝驻跸的维也纳，贫民的不满也可从大众化的郊区剧院中反映出来，剧院内上演的戏剧，像面镜子般忠实呈现出平民和小资产阶级的心声。在拿破仑时期，戏剧把舒适温和与对哈布斯堡家族的天真忠诚结合起来。19世纪20年代最伟大的剧场作家雷蒙德（Ferdinand Raimund），用弥漫了童话、悲伤和怀旧情绪的舞台，去追悼那群朴实、传统和贫穷的民众所遗落的天真。但是从1835年起，舞台被一位耀眼的明星内斯特罗（Johann Nestroy）所占据。他是知名的社会政治讽刺家、尖刻又擅辩论的才子，也是一位破坏者，并在1848年非常符合其个性地变成一位革命狂

a. 当然，南方的奴隶除外。

热分子。甚至经由勒阿弗尔（Le Havre）前往美国的德意志移民，也把"那里没有国王"作为他们移居的理由。美国在19世纪30年代开始成为欧洲穷人梦寐以求的国家。

在欧洲西部，城市中的不满情绪极为普遍。无产阶级和社会主义运动，已在双元革命的英法两国见到（参见第十一章）。英国于1830年左右出现这类运动，而且采取极端成熟的劳动贫民群众运动形式。他们认为辉格党和自由派是他们可能的背叛者，而资本家是必然的敌人。这一运动于1839—1842年达到高峰，直到1848年后仍保持巨大影响力的"人民宪章"运动，便是其最大成就。相比之下英国社会主义或"合作社"（co-operation）的力量，便弱小得多。它们始于令人难忘的1829—1834年间，有的吸收大批信仰其理论的工人阶级斗士（从19世纪20年代早期起，它们便已在手工业者和熟练工人中进行宣传），有的则雄心勃勃地尝试建立全国性的工人阶级"总工会"，工人阶级在欧文主义者影响下，甚至企图绕过资本主义以建立一种全面性的合作经济。对1832年改革法案的失望，导致劳工运动的大多数成员期待这些欧文主义者、合作社社员，以及早期的革命工团主义者来担任领导，但是由于他们无法具体提出一套有效的政治策略和领导方针，再加上雇主和政府有计划的进攻，遂使1834—1836年的运动遭到挫败。这次失败使许多社会主义者沦为劳工运动主流之外的宣传者或教育团体，或是成为更加温和的消费者合作社先驱，这类合作社最早是以合作商店的形式，在1844年于兰开夏的罗奇代尔（Rochdale）首次出现。因此矛盾的是，作为英国劳动贫民群众运动顶峰的宪章运动，在思想上却有些不如1829—1834年运动那般先进，虽然在政治上要成熟一些。尽管

第六章
革命
161

如此，还是无法使其免遭失败，因为其领导人在政治上过于无能，地区和部门之间也分歧不一，加上它们除了准备稀奇古怪的请愿书外，根本无法组织全国性的一致行动。[6]

在法国，不存在类似的工业劳动贫民的群众运动。1830—1848年的法国"工人阶级运动"，其斗士主要来自旧式城镇的手工业者和帮工，而且多半发生在技术行业或像里昂丝绸业这类传统家庭作坊的中心（里昂首次革命的发起人甚至不是雇佣工人而是一群小业主）。此外，各种招牌的新"乌托邦"社会主义者如圣西门、傅立叶（Fourier）、加贝（Cabet）和其他人对政治鼓动都不感兴趣，虽然它们的小型秘密集会和团体（尤其是傅立叶派），在1848年革命开始时，多半扮演工人阶级的领导核心和群众运动的动员者。另一方面，法国具有政治上高度发展的强大左翼传统，如雅各宾主义和巴贝夫主义，其主要分子在1830年后都成了共产主义者。其中最令人棘手的领袖是布朗基（Auguste Blanqui，1805—1881），他是布纳罗蒂的学生。

从社会分析和理论层面来看，除了肯定社会主义的必要性，肯定被剥削的雇工无产阶级是社会主义的建设者，以及确定中产阶级（不再是上层中产阶级）是社会主义的主要敌人等看法之外，布朗基主义对社会主义的贡献很小。但从政治战略和组织方面来看，布朗基主义可帮助传统的兄弟会革命机构，适应无产阶级的状况，并将雅各宾革命、暴动和中央集权人民专政等传统方式，融入工人们的事业之中。从布朗基分子（先后源于圣鞠斯特、巴贝夫和布纳罗蒂）那里，近代社会主义革命运动得以坚信，其目标是必须夺取政权，而后实行"无产阶级专政"（dictatorship of the proktariat）——这个词是布朗基分子所创造的。布朗基主义的弱点便是法国工人阶级的弱点。和他们的烧炭党先驱一样,他们有的只是一些徒劳策划暴动的少数精英,但因缺乏广泛的群众支持,因而总以失败收场,就像 1839 年试图举行的起义。

因此在西欧,工人阶级或城市革命看起来似乎是非常真实的危险,虽然在实际上,大多数像英国和比利时这样的工业国家,政府和雇主阶级都以相对(而且有理由)平静的态度处之:没有证据显示,英国政府曾因庞大分散、组织不良而且领导低劣的宪章派对公共秩序的威胁感到严重不安。[7] 另一方面,农村人口在鼓励革命者和威胁统治者方面贡献甚少。在英国,当一股砸毁机器的骚乱浪潮,于 1830 年底从英格兰南部和东部的饥饿工人中迅速蔓延开时,政府曾感到一阵恐慌。在这次自发、广泛,但被迅速平息的"最后的工人暴动"中,[8] 可以看到 1830 年法国七月革命的影响,参与暴动者所受到的惩罚远比宪章分子严酷许多,也许是因为大家害怕将出现比改革法案时期更加紧张的政治形势。然而,农业动荡很快便回复到政治上不那么可怕的状态。在其他经济先进地区,除德意志西部以外,很难期待或想象会有任何重大的农业革命发生,而大多数革命者所秉持的纯粹城市观点,对农民也不具吸引力。在西欧(不包括伊比利亚半岛),只有爱尔兰才有广大而特有的农业革命运动,由诸如"丝带会"(Ribbonmen)和"白男孩"(Whiteboys)之类广泛存在的秘密恐怖会社发起。但是在社会和政治上,爱尔兰与其邻国是属于不同的世界。

因此,中产阶级激进派,即那群不满的实业家、知识分子和发现自己仍在反对 1830 年温和自由派政府的其他人,便因社会革命问题而告分裂。在英国,"中产阶级激进派"分裂为二,其一准备支持宪章运动或与之共同奋斗的人,例如伯明翰或斯特奇（Quaker Joseph Sturge）的全面普选联盟（Complete Suffrage Union）；其二则坚持既反对贵族也反对宪章运动，例如曼彻斯特反《谷物法》联盟。不妥协者占了优势，他们相信其阶级意识的更大一致性，相信他们大笔花费的金钱及其宣传和广告机构的效率。在法国，路易·菲利普（Louis Philippe）官方反对派的衰弱和巴黎革命群众的创造性，动摇了两者的分裂。激进派诗人贝朗热（Béranger）在1848年2月革命后写道："所以我们又再次成为共和派，这也许太早了点，太快了点……我应该更喜欢比较谨慎的程序，但是我们既没有选择的时间，也没有集聚的力量，更没有决定行进的路线。"[9]在法国，中产阶级激进派与极左派的决裂，要到革命后才发生。

对于可能组成西欧激进主义主力大军的独立手工业者、店主、农场主等小资产阶级（他们与技术工人联合一气）来说，该问题的压力没那么大。作为小人物，他们因同情穷人而反对富人；作为小财产拥有者，他们又同情富人而反对穷人。但是这种同情的割裂，虽会导致他们犹豫不决，却不会带来政治忠诚上的大变化。在关键时刻，他们尽管软弱，也还是雅各宾派、共和派和民主派。在所有的人民阵线中，他们是一个动摇的成分，但也是一个不变的成分，直到潜在的剥夺者实际掌权为止。

5

在革命欧洲的其他地方，不满的小乡绅和知识分子，成为该地激进派的核心，这使问题严重许多。因为群众是农民，而农民常常与地主和城镇居民分属不同民族。在匈牙利，地主和城镇居民是斯拉夫人和罗马尼亚人，在波兰东部是乌克兰人，而在奥地利的部分地区则是斯拉夫人。而那些最穷、最没效率的地主，亦即最无法放弃其地位收益的地主，往往是最激进的民族主义者。大家公认，当大批农民仍处在愚昧无知和政治消极状态时，农民支持革命这个问题就不像它理应具有的那样直接，但其强烈程度却不曾稍减。及至19世纪40年代，甚至连这种消极态度也不再是理所当然。1846年加利西亚（Galicia）的农奴起义，是1789年法国大革命以来规模最大的农民起义。

尽管是像这种极具争议的问题，在某种程度上也仍是巧言夸饰的。从经济上看，像东欧这类落后地区，其现代化必须依靠农业改革，至少得废除仍在奥地利、俄罗斯和奥斯曼帝国中顽固存在的农奴制度。从政治上看，一旦农民开始活跃，革命者无疑必须有所作为来满足其要求，至少在革命者正与外来统治者作战的国家应当如此。因为如果他们不把农民拉到自己这边，反革命分子就会把他们吸引过去。合法的国王、皇帝和教会，总是占有战术上的优势，传统农民信任的是他们而不是地主，且原则上仍准备从他们那里获得正义。如果需要的话，君主们随时准备挑动农民去反对乡绅：1799年那不勒斯的波旁王朝毫不犹豫地挑动农民去反对那不勒斯的雅各宾派。1848年，伦巴底农民高喊"拉德茨基（Radetzky）万岁"，并向这位镇压民族主义起义的奥地利将军欢呼"处死地主"。[10] 在未开发的国家里，摆在激进派面前的问题，不是要不要与农民联合，而是他们是否能成功地赢得联合。

这些国家的激进派因此分成两个集团：民主派和极左派。前者在波兰以波兰民主会（Polish Democratic Society）、在匈牙利以科苏斯（Kossuth）的追随者、在意大利以马志尼派为代表，承认有必要把农民吸引到革命事业当中，而且必要时可以废除农奴制度并授予小耕作者土地所有权，但是他们希望能使自愿放弃封建权利（并非没有补偿）的贵族和国内农民之间，维持和平共处的关系。可是，在农民暴动还没有达到暴风骤雨的程度，或是被王公剥削的恐惧还不是很大的地区（像意大利的许多地方），民主派都不曾为自己提出一个具体的土地纲领或任何社会纲领，他们更倾向于鼓吹政治民主和民族解放的普遍性。

极左派公开认为，革命斗争是一场既反对外来统治者亦反对国内统治者的群众斗争。他们比本书所述时期的民族和社会革命者，更怀疑在皇权统治下拥有既得利益的贵族和软弱的中产阶级，怀疑他们在领导新国家走向独立和现代化方面所具有的能力。因此，他们自己的方案受到西方新兴社会主义的强烈影响，虽然他们与前马克思主义的多数"乌托邦"社会主义者不同，他们既是社会批评家也是政治革命家。例如，1846年短命的克拉考共和国（Republic of Cracow），便废除了所有的农民义务，并向城市贫民许诺建立"国民工厂"。南意大利烧炭党中的最先进分子，也采用了巴贝夫—布朗基主义的政纲。也许波兰是个例外，极左派的思潮在这里相对弱小，而且在动员他们如此急于吸收的农民的运动失败后，该运动主要由学童、大学生、贵族或平民出身的落魄知识分子和一些理想主义者组成，其影响力更进一步削弱。[a]

因此，欧洲未开发地区的激进派从未有效地解决其问题，部

---

a. 然而，在小农制、佃农或次佃农的少数地区，如罗马涅或德意志西南部地区，马志尼类型的激进主义在1848年之后，成功地组织了相当程度的民众支持力量。

分是因为他们的支持者不愿对农民做出充分或及时的让步，部分是因为农民在政治上不够成熟。在意大利，1848年革命实际上是在消极的农村人口不太理解的情况下进行的。在波兰（1846年起义迅速发展成受奥地利政府鼓励的、反对波兰乡绅的农民起义），除普属的波兹南地区（Poznania）外，1848年根本没有革命发生。甚至在最先进的革命国家如匈牙利，贵族领导的土地改革的种种局限，也使充分动员农民参加民族解放战争，变得完全不可能。而在大部分东欧地区，穿着帝国军人制服的斯拉夫农民，是德意志和匈牙利革命者的强力镇压者。

6

虽然因当地状况差异，因民族和阶级因素而出现分裂，但是1830—1848年的革命运动，仍保持了许多共同之处。首先，正如我们在前面已看到的，它们在很大程度上仍是中产阶级知识分子密谋者的少数人组织，经常处在流亡之中，或局限于受过教育的弱小世界里。（当然，革命爆发时，普通人民也会活跃起来。1848年米兰起义的350名死者中，只有约12人是学生、职员，或出身地主阶级者；74人是妇女、儿童，而其余是手工业者或工人。[11]）其次，它们都有一套沿袭1789年大革命的政治程序、战略和策略思想，以及一股强烈的国际团结意识。

第一个共同点很容易解释。除了在美国、英国，或许还包括瑞士、荷兰以及斯堪的纳维亚之外，在正常时期（而非革命前后）的社会生活中，几乎都不存在群众运动组织和传统；除英国和美国之外，其他地区也不具备出现的条件。一份周发行量超过 6 万份并拥有更大数目读者的报纸，如 1839 年 4 月宪章派的《北极星报》(*The Northern Star*)[12]，在其他地方是完全无法想象的。5 000 份似乎已是报纸最常见的发行量，虽然半官方报纸或（从 19 世纪 30 年代起的）娱乐性杂志，在法国这样的国家可能会超过 2 万份。[13] 而甚至是像法国和比利时这样的立宪国家，极左派的合法动员也只被断断续续地承认，其组织更经常被视为是非法的。所以，当民主政治的幻影只存在于合法享有政治权利的有限阶级中时（其中一些在非特权阶层中有其影响力），群众政治的基本方法——对政府施加压力的公众运动、群众组织、请愿、与普通人民面对面的巡回演讲等等——便少有实行的可能。除了英国人外，大概不会有人认真考虑通过签名或示威的群众运动来争得议会普选权，或者经由群众宣传或压力运动来废除一项不受欢迎的法律，就像英国宪章运动和反《谷物法》联盟各自试图做的那样。宪法的重大变化意味着合法性的中断，而社会的重大变化更是如此。

非法组织自然要比合法组织规模小，而且它们的社会组成远不具代表性。众所公认，当一般性的烧炭党秘密会社演化为无产阶级革命组织时，例如布朗基派，其中产阶级的成员会相对减少，而工人阶级成员，即手工业者和技术帮工，其人数则相应上升。19 世纪 30 年代后期到 19 世纪 40 年代的布朗基派，其成员据说主要是来自下层阶级。[14] 德意志非法者同盟［后来演变为正义者同盟（League of Just）和马克思、恩格斯的共产主义者同盟（Communist League）］也是如此，其骨干系由流亡国外的德意志帮工组成。但这样的情形在当时是相当例外的。像以往一样，大批的密谋者主要是来自专业阶层、小贵族、大学生及中学生、记者等等；也许烧炭党全盛期（伊比利亚半岛国家除外），还多了一小部分年轻军官。

此外在某种程度上，整个欧洲和美国左派继续在与共同的敌人斗争，并拥有共同的愿望和共同的纲领（由"英国、法国、德意志、斯堪的纳维亚、波兰、意大利、瑞士、匈牙利和其他国家居民"组成的）。兄弟民主会（Fraternal Democrats）在其原则宣言中写道："我们摒弃、批判并谴责一切世袭的不平等和'种族'区分，因此我们认为国王、贵族和凭借占有财产而垄断特权的阶级，都是篡夺者。政府由全体人民选出并对全体人民负责，是我们的政治信条。"[15] 激进派或革命者对这样的内容会不同意吗？一个资产阶级革命者，他会赞成一个在经济上财产可以自由运用的国家，虽然财产不再能享有以往的政治特权（如1830—1832年宪法中规定的选举财产资格限制）；但如果是社会主义或共产主义革命者，那么他一定会主张财产必须社会化。无疑，这样的冲突时刻必将到来（在英国已见诸宪章运动时期），到那时，以前反对国王、贵族和特权的盟友，将会变为互相斗争的敌人，而其基本冲突将是资产阶级和工人阶级之间的冲突。但及至1848年，在英国之外的国家，冲突的时刻尚未到来。只有少数国家的大资产阶级仍公然站在政府阵营之中。甚至最自觉的无产阶级共产主义者，也把自己看作一般激进和民主运动中的极左翼，而且通常认为：建立"资产阶级民主"共和国，是社会主义进一步发展不可或缺的开端。马克思和恩格斯的《共产党宣言》，是一份将来反对资产阶级的战斗宣言，也是（至少对于德意志）目前的联合宣言。而当德意志最先进的中产阶级——莱茵地区的企业家们——于1848年请求马克思担任其激进机关报《新莱茵报》

（*Neue Rheinische Zeitung*）的主编时，他们不仅希望他接受，并希望他不要只把这份报纸编成共产主义的机关报，更要编成德意志激进派的代言者和领路者。

欧洲左派不仅拥有共同的革命观点，而且还有共同的革命愿景。这种愿景源于 1789 年和 1830 年的革命。愿景中的国家正处于一场导致暴动的政治危机当中。（除伊比利亚半岛外，那种不考虑整体的政治或经济气候，便组织精英领导暴动或起义的烧炭党思想，日益受到怀疑。特别是在意大利类似企图的多次失败，例如 1833—1834 年、1841—1845 年和拿破仑侄子路易于 1836 年策动的暴动悲惨收场之后，更为显著。）首都将筑起街垒；革命者将冲向王宫、议会，或者（在怀念 1792 年的极端分子中）冲向市政厅，升起无论什么样的三色旗，并且宣告成立共和国和临时政府。然后国家将接受这个新政权。首都的极端重要性是大家普遍接受的，虽然直到 1848 年后，政府才开始对首都重新规划，以方便部队镇压革命者。

武装公民将组成国民军，立宪议会的民主选举会正式举行，临时政府也将成为确定的政府，而新宪法更会实施生效。新政府接着将对那些几乎肯定也会发生的其他革命，提供兄弟般的支援。接下来发生的事，便属于后革命时代。对于后革命时代，1792—1799 年的法国典范，也为该做什么和不该做什么提供了相当具体的模式。最激进派的革命者，自然很容易就会把重点转向保卫革命，反对国内外反革命分子的颠覆问题上。也可以说，越是左翼的政治家，越可能赞成雅各宾派的集权和建立强大行政机构的原则，以反对（吉伦特派的）联邦主义、非集权化或分权原则。

这种共同的观点，因强烈的国际主义传统而大为加强，甚至在那些拒绝接受任何国家（即法国，或者巴黎）具有先天领导权的分裂派民族主义者当中，也残存着国际主义。即使不将大多数欧洲国家的解放似乎就意味着专制统治失败这一明显事实考虑在内，所有国家的革命进程也将是一样的。民族歧视（正如兄弟民主会所认为的那样，"它在任何时代都被人民的压迫者所利用"）将在博爱的世界里消失。建立国际革命团体的尝试从未停止，从马志尼的"青年欧洲"——旨在取代老式烧炭党—共济会的国际组织——到 1847 年的"全世界统一民主联盟"（Democratic Association for the Unification of All Countries）。然而在民族主义运动中，这种国际主义的重要性逐渐下降，原因在于各国已渐次赢得独立，而且各国人民之间的关系并不像想象中那样友好。在那些日益接受无产阶级取向的社会革命运动中，其力量正在增强。国际，作为一个组织和一首歌，在 19 世纪的后期将成为社会主义运动的一个组成部分。

有一项偶发因素使 1830—1848 年的民族主义得到加强，那就是流亡。欧洲大陆左派的大多数政治斗士都曾经当过一段时间的流亡者，许多人甚至流亡长达几十年。他们集中在相对说来极少数的几个难民区和避难所：法国、瑞士，其次是英国和比利时（美洲对于临时性的政治移民太遥远，虽然也吸引了一些人）。这类流亡的最大队伍，是 1831 年革命失败后被放逐的 5 000—6 000 名波兰移民，[16] 次多的是意大利人和日耳曼人（因大量非政治移民而增加）。到 19 世纪 40 年代，一小群富有的俄国知识分子，在留学国外期间也已吸收了西方革命思想，或追求一种比尼古拉一世的地牢和操练场更合情意的气氛。而在巴黎和相距遥远的维也纳，这两个照耀了东欧、拉丁美洲和东地中海地区的文化大城里，四处都可见到来自弱小或落后国家的学生和有钱人。

在难民的中心所在地，流亡者结成组织，时而讨论、争吵，时而往来、指责，并且策划着解放自己的国家以及他人的国家。先是波兰人，其次是意大利人（流亡中的加里波第为拉丁美洲各国的自由而战），他们实际上成为革命斗士的国际军团。1831—1871 年间，欧洲各地没有任何一次起义或解放战争，是在没有波兰军事专家或战斗分队的协助下完成的。甚至在英国宪章运动期间，唯一的一次武装起义（1839 年），也是如此。然而，他们并非唯一这样做的人。（自称是）丹麦的哈林（Harro Harring）是一个相当典型的流亡人民解放者，曾先后为希腊（1821 年）、波兰（1830—1831 年）而战。身为马志尼的青年德意志、青年意大利以及稍许有点模糊的青年斯堪的纳维亚成员，他也曾在返欧参加 1848 年革命之前，越过重洋，为计划中的拉丁美洲合众国而奋斗，并为此留居纽约；同时出版题为"人民"、"血滴"、"一个人的话"和"一个斯堪的纳维亚人的诗"等作品。

共同命运和共同理想，把这些流亡者和侨居者联结在一起。他们大多数面临相同的贫困和警察监视、非法通信、间谍，以及无处不在的密探等问题。如同 20 世纪 30 年代的法西斯主义，专制主义在 19 世纪 30—40 年代，也将它的共同敌人团结在一起。而当以解释世界社会危机并提出解决方案为目的的共产主义，在一个世纪之后，将知识上的好奇者吸引到其首都巴黎时，更为这个城市的亮丽魅力增添了一分严肃的吸引力。（"如果没有法国女人，生活将失去意义。但是当世界还有这么多阴暗面时，得了吧！"[17]）在这些避难中心，流亡者组成临时的但经常是永久性的流亡者团体，同时策划着人类的解放。他们并不总是喜欢或赞成对方，但却相互了解，知道命运是共同的。他们一起准备和等待欧洲革命的到来。1848 年，它到来了，而且失败了。

第六章
革命

第七章

民族主义

每个人都有其特殊使命，这些使命将携手走向人类总使命的完成。这样的使命构成了民族性。民族性是神圣的。

——青年欧洲兄弟守则，1834年

这一天将会来临……当优秀的日耳曼人站在自由和正义的青铜底座上，一只手握着启蒙的火炬，把文明的光束投向地球最遥远的角落，另一只手持着仲裁者的天平。人们将恳请她解决争端，即那些现在向我们高喊强权即公理，并轻蔑地用长筒靴踢打我们的民族。

——西本费弗尔（Siebenpfeiffer）的汉堡演讲，1832年

1

1830年后，如我们在前面已看到的那样，赞成革命的总运动分裂了。而分裂所导致的一项后果值得特别注意，即自觉的民族主义运动。

这场运动发展的最佳象征，便是1830年革命后由马志尼创建或发起的"青年"运动：青年意大利、青年波兰、青年德意志、青年法兰西（1831—1836年），以及19世纪40年代类似的

青年爱尔兰。青年爱尔兰是芬尼亚勇士团（Fenians）或称爱尔兰共和兄弟会（Irish Republican Brotherhood）的前身，它是19世纪早期密谋派兄弟会组织当中，唯一延续至今且获得成功的革命团体，并以进行武装斗争的爱尔兰共和军而闻名于世。这些运动本身并不重要，且只要有马志尼存在，就足以使它们完全无效。但在象征性意义上，它们却极其重要，从日后的民族主义运动纷纷采用像"青年捷克人"或"青年土耳其人"这类标签，即可见一斑。它们标志着欧洲的革命运动碎裂成民族的革命运动。这类民族革命团体之间，无疑有着大致相同的政治纲领、战略和策略等，甚至有大致相同的旗帜——几乎总是某种形式的三色旗。他们的成员认为：其自身的要求与其他民族的要求之间并没有矛盾，而且他们的确设想建立一种可同时解放自身以及其他民族的兄弟关系。另一方面，各个民族革命团体则倾向于通过为大家选择一个救世主的角色，来为其首先关注本民族利益的心态进行辩护。借由意大利（据马志尼说的）、波兰［据密茨凯维奇（Mickiewicz）说的］，世界上受苦受难的人民将被引向自由。这是一种很容易沦为保守政策或帝国主义政策的观念，在那些强调自己是神圣的罗马第三帝国的俄国亲斯拉夫派，以及那些日后不断重复着将以德意志精神治好全世界的德国人身上，我们都可以看到这种危险。大家一致认为，民族主义这种模棱两可的现象，可回溯到法国大革命的影响。但是在法国大革命期间，世上的确只有一个伟大的革命民族，而它的所作所为也足以让世人明白，它是所有革命的司令部和解放世界的必要原动力。因此，指望巴黎是合理的；指望一个模糊不清的（实际上由一小撮密谋派和流亡者代表的）"意大利"、"波兰"或"德意志"，只有对意大利人、波兰人和日耳曼人才具意义。

如果新兴的民族主义只限于民族革命兄弟会的成员，它就不值得太多注意。事实上，它代表着更为强大的力量，这些力量在19世纪30年代以双元革命的结果出现，并显露在政治自觉之中。这些力量当中，最早出现且最强大的是小地主或乡绅的不满，以及在许多国家当中突然冒出的民族中产阶级，甚至下层中产阶级，两者的代言人大多是专业知识分子。

小乡绅的革命作用，也许可在波兰和匈牙利得到最好说明。总体而言，当地的土地大亨早就发现与专制主义和外国统治达成协议，是可能且合乎需要的。匈牙利的大地主一般都是天主教徒，而且长期以来已被吸收为维也纳宫廷的社会支柱，他们之中极少有人参加1848年革命。对于旧日波兰-立陶宛联邦（Rzeczpospolita）的记忆，使波兰的地主权贵具有更强烈的民族主义思想，但是他们之中最有影响力的准民族主义派别——恰尔托雷斯基集团，当时正对寓居巴黎朗贝尔饭店（Hotel Lambert）的奢华移民，进行活动，他们总是赞成与俄国联合，而且喜欢外交活动更甚于起义。从经济上看，如果不太浪费的话，他们也富裕得足以支付所需；而且，如果他们喜欢的话，甚至有财力投入足够的资金来改善其土地，以从该时代的经济发展中获得好处。塞切尼伯爵（Count Széchenyi）是这个阶级的少数温和自由派和经济进步倡导者，他曾将约6万弗罗林（florins）的年收入赠予新成立的匈牙利科学院。没有任何证据显示他的生活水准曾因这笔无私的慷慨捐赠而受到影响。另一方面，只因出身不同而使其有别于其他贫困农民的小乡绅（匈牙利人口中约1/8据称拥有乡绅地位），既没有钱财能使其持有的土地有利可图，也没有与日耳曼人或犹太人竞争中产阶级财富的意向。如果他们无法靠其地租体面生活，而且衰败的年代又剥夺了他们投身军队的机遇，如果文化程度不算太差的话，他们或许会考虑选择法律、行政或一些知识性职业，但是不会从事资产阶级活动。这类乡绅长期以来已成为本国专制主义、外族以及巨富统治的反对堡垒，隐藏在（像在匈牙利的）加尔文派和县级机构的双重支持背后。很自然的，他们的反对、不满，以及希望获得更多工作机会的愿望，如今将引燃民族主义。

自相矛盾的是，在这个时期兴起的民族商业阶级，竟是个较小的民族主义因素。众所公认，在四分五裂的德意志和意大利，一个统一的民族大市场，其优势是非常明显的。《联合下的德意志》（*Deutschland über Alles*）的作者呼唤：

火腿和剪刀，靴子和吊袜带，
羊毛和肥皂，纱线和啤酒。[1]

民族精神所无法促成的民族统一意识，德意志已借由关税同盟达成了。然而，却没有什么证据可以显示，比如说，（日后将为加里波第提供许多财政支持的）热那亚的船运商对意大利民族市场的喜爱，会更甚于远较繁荣的地中海贸易。而在多民族的大帝国中，在特定省份内发展出来的工业和贸易核心，当然会对现存的歧视表示不满，但是在他们心底真正喜爱的，显然是此刻对他们开放的帝国大市场，而不是未来独立的民族小市场。因此，波兰企业家既然有整个俄国可资利用，自然少有人会去支持波兰民族主义。当帕拉茨基（Palacky）代表捷克人宣称"如果奥地利不存在，那就必须造一个出来"时，他不仅是在吁请君主反对德意志，而且也表达了一个庞大却很落后的帝国经济核心地区的合理心声。然而，商业利益有时也领导着民族主义，例如像比利时，该地一支强大的工业先驱社群，基于十分奇怪的理由，认为处在荷兰商业集团的有力统治下，他们的地位将非常不利。比利时是在1815年陷入荷兰手中的。不过这是个特殊例子。

在这个阶段，中产阶级民族主义的强大支持者，是下层和中层的专业、行政和知识阶层，换句话说，即受过教育的阶层。（当然，这些人与商业阶级并无明显区别，尤其是在落后国家，那里的土地行政人员、公证人和律师等等，通常即等于农村财富的主要积聚者。）确切地说，中产阶级民族主义的先锋，是沿着教育进步的路线进行战斗，而教育进步，则显现在大批"新人"进入当时仍被少数精英占据的领域。学校和大学的成长显示出民族主义的进展，因为学校尤其是大学，正是其自觉的斗士：普鲁士与丹麦之间，曾为了石勒苏益格—荷尔斯泰因（Schleswig-Holstein）问题，先后于1848年和1864年爆发过两场冲突，但在此之前，基尔大学和哥本哈根大学，便曾为了这个问题在19世纪40年代中期发生过激烈争执。

教育的进展十分明显，虽然"受教育者"的总数仍然很小。法国国立学校的学生人数在1809—1842年间增加了一倍，而且在七月王朝统治之下，增长得特别迅速，但是即使如此，及至1842年，也只不过1.9万人（那时所有受过中等教育的孩子[2]，总数是7万人）。俄国于1850年左右，在6 800万总人口中只有大约2万名中学生。[3]大学生的人数尽管不断增加，但其总数却很少。很难想象，1806年后那些受解放思想煽动的普鲁士大学青年，据说在1805年时竟不超过1 500人；后1815年的波旁王朝毁灭者，巴黎综合工艺学校，在 1815—1830 年间，共训练了 1 581 名青年，即每年仅招收约 100 人。学生们在 1848 年革命中的突出表现，使我们很容易忘记下述事实：整个欧洲大陆，包括未进行革命的不列颠群岛，可能总共只有 4 万名大学生，虽然数目仍在上升之中。[4] 俄国的大学生人数便从 1825 年的 1 700 人，上升到 1848 年的 4 600 人。而且即使人数没有增长，社会和大学的变化（参见第十五章），也为学生赋予了一种社会团体的新意识。谁也不记得在 1789 年巴黎大学有大约 6 000 名学生，因为他们在大革命中没有发挥过独立作用。[5] 但是到 1830 年，任谁也不能忽视这群年轻大学生的重要性。

少数精英可利用外国语言活动；而一旦受过教育的干部变得足够多时，民族语言就会自行产生影响（如自 19 世纪 40 年代起，印度各邦为争取承认其语言而做的抗争）。因此，当开始用民族语言出版教科书、报纸或进行某些官方活动时，都代表着民族发展迈出了关键一步。19 世纪 30 年代，欧洲许多地区都跨出了这一步。于是有关天文学、化学、人类学、矿物学和植物学的第一批重要的捷克文著作，便是在这 10 年中写作或完成的；而在罗马尼亚，用罗马尼亚文代替以前流行的希腊文的第一批学校教科书，也是如此。1840 年，匈牙利文取代拉丁文作为匈牙利议会的官方语言，虽然受维也纳控制的布达佩斯大学，直到 1844 年才停授拉丁语课程。（可是，为争取使用匈牙利语为官方语言的抗争，从 1790 年起一直断断续续地进行。）在萨格勒布（Zagreb），盖伊（Gai）1835 年起便用迄今仍是方言综合体的第一种书面语言，出版了他的《克罗地亚报》[*Croatian Gazette*，后来改名《伊利里亚民族报》（*Illyrian National Gazette*）]。在很早就拥有官方民族语言的国家，这种变化是不太容易衡量出来的。可是有趣的是，1830年后用德语（而不是拉丁语和法语）出版的书籍，首次持续超过90%，法语书籍的数量，则在1820年后降到4%以下。[a][6]此外，出版物的普遍大增，也给予我们一个可资比较的指标。例如，德意志出版的书籍数量，在1821年和1800年大致相同，一年大约4000种；但1841年却上升到1.2万种。[7]

当然，大多数欧洲人和非欧洲人仍是未受过教育的。的确，除日耳曼人、荷兰人、斯堪的纳维亚人、瑞士人和美国公民外，没有一个民族能在1841年被形容成是有文化的。有几个民族可说几乎是文盲，像南部斯拉夫人，他们在1827年只有不到1.5%的识字率（甚至在更晚的时候招募到奥地利军队中的达尔马提亚人，也只有1%能够读写），或者像只有2%识字率（1840年）的俄国人，像西班牙人、葡萄牙人（半岛战争后，似乎总共仅有8000名儿童在校），以及除伦巴底和皮德蒙特之外的意大利人。19世纪40年代，甚至英国、法国和比利时，也有40%—50%的人是文盲。[8]文盲绝非政治意识的障碍，但事实上没有证据指出，除了已受双元革命改变的国家——法国、英国、美国以及（政治和经济上依附于英国的）爱尔兰，那种近代式的民族主义已形成一股强大的群众力量。

把民族主义等同于识字阶层，以俄国大众为例，并不是说，当他们碰到非俄国的人或事物时，不会产生"俄国人"的自觉。然而，对一般群众而言，民族性的检验物仍然是宗教：西班牙人

---

a. 18世纪早期，在德意志的全部书籍中，只有60%是用德语的，自那之后，这一比例平稳上升。

是以是否为天主教徒来确定的，俄国人则依据是否是东正教徒。然而，与外国文化直接接触的情形虽日渐增多，但仍属罕见，而某些民族感情（例如意大利人的），对广大群众而言仍是全然陌生。他们甚至不使用共同的民族书写语言，而且说着彼此几乎不能明白的方言。甚至在德意志，爱国主义神话也极端夸大了反拿破仑民族情感的程度。在德意志西部，尤其是法国自由征召的战士中，法国仍极受欢迎。[9]隶属于教皇或皇帝的人民，或许表现出对碰巧也是德意志的敌人法国人的不满，但这其中几乎不带有任何民族情感，更不用说建立一个民族国家的任何愿望。此外，民族主义是以中产阶级和乡绅为主干的事实，就足以使穷人们秉持怀疑立场（像南意大利烧炭党中比较先进的分子和其他密谋派所表现的那样）。波兰激进民主革命派急切地试图动员农民，甚至到了提出进行土地改革的程度，但他们还是几乎彻底失败。即使这些革命派实际上宣布废除农奴制度，加利西亚的农民在1846年还是会反对波兰革命者，他们更愿意屠杀乡绅并相信皇室官吏。

民族的远离家园，也许是19世纪最重要的一个现象，它瓦解了深厚、古老而且地方化的传统主义。直到19世纪20年代，世界上大多数地区都几乎没有什么移民或外迁者，除非是在军队和饥饿的强制下，或在传统上经常迁移的社会中，例如在北方从事季节性建筑工作的法国中部农民，或者德意志的流动手工业者。远离家园还意味着一种思乡病，但不是即将成为19世纪特殊心理病的那种温和形式的思乡病（反映在无数多愁善感的流行歌曲中），而是医生们在临床上最早用来描述旅居国外的旧式瑞士雇佣军，那种强烈得足以致命的心理疾病。在法国大革命战争的征兵中，便可发现这种疾病，特别是在布列塔尼人身上。遥远北部森林的吸引力非常强大，它可以使一个爱沙尼亚女仆离开她那位极其仁慈的萨克森库吉尔根（Kügelgen）雇主，尽管在萨克森她是自由的，而回到家乡却将沦为农奴。迁居和移居国外（其中移居美国的数据最方便查找）的人数，在19世纪20年代以后显著增加，虽然直到19世纪40年代才达到很大的比例，那时有175万人越过北大西洋（将近是19世纪30年代数字的3倍）。即使如此，英国之外唯一的主要移民民族仍是日耳曼人，长期以来，他们一直都遣送子孙到东欧和美国做定居农民，到欧洲大陆做流动手工业者，并到各国充任雇佣兵。

实际上我们可以说，1848年真正以群众为基础且具有严密组织形式的西方民族运动，只有一次，而且即使这次，也因为与教会这个强大的传统支撑者保持一致的态度，而获致巨大好处。那就是奥康奈尔（Daniel O'Connell，1785—1847）领导下的爱尔兰取消联合运动。（译者注：19世纪初，爱尔兰反对与英国组成联合王国的民族主义运动。）奥康奈尔是农民出身、嗓音洪亮的律师鼓动家，也是第一位（直到1848年是唯一的一位）普受欢迎的卡里斯玛型领导人，他带动了当时犹属落后群众的政治意识觉醒。[1848年前，唯一可与奥康奈尔相比的人物是另一位爱尔兰人奥康纳（Fergus O'Connor，1794—1855），他已成为英国宪章运动的象征；或许还有匈牙利的科苏斯。科苏斯可能在1848年革命之前已获得某些群众声望，虽然在19世纪40年代，其威望实际上是因身为乡绅拥护者而获致的，由于他后来被历史学家奉为圣人，因此很难完全看清楚他的早期经历。]奥康奈尔的天主教联合会（Catholic Association），在争取天主教徒解放（1829年）的成功抗争中，赢得了群众支持和教士们的信任（这点未获完全证实）。这个联合会在任何情况下，都绝不与新教徒乡绅和英裔爱尔兰乡绅发生关系。它是农民和那个贫困大岛上的爱尔兰下层中产阶级的运动。被一次又一次的农民暴动浪潮推上领导地位的"解放者"，是贯穿爱尔兰政治史上那个令人震惊的世纪的首要推动力。这个力量在秘密恐怖会社中被组织起来，而这些会社本身，则有助于打破爱尔兰的地方主义。然而，奥康奈尔的目标既不是革命也不是民族独立，而是通过与英国辉格党达成协议或谈判，来实现温和中产阶级的爱尔兰自治。事实上，他并不是民族主义者，更不是农民革命家，而是温和中产阶级的自治主义者。的确，后来的爱尔兰民族主义者对他提出的主要批评（很像更为激进的印度民族主义者批评在其国家历史上占有类似地位的甘地），便是他本来能够发动整个爱尔兰起来反对英国人，但他却有意地拒绝。不过，尽管如此，这并不能改变下列事实，亦即他所领导的运动，的确得到广大爱尔兰民众的真正支持。

2

可是，在近代资产阶级世界之外，还有反对异族统治（一般情况为不同宗教而非不同民族的统治）的人民起义运动，有时这似乎预示着日后民族运动的走向。这类运动指的是反对奥斯曼帝国、高加索反对俄罗斯人，以及印度反对入侵的英国统治者的战斗。把诸多的近代民族主义塞入对这类民族运动的理解之中，是不恰当的，虽然在武装好斗的农牧人口聚居的落后地区，以部落集团为组织，而且由部落酋长、绿林英雄或先知们所发动的对外国（或更确切地说是不信任的）统治者的抵抗，采取了一种与精英式民族运动颇为不同，但更接近其真义的人民战争形式。然而实际上，马拉特人（Mahrattas，印度的封建军事集团）和锡克教徒（一个军事宗教派别）分别于 1803—1818 年及 1845—1849 年所发起的抗英运动，与后来的印度民族主义几无关联，而且他们也没发展出自己的民族主义。[a]野蛮、英勇、世仇不断的高加索部队，在穆里德运动（Muridism）的纯净伊斯兰派别中，暂时找到了团结一致、反对俄国人入侵的纽带，而且找到沙米尔（Shamyl，1797—1871）这个重要的领导人。但是直到今天，高加索人仍尚未组成一个民族，而仅仅是在苏联一个小共和国中的一小群小山民集体（已具近代民族意义的格鲁吉亚人和亚美尼亚人，并未参加沙米尔运动）。被诸如阿拉伯地区的瓦哈比派（Wahhabi）和今天利比亚的赛努西教团（Senussi）等纯净宗教派别所扫荡的贝都因人，为了安拉的单纯信仰，反对赋税、苏丹和城市的营私舞弊，并为了保有简朴的牧民生活而战。但是我们今日所知的阿拉伯民族主义（20 世纪的产物），是来自城市，而不是游牧民族的营地。

甚至巴尔干各国，尤其是那些很少被驯服的南部和西部山民，他们反对奥斯曼帝国的起义行动，也不应过于简单地用近代民族主义来加以解释，虽然许多吟游诗人和勇士〔两者经常

---

a. 锡克人运动迄今仍大多自成一体。在马哈拉施特拉邦（Maharashtra），当地人的战斗抗争传统，使那个地区成为印度民族主义的早期中心，并提供了一些最早的而且是极传统的领导人，特别是提拉克（B. G. Tilak）；但这更多是印度民族运动中，一个地区性的而非占主导地位的潮流。像马拉特民族主义那样的东西，在今天可能还存在着，但其社会基础是广大的马拉特工人阶级和没有特权的下层中产阶级，对抗在经济上和直到最近仍在语言上占统治地位的古吉拉特人（Gujeratis）。

是同一些人，例如门的内哥罗（Montenegro）的诗人—武士—主教们］，会使人回忆起像阿尔巴尼亚的斯坎德培（Skanderbeg）那样的准民族英雄的荣耀，以及像塞尔维亚人在科索沃（Kossovo）战役中对抗奥斯曼帝国的失败悲剧。在任何有需要或有意愿的地区，起义反对当地政权或削弱奥斯曼帝国，都是极其自然的举动。然而，仅只是因为经济上共同的落后性，才让我们把今日所谓的南斯拉夫人视为一个整体，甚至包括了他们居住在奥斯曼帝国境内的同族人，但是南斯拉夫这个概念是奥匈帝国知识分子的活动产物，而不是那些实际为自由而战者所欲追求的结果。[a]信仰东正教的门的内哥罗人从未被征服过，他们与土耳其人作战，但也以同样的热情对抗多疑、信奉天主教的阿尔巴尼亚人，同样多疑但团结的斯拉夫人，以及信奉伊斯兰教的波斯尼亚人。波斯尼亚人则像多瑙河平原上的东正教塞尔维亚人一样乐意，并且以比阿尔巴尼亚边疆地区东正教"老塞尔维亚人"更大的热情，起义反对与他们信仰同一宗教的土耳其人。19世纪率先起义的巴尔干人民，是在英勇的猪贩子、绿林好汉黑乔治（Black George, 1760—1817）领导下的塞尔维亚人，但是在他起义（1804—1807年）的最初阶段，甚至并未提出反对奥斯曼统治的口号；相反，他支持土耳其苏丹反对当地统治者的营私舞弊。在巴尔干西部山区的早期起

a. 有意思的是，今天的南斯拉夫政权已将以前划归为塞尔维亚的民族，分裂为更符合实际的次民族共和国和行政单位：塞尔维亚、波斯尼亚、门的内哥罗、马其顿和科索沃—梅托希亚（Kossov-Metohidja）。根据19世纪民族主义的语言学标准，他们大多属于同一单元的"塞尔维亚"民族，只有与保加利亚人更接近的马其顿人，以及位于科斯美特（Kosmet）的阿尔巴尼亚少数民族除外。但是事实上，他们从未发展成单一的塞尔维亚民族。

义历史中，几乎没有任何记载显示当地的塞尔维亚人、阿尔巴尼亚人、希腊人和其他民族，在19世纪早期已对那种非依民族划分的自治公国感到不满，该制度是由强有力的总督，人称"亚尼纳之狮"的阿里·巴夏（Ali Pasha，1741—1822），一度在伊庇鲁斯（Epirus）建立起来的。

有一次，而且是唯一的一次，放羊的牧民与绿林英雄在反对任何实存政府的持久战斗中，与中产阶级民族主义和法国大革命的观念融合起来。那就是希腊的独立战争（1821—1830年）。因此不足为奇的，希腊成了各地民族主义者和自由人士的神话和激励力量。因为只有在希腊，全体人民用一种似乎与欧洲左派相同的方式，起来反对压迫者；而且另一方面，以献身希腊的诗人拜伦（Byron）为代表的欧洲左派，对希腊的最后独立提供了非常重要的帮助。

大多数希腊人与巴尔干半岛上其他被遗忘的战士、农民和部落非常相像。然而，一部分希腊人构成了一个国际贸易和管理阶层，他们也定居在整个奥斯曼帝国的殖民地和少数民族社区之内，以及奥斯曼帝国之外；而大多数巴尔干人所皈依的东正教会，其所使用的语言是希腊语，其领导阶层则是以君士坦丁堡希腊主教为首的希腊人。蜕变为依附王公的希腊行政官员，统辖着多瑙河各公国（现在的罗马尼亚）。在某种意义上，巴尔干、黑海地区和地中海东部，所有受过教育以及从事商业的阶层，不管民族出身如何，都因其活动性质本身而希腊化了。在18世纪，希腊化进程比以往更加强劲有力。主要是因为经济的明显发展，扩大了希腊人在国外的散居范围和接触面。黑海新兴繁荣的谷物贸易，把他们带进意大利、法国和英国的商业中心，并且加强了他们与俄国的联系；巴尔干贸易的扩大，把希腊人或希腊化商人带到了中欧。第一份希腊文报纸是在维也纳出版的（1784—1812年）。农民起义者的定期移民和再迁移，进一步加强了流亡者社团。正是在这种世界各地都有的散居人口中，法国大革命的思想（自由主义、民族主义和共济会秘密会社的政治组织方式）扎下根来。早期不甚突出、多少是泛巴尔干革命运动领袖的里加斯（Rhigas，1760—1798），不但讲的是法语，还将《马赛曲》改编成希腊版本。发动1821年暴动的秘密爱国会社同志会（Philiké Hetairía），是1814年在俄国新兴谷物大港奥德萨（Odessa）创立的。

希腊的民族主义在某种程度上可与西方的精英运动相比。没有其他类比可以说明在当地希腊权贵领导下，多瑙河诸公国为争取希腊独立所发动的起义；因为在这块可怜的农奴制土地上，唯一可以称作希腊人的便是领主、主教、商人和知识分子。很自然，那场起义惨败了（1821年）。然而幸运的是，同志会也开始在希腊山区（特别是伯罗奔尼撒）招募乱世中的绿林英雄、亡命之徒和部落酋长，而且（至少在1818年后）比同样想搜罗当地绿林的南意大利贵族烧炭党，赢得更大的成功。像近代民族主义这类概念，对这些"希腊武装团成员"究竟有多大意义，是相当令人怀疑的，虽然他们之中许多人都有自己的"文书学者"（clerks）——对书籍知识的尊重和爱好，是古希腊文化的遗风——这些文书学者用雅各宾派的词语书写宣言。如果说他们代表了什么，那就是该半岛传之久远的精神气质。身为男子的任务便是要成为英雄，而据山而立抵抗政府并为农民打抱不平的绿林好汉，正是人世间的政治理想。对于像牛贩子兼绿林好汉科洛科特罗尼斯这种人的起义，西方式的民族主义者提供他们一套领导模式，并赋予他们一个泛希腊的而非完全局限于地方性的规模。反过来，西方民族主义者则从他们那里得到那种令人畏惧的独特力量，即一个武装起来的人民群众起义。

新兴的希腊民族主义足可以使希腊赢得独立，虽然那种结合了中产阶级领导、武装团体叛乱，以及大国干涉的运动，产生了一些对西方自由理想的滑稽模仿——这类模仿日后在像拉丁美洲这样的地区，会变得极为眼熟。但是这种民族主义也有使希腊文化局限于希腊的矛盾结果，从而造成或强化了其他巴尔干人民潜在的民族主义。当作为希腊人只不过是识字的东正教巴尔干人的职业需要时，希腊化是处在进步之中。一旦作为希腊人指的是对希腊的政治支持，希腊化就开始倒退了，甚至在已同化的巴尔干知识阶层中也是如此。在此意义上，希腊独立是其他巴尔干民族主义发展的重要前提。

在欧洲之外，根本很难说有什么民族主义。取代西班牙、葡萄牙帝国的拉丁美洲各共和国（更确切地说，巴西在1816—1889年间，一直是个独立君主国），其边界通常只不过反映了大贵族的领地分布，这些大贵族支持不同的领袖人物，于是便形成不同的国家疆界。这些共和国开始拥有既得的政治利益和领土野心。委内瑞拉的玻利瓦尔和阿根廷的圣马丁，他们最初的泛美理想是不可能实现的，虽然这份理想在这块由西班牙语联结起来的地区中，继续成为一股强大的革命潮流，正如泛巴尔干主义一样，作为反对伊斯兰教的东正教联盟继承者，它到今天可能仍然存在。地理上的广阔和多样性，各自独立于（决定中美洲的）墨西哥、委内瑞拉和布宜诺斯艾利斯的起义中心，以及（从外部解放的）秘鲁西班牙殖民主义的独特问题，导致了拉丁美洲的自动分裂。但是拉丁美洲革命是贵族、军人和法国化进步分子等少数集团的事，信仰天主教的穷苦白人群众，仍处于消极状态，而印第安人则持冷漠或敌视态度。只有墨西哥独立是由农民大众的主动精神所赢得，该地的印第安人在瓜达卢佩（Guadalupe）圣女旗帜的领导下，发起一场独立运动，使墨西哥从此走上一条与拉丁美洲其他国家不同，而且在政治上更加先进的道路。可是，甚至在政治上发挥决定性作用的一小部分拉丁美洲精英中，在本书所论时期，顶多也只有哥伦比亚、委内瑞拉、厄瓜多尔等国萌发了"民族意识"的胚芽，至于其他夸大之词，都将是时代错置之误。

类似原始民族主义的东西，普遍存在于东欧各国之中，但矛盾的是，它采取了保守主义而不是民族主义的趋向。除在俄国和几个未被征服的巴尔干要塞外，斯拉夫人到处受到压迫，但像我们已见到的那样，他们直接面对的压迫者并非专制君主，而是日耳曼或匈牙利地主，以及城市的剥削者。这些人的民族主义也不容许斯拉夫民族有任何存在余地：即使在巴登（在德意志西南）共和派和民主派所提出的日耳曼合众国这样激进的纲领中，也只包括首都在意大利的里雅斯特港的伊利里亚（即克罗地亚和斯洛文尼亚）共和国、首都在奥洛穆茨（Olomouc）的摩拉维亚共和国，以及由布拉格领导的波希米亚共和国。[10] 因此，斯拉夫民族主义者只能把直接希望寄托在奥地利和俄国皇帝身上。各种倡导斯拉夫人团结的呼吁，都表现出俄国倾向，并且吸引了众多斯拉夫起义者（甚至反俄的波兰人），特别是在类似1846年起义失败后的挫折绝望时刻。克罗地亚的"伊利里亚主义"和温和的捷克民族主义，则表现出奥地利倾向，而且两者都接受哈布斯堡统治者的审慎支持，哈布斯堡的主要行政官员，例如科洛夫拉特

（Kolowrat）和警察系统的首领塞德尔尼茨基（Sedlnitzky）本身就是捷克人。19世纪30年代，克罗地亚的文化热忱曾受到保护，而且到了1840年，科洛夫拉特还实际指派一名克罗地亚籍的军区总管，负责维护与匈牙利的军事边界，作为抗衡难于驾驭的马扎尔人的一股力量。这在后来的1848年的革命中，被证明是非常有益的做法。[11]因此，在1848年作为一名革命者，实际上就等于反对斯拉夫人的民族愿望；而"进步"和"反动"民族间的暗中冲突，在很大程度上注定了1848年革命的失败。

在上述地区之外，我们很难发现什么类似民族主义的东西，因为产生民族主义的社会条件并不存在。事实上，如果有任何日后将产生民族主义的力量，在这个阶段中，它们通常都反对那种由传统、宗教和大众贫困结合而成的势力，然而这三者的结合体，却正是抵抗西方征服者和剥削者最强有力的核心支柱。在亚洲各国逐渐兴起的当地资产阶级分子，此际正在外国剥削者的保护下进行这类行动，孟买的帕西人（Parsee）社群就是个例子。即使那些受过教育的"开明的"亚洲人，不是买办就是外国统治者或外国公司的小职员（与散居在奥斯曼帝国内的希腊人没什么不同），他们的首要任务也是推动西化，在其同胞之中引介法国大革命和科技现代化的思想，进而反对传统统治者和传统被统治者组成的联合抵抗（这种形势与意大利南部乡绅—雅各宾派没什么不同）。于是他们从两边把自己疏离于同胞之外。民族主义神话经常模糊掉这种分离不合的现象，部分是借由隐瞒殖民主义和当地早期中产阶级之间的联系，部分则通过赋予早期的仇外抵抗一种晚近的民族主义色彩。但是在亚洲，在伊斯兰世界，甚至在非洲的更多国家，开明思想与民族主义，以及两者与群众的联合，要到 20 世纪才会出现。

东方民族主义因此是西方影响和西方征服的最后产物。这其中的关联也许在埃及这个十足的东方国家里，表现得最为明显，此际的埃及，已奠定其成为第一个近代殖民地民族主义运动（爱尔兰以外的）的基础。拿破仑的征服为埃及带来了西方的思想、方法和技术，其价值很快就被能干而且雄心勃勃的当地军人穆哈默德·阿里所承认。在法国撤出后的混乱时期里，埃及从奥斯曼帝国那里取得大权和事实上的独立，之后在法国支持下，阿里利用外国（主要是法国）的技术援助，建立了一个西化的高效率专制政府。在 19 世纪 20 年代和 30 年代，欧洲左翼为这位开明专制君主欢呼，而当他们自己国家的反动派令人心灰意冷时，他们就投身到他手下效力。圣西门派的一个特别支系，在提倡社会主义或提倡利用银行家和工程师的投资从事工业发展之间犹豫不决，遂暂时向阿里提供了集体援助，而且为他统筹经济发展计划。这样的援助也为苏伊士运河［由圣西门派的雷赛布（de Lesseps）建成］，以及埃及统治者致命地依赖于互相竞争的欧洲诈骗者的大笔贷款打下了基础。这使得埃及在后来成为帝国主义较量的战场，以及反帝起义的中心。阿里绝不比其他东方专制君主更倾向民族主义，但是他的西化，而非他或他的人民的热忱，却为后来的民族主义奠定了基础。如果说埃及开创了伊斯兰教世界第一个民族主义运动，那么摩洛哥则是最后一批之一。这是因为阿里（因众所周知的地缘政治原因）处在西化的主要通道上。而远居西陲、孤立、自我封闭的穆斯林酋长国，却没有这样的地缘关系，而且也没在这方面做任何尝试。民族主义像近代世界的许多特征一样，是这场双元革命的产物。

第八章

土地

我是你们的领主，而我的领主是沙皇。沙皇有权对我下令，而我必须服从，但他不能下命令给你们。在我的领地上我是沙皇，我是你们在人间的上帝，因此我必须对你们负责……你们必须先用铁梳把马梳10次，然后再用软刷刷毛。而我只需把你们粗略地梳理一下，而且谁知道我有没有认真用刷子。上帝用雷和电净化空气，而在我的农庄里，当我认为必要时，我也将用雷和火来净化。

——一位俄国领主对其农奴的训话[1]

拥有一两头牛、一只猪和几只鹅，自然会使农民兴高采烈，在他的观念中，他的地位已是处于同一阶层的弟兄们之上……在跟着牛群闲逛之中，他养成了懒惰的习惯……日常的工作变得令人厌恶，放纵的行为则使他对周围的反感与日俱增，而最后只能靠出售一头喂得半饱的小牛或小猪，来维持他这种懒惰外加无节制的生活所需。于是牛频繁地被卖出去，而那些可怜又让人失望的牛主人，再也不愿从事日常的固定工作，并从中获取他以前的生活所需……他只想从济贫税中获取他根本不应得到的救济。

——英国萨默塞特郡农业理事会调查报告，1798年[2]

1

土地的变革决定了 1789—1848 年间大多数人的生死。因而双元革命对土地所有权、土地占有权和农业的冲击，是本书所述时期最具灾难性的现象。因为无论是政治革命还是经济革命，都无法忽视土地。经济学的第一个学派，即重农学派认为：土地是财富的唯一来源。大家一致认为，土地的革命性变化，即使不是一切经济迅速发展的前提和后果，也是资本主义社会的必要前提和后果。世界各地的传统土地制度和农村社会关系，就像一顶巨大冰帽，覆盖在经济增长的沃土之上，因此必须不惜一切代价把这顶冰帽融化，把土地交由追求利润的私人企业来耕作。这意味着三种变化。第一，土地必须转变为一种商品，由私人所有，而且可由其自由买卖。第二，土地必须转入愿为市场开发其生产资源，而且受理性的自我利益和利润所驱动的阶级所有。第三，大量农村人口必须以某种方式转移，或至少部分地转移到日益增长的非农业经济部门，以充任自由流动的雇佣工人。一些比较深思熟虑或更为激进的经济学家，还意识到第四种合乎需要的变化，虽然这种变化很难实现。因为在一个假定一切土地生产要素皆拥有最佳流动性的经济中，"自然垄断"并不完全适合。因为土地面积是有限的，而且其不同部分在肥沃度和可耕度上都有差别，那些拥有比较肥沃部分的人，必定不可避免地享有特殊优势，并可向其他人征收地租。如何消除或减轻这种差别所造成的苦恼——比如通过适当的税收、通过反土地集中的立法，或甚至通过国有化——是个激烈争论的问题，尤其是在工业发达的英国。（这类争论也影响了其他的"自然垄断"，例如铁路。铁路的国有化从不被认为是与私人企业经济不相容的，因而得以广泛实行。在 19 世纪 40 年代的英国，就曾严肃地提出过铁路国有化问题。）无论如何，这些都是资本主义社会中的土地问题。而其最迫切的工作，就是该如何处置土地。

实行这种强制征收有两大障碍，而且两者都需要结合政治和经济行动，才能解决。这两大障碍是前资本主义地主和传统农民。另一方面，强制征收可用各种方式完成。最激进的是英国和美国的方式，因为这两国都消除了农民，而且其中一个国家还把地主也一并消除了。典型的英国解决方式，造成了一个约 4 000 名土地所有者拥有约 4/7 土地[3]的国家，这些土地（其中有 3/4 是面积 50—500 公顷的农场）由 25 万名农场主人耕种（我采用 1851 年的数字），雇用大约 125 万名雇工和用人。小地主的袖珍田地继续存在，但除了苏格兰高地和威尔士的部分地区外，只有傻瓜才会说英国还具有欧洲大陆意义的小农阶级。典型的美国解决方式，是商业性自耕农用高度的机械化来弥补雇佣劳动力的短缺。赫西（Obed Hussey，1833 年）和麦考密克（Cyrus MoCormick，1834 年）的机械收割机，弥补了纯商业头脑的农场主或土地投机企业家的不足。这些农场主把美国的生活方式从新英格兰各州向西推进，抢夺土地或用最低廉的价格从政府手里购买。典型的普鲁士解决方式，一般而言是最不具革命性的。它把封建地主变成资本主义式的农场主，而将农奴转化成雇佣工人。地主们仍保有其赖以维生的领地控制权，长久以来，他们靠着农奴的劳动，为出口市场耕作；但是现在，他们开始要改为和那些从农奴制度以及土地上"解放出来的"小农合作经营。在 19 世纪末的波美拉尼亚，大约 200 个大地主占有 61% 的土地，其余土地分别归 6 万个中小地主所有，其他则是无地农民。[4]这无疑是个极端的例子，但是实际上，在1733年克鲁尼兹（Krüniz）出版《家庭和农业经济百科全书》之时，农村的劳动阶级对"劳动者"一词显然完全不具重要性，以致书中根本未曾提及。然而到了1849年，普鲁士无地或主要从事雇佣劳动的农村雇工人数，据估计约有2 000万人。[5]资本主义意义上的土地问题，其唯一的另类解决方式是丹麦模式，该模式创造了大批的中小型商业性农人。然而，这主要是导因于18世纪80年代开明专制时期的改革，因而不属于本书的叙述范围。

北美解决方式依靠的是自由土地供应实质上不受限制这一独特事实，以及缺少封建关系或传统农民集体主义的所有残余。实际上，对纯粹个人主义农耕扩大的唯一障碍，是印第安部落的轻微问题。印第安人的土地，表面上受到与英、法、美三国政府所签订的条约保护，通常是集体拥有，而且经常被当作狩猎场。可由个人完全转让的财产不仅是唯一合理的安排，而且是唯一自然的安排，这种社会观点与相反社会观点间的全面冲突，也许在美国佬和印第安人的对抗中，表现得最为明显。印第安事务专员争辩说："（在妨碍印第安人学习文明的好处一事上）最有害、最致命的是，他们以公有方式占了国家太多土地，以及他们有权获取大量年金。这样一来，一方面会让他们有足够的活动范围可以沉溺于徙居和游荡的习惯，而且会妨碍他们学习财产是属于个人所有的知识，以及定居家园的好处；另一方面则会助长他们懒散和缺乏节俭的习性，并满足他们的颓废品位。"[6]因此，用欺诈、抢劫和任何其他合适的压力剥夺印第安人的土地，只要有利可图，就是合乎道义的。

游牧的、原始的印第安人，并不是唯一一个既不理解也不希望理解资产阶级土地理性主义的民族。实际上，除少数开明者外，"强悍又有理智"的积极小农，以及上至封建领主下到穷困牧民的广大农村人口，都一致厌恶这一点。只有针对地主和传统农民进行政治和立法上的革命，才能创造出使理性少数成为理性多数的条件。在我们所讨论的这个时期，大部分西欧及其殖民地的土地关系史，便是这种革命的历史，虽然其全面后果要到19世纪后半期才会表现出来。

　　就像我们已看到的，革命的首要目标是把土地变为商品。这必须打破保留在贵族领地上的限定继承权和其他有关出售或处理土地的禁令，如此一来可使地主遭受因缺乏经济竞争力而导致破产的有力惩罚，进而可让更有经济竞争力的购买者来经营。尤其是在天主教和伊斯兰教国家（新教国家早已这样做），必须将大片教会土地从中世纪非经济性的迷信行为中解脱出来，并开放给市场和合理开发。大批集体拥有的土地（因而也是使用不良的土地）、农村和城镇社区的土地、公用地、公共牧场、林地等，同样也必须能为私人企业所用。必须把它们区分成个人用地和"圈地"，以等待他来使用。可以肯定的是，新的土地购买者将是既有事业心又足够认真的人，于是土地革命的第二个目标便可达到。

　　但是，只有当多数农民无疑将从其阶层中崛起时，他们才会转变为能够自由运用其资源的阶级，也才能自动向第三个目标跨出一步，即建立一支由那些无法成为资产阶级者所组成的庞大"自由"劳动力。因此，将农民从非经济性的束缚和义务（农奴制度、奴隶制度、向领主缴纳苛捐杂税、强迫劳动等等）中解放出来，也是必不可少的先决条件。这样的解放还具有额外而且决定性的好处。对于自由雇工来说，鼓励追求更多报酬或受雇于自由农场的大门一旦打开之后，人们认为，他们可以表现出比强迫劳工（不管是农奴、奴工或奴隶）更高的效率。之后，就只剩下一个进一步的条件必须实现。对那些现在正在土地上耕作，而且在以往的人类历史中都束缚于土地上的大量人口而言，如果土地得不到有效开发，他们便会成为剩余人口，因此必须割断他们的根，并允许他们自由流动。只有这样，他们才能流入越来越需要他们的城镇和工厂。换句话说，农民失去其他束缚的同时，也必须失去土地。[a]

在大部分欧洲地区，这意味着一般以"封建主义"著称的整套传统法律和政治结构，在那些还没有消失的地区必须加以废除。一般说来，1789—1848 年这段时期，从直布罗陀到东普鲁士，从波罗的海到西西里的广大地区，大多是由于法国大革命的直接或间接作用，已经实现这一目标。中欧要到 1848 年才发生类似变化，俄国和罗马尼亚则是在 19 世纪 60 年代。在欧洲之外，美洲表面上取得了类似成果，巴西、古巴和美国南部是主要例外，那里的奴隶制度一直持续到 1862—1888 年。欧洲国家直接管理的几个殖民地区，特别是印度和阿尔及利亚的一些地区，也进行了类似的法制革命。奥斯曼以及埃及在短时期内也这样做了。[8]

达成土地革命的实际方法大多十分类似，除了英国和其他几

a. 据估计，19 世纪 30 年代早期可雇佣的剩余劳力人数，在城市和工业发达的英国是总人口的 1/6，在法国和德国是 1/20，在奥地利和意大利是 1/25，在西班牙是 1/30，而在俄国则是 1%。[7]

第八章

土地

个国家之外，在这几个国家中，上述意义的封建主义不是已经被废除就是从未真正存在（虽然有传统的农民共耕制）。在英国，剥夺大地产的立法既无实际需要，在政治上也不可行，因为大地主或农场主人已经融进了资本主义社会。他们为了抵制资产阶级模式在乡间取得最后胜利，进行了艰苦的抗争（1795—1846年）。虽然他们的不满带有一种传统式的抗议，反对那种席卷一切的纯粹个人主义利润原则，但实际上，他们之所以不满的最明显原因，纯粹是想在战后萧条时期，继续保持法国大革命和拿破仑战争期间的高价格和高地租。他们的不满是农业的压力而不是封建的反动。因此，法律的主要利刃转向对付残余的农民、佃农和雇工。根据私人和一般的圈地法，从1760年起，大约有5 000个"圈地"分割了大约600万公顷的公用耕地和公用地，并转而成为私人持有地，而且还有许多不太正式的法令对这些圈地法做了补充。1834年的《济贫法》，旨在使农村贫民的生活变得无法忍受，从而强制他们迁离农村，去接受提供给他们的任何工作。而他们的确很快就开始这样做。19世纪40年代，英国有几个郡已处在人口绝对流失的边缘，而且从1850年起，逃离土地的现象变得非常普遍。

丹麦18世纪80年代的改革废除了封建制度，虽然主要受益者不是地主而是佃农，以及在废除空地后被鼓励把其条田合并为个人持有地的那些土地所有者，这种类似"圈地"的过程大体完成于1800年。封建领地多半是分块卖给以前的佃农，虽然在拿破仑战后的萧条时期，因小地主比佃农更难生存，遂使这个过程在1816—1830年间放慢了速度。及至1865年，丹麦已成为主要由独立农民所组成的国家。瑞典不那么激烈的类似改革，也收到类似效果，因此到 19 世纪下半叶，传统的村社耕作和条田制度，实际上已经消失。该国以前的封建地区同化到自由农民已占优势的其他地区，就像在挪威（1815 年后是瑞典的一部分，之前则是丹麦的一部分），自由农民已占压倒性优势一样。对较大面积土地进行再分割的趋势，在一些地区被合并持有地的趋势所抵消。最终的结果是农业迅速提高了生产力（丹麦在 18 世纪最后 25 年，牛的数量增加了 1 倍[9]），但是随着人口的迅速增长，日益增多的农村贫民找不到工作。19 世纪中期以后，农民的贫困导致一场该世纪所有移民运动中规模最大的一次移民。农民先后从贫瘠的挪威、瑞典和丹麦移居他国（大部分前往美国中西部）。

2

正如我们已看到的，法国封建主义的废除是革命的产物。农业的压力和雅各宾主义所推动的土地改革，超出了资本主义拥护者所希望的限度。因此法国整体上成了既不是地主和农场雇工的国家，也不是商业性农人的国家，而主要是各种类型农民土地所有者的国家。他们成为此后所有不威胁夺走土地的政治制度的主要支持者。自耕农人数增长了 50% 以上（从 400 万增至 650 万），这是较早的估计，似乎是可能的，却又不容易加以证实。我们当然知道，这类自耕农的数量没有减少，而且在某些地区增长得比其他地区更快，但是在 1789—1801 年期间，增长 40% 的摩泽尔省（Moselle）是否比保持不变的诺曼厄尔省（Norman Eure）更为典型，则有待进一步研究。[10] 从整体而言，土地状况相当良好。甚至在 1842—1848 年，除了部分雇工外，农民并没有遇到什么真正的难关。[11] 因此很少有剩余劳动力从农村流向城镇，而这一事实则阻碍了法国的工业发展。

在大部分拉丁民族居住的欧洲地区、低地国家、瑞士和德意志西部，废除封建主义的力量，是决心"以法兰西民族的名义立即宣布……废除什一税、封建制度和领主权利"[12] 的法国征服军，或与之合作和受其鼓舞的当地自由派。因而在 1799 年之前，法制革命已在邻近法国东部和意大利北部、中部的国家取得胜利，而这种胜利通常只是完成一个早已取得进展的演变。1798—1799 年的那不勒斯革命失败后，波旁家族复辟，使得意大利南部废除封建主义的工作推迟到 1808 年。英国的占领将法国势力排除出西西里，但那个岛上的封建主义，直到 1812—1843 年间才正式废除。在西班牙，反法自由派在加的斯成立的议会，于 1811 年废除了封建主义，而且于 1813 年废除了某些限定继承权，尽管通常是在那些因长期并入法国而深受法国影响的地区之外。然而，旧制度复辟延迟了这些原则的实际执行。因此，对莱茵河以东的德意志西北部和伊利里亚诸省［伊斯特利亚（Istria）、达尔马提亚、拉古扎（Ragusa），后来还包括斯洛文尼亚和克罗地亚部分地区］的法制革命而言，法国的改革只是开始或继续，而非完成。这些地区直到 1805 年后，才处于法国的统治或控制下。

然而，法国大革命并不是有利于对土地关系进行彻底革命的唯一力量。赞成合理利用土地的纯经济理论，已给前革命时期的开明专制君主留下深刻印象，而且也得出类似的答案。在哈布斯堡王朝，约瑟夫二世实际上已废除农奴制度，而且在 18 世纪 80 年代已使许多教会土地世俗化。出于类似的原因，再加上坚持不懈的起义，俄国立窝尼亚（Livonia）的农奴，正式恢复到他们较早时期在瑞典政府统治下享有的自耕农地位。然而这对他们没有丝毫益处，因为全能、贪婪的地主很快就把解放变成一种只能用来剥削农民的工具。在拿破仑战争之后，农民少得可怜的法律保障被清扫一光，而且在 1819—1850 年间，他们至少失去了 1/3 的土地，而贵族领地却增长了 60%—180%，现在为他们耕作的是一群无地雇工。[13]

这三项因素，即法国大革命的影响、政府官吏的经济合理性论据和贵族的贪婪，决定了普鲁士 1807—1816 年间的农民解放。法国大革命的影响显然是决定性的，因为法军刚刚粉碎了普鲁士，并且以极为戏剧化的力量彰显出那些没有采用现代方式，即法国方式的旧制度的绝望无能。像在立窝尼亚，解放与废除农民以前享有的适度法律保障，根本是里外不一的。为了回报领主答应废除强迫劳役和封建捐税以及赋予他们新财产权，农民被迫在其损失之外，还要把他旧有土地的 1/2 或 1/3，或是相等数目本已不多的钱财，给予先前的领主。漫长复杂的法律转变过程，直到 1848 年离完成还有一段遥远的距离，但是形势已经很明显，领主受益最大，少数小康农民因其新财产权也多少受益，多数农民显然恶化，而且无地的雇工迅速增加。[a]

a. 由于缺乏地区性工业的发展和一两种可供出口的作物产品（主要是谷物），大型领地和无地雇工遂应运而生。这样的环境很容易助长这类结构（在俄国，当时 90% 的出口商品谷物来自领地，只有 10% 来自自耕农地）。反之，在地区性工业发达的地方，已为附近城镇的粮食产品创造了日益增长、多种多样的市场，农民或小农场主便占有优势。因此，普鲁士解放农民的过程是剥削农奴，而波希米亚农民则从 1848 年后的解放中获得独立。[14]

第八章

土地

经济上的结果长期看来是有益的，尽管在短期内损失严重，就像在重大土地变革中经常见到的一样。到了 1830—1831 年，普鲁士的牛羊数刚恢复到该世纪初的水平，地主现在拥有较大的土地份额，而农民只有较小的份额。另一方面，在这个世纪的前半期，耕地面积大致增长了 1/3 以上，而生产力则增加一半。[15] 农村剩余人口显然在迅速上升，而既然农村状况极其糟糕（1846—1848 年的饥荒，在德意志也许比爱尔兰和比利时之外的任何地方都要严重），于是移民就拥有足够多的诱因。在爱尔兰饥荒之前，各国人民当中，日耳曼人的确提供了最大量的移民。

因此，正如我们看到的，保护资产阶级土地所有权制度的实际法律步骤，大多数是在 1789—1812 年间实行的。除了法国和一些邻近地区外，这些步骤的结果显得相当缓慢，主要是因为拿破仑失败后社会和经济力量的反动。总而言之，自由主义每前进一步，便将法制革命从理论向实际推动一步，而旧制度的每一次复辟，则延迟了这种革命，特别是在自由派迫切要求出售教会土地的天主教国家。因此在西班牙，1820 年自由主义革命的暂时胜利，带来了一项允许贵族自由出售其土地的"解除束缚"（Des-vinculacion）新法律；1823 年的专制主义复辟，又废除了该法律；1836 年自由派再次胜利后，又重新加以确认，如此等等。因而，除了在中产阶级购买者和土地投机商愿意积极把握机会的地区外，在本书所论时期，就算我们算得出来，土地转移的实际数量仍十分有限。在博洛尼亚（Bologna，意大利北部）平原，贵族土地从 1789 年总价值的 78%，经 1804 年的 66%，下降到 1835 年的 51%。[16] 反之，西西里全部土地的 90%，直到很久以后仍留在贵族

手中。[17] [a]

这里有个例外，即教会土地。这些几乎总是低度利用、放任不管的广大领地（据称 1760 年前后，那不勒斯王国有 2/3 的土地是教会的 [19]），其中一些几乎没有看护人，只有无数的野狼在游荡。甚至在约瑟夫二世的开明专制崩溃后，在信仰天主教的奥地利专制主义反动中，也没有人提议要交还已经世俗化和已分配的教会土地。于是，在罗马涅（Romagna，意大利东北部）的一个自治社区里，教会土地从 1783 年占该地区土地面积的 42.5%，下降到 1812 年的 11.5%，但是失去的土地不仅转到资产阶级地主手中（从 24% 上升到 47%），而且还转到贵族手中（从 34% 上升到 41%）。[20] 因此不足为奇的是，即使在信仰天主教的西班牙，时断时续的自由主义政府，于 1845 年前也得以售出一半以上的教会土地，而在教会财产最集中或经济最先进的省份尤为明显（在 15 个省份当中，超过 3/4 的教会领地已被出售）。[21]

对自由主义经济理论来说，不幸的是，这种土地的大规模再分配，并没有如预期中确定的那样，创造出一个具有企业精神、进步积极的地主或自耕农阶级。在经济不甚发达和道路难以到达的地区，中产阶级购买者（城市律师、商人或投机者）为什么要自找麻烦地投资土地，并费力把它经营成良好的商业性事业，而不是轻轻松松地从前贵族或教士地主那里，取得他迄今仍被排斥在外的地位，然后再将这些地位所拥有的权力，行使在金钱而非

a. 似乎有足够的理由认为，"实际上指导和操控意大利统一的社会阶层"，是强大的农村资产阶级，因其本身的土地取向而倾向于理论上的自由贸易，这使英国对意大利的统一具有好感，但也妨碍了意大利的工业化。[18]

第八章

土地

203

传统和习俗之上。在南欧的广大地区，一批更加粗放的新"男爵领地"，更加强了旧贵族特色。大型领地的集中现象，在有的地方略微减弱，如意大利南部；有的没有变化，如西西里；有的甚至加强，如西班牙。在这类社会中，法制革命就这样用新封建加强旧封建；而且小购买者，特别是农民更是如此，因为他们几乎没有从土地出售中获益。可是，在南欧的大部分地区，古老的社会结构仍是那么强大，甚至使大量移民的设想都不可能。男子和妇女生活在祖先生息之地，而且如果他们别无他法，就饿死在那里。意大利南部的大规模人口外移，是半个世纪以后的事。

但是，即使农民实际获得土地，或被确认具有所有权，像在法国、德意志一些地区或斯堪的纳维亚一样，他们依然没有像预期的那样，自动转变为富有进取心的自耕农阶级。而正是因为这一单纯的原因，当农民想要土地时，他也很少想要一个资产阶级式的农业经济。

3

对传统旧制度而言，尽管它是暴虐、低效的，但还是具有相当的社会必然性，而且在最低层次上也具有某种经济保障，更不用说它被习俗和传统奉为神圣了。周期性饥荒，令男人 40 而衰、女人 30 而衰的劳动重负，都属于天灾；只有在异常艰难困苦的荒年或革命年代，才会成为那些该为此负责者所造成的人祸。以农民的观点来看，法制革命除了一些合法权利外，什么都没有给，但却拿走了许多。因此在普鲁士，解放赋予农民 2/3 或 1/2 的旧有耕地，并使他们摆脱强迫劳役和其他赋税；但解放同时也正式剥夺了农民如下的权利：歉收和牛瘟时要求领主帮助的权利；在领主森林采集或购买便宜木柴的权利；修建住房时要求领主帮助的权利；穷困潦倒时请求领主帮助缴税的权利；在领主森林里放牧牲畜的权利等等。对一个穷苦农民来说，这似乎是个极其严苛的成交条件。教会土地可能经营得很差，但这一事实本身倒颇受农民欢迎，因为他们可以在那块土地上享有根据传统而获得的权利。公地、牧场、森林划分和圈地等政策，都只是从穷苦农民或佃农那里夺走他（宁可说他作为社区的一部分）有权享有的资源和保留地的手段。自由土地市场，意味着农民可能必须卖掉土地以维生；农村企业家阶层的形成，则意味着一个最冷酷精明的阶层取代了旧领主，或在旧领主之外继续剥削农民。总之，在土地上引入自由主义，就像某种无声的轰炸，粉碎了农村以往的社会结构，而除富人以外，什么也没有留下。这是一种叫作自由的一无所有。

因此，最自然不过的反应，便是穷苦农民或整个农村人口尽其可能地进行抵制，而且是以传统社会的稳定象征，即以教会和正统国王的名义进行抵制。如果我们把法国的农民革命排除在外（而且即使在 1789 年，一般来说它既不反对教会也不反对君主），在本书所述时期，所有不针对外国国王或教会的重要农民运动，显然都有利于教士和统治者。南意大利的农民和城市无产阶级，一起在 1799 年以神圣宗教和波旁家族的名义，进行了一次反对那不勒斯雅各宾派和法国人的社会反革命运动；而这也是反对法国占领的卡拉布里亚和阿普利亚绿林游击队的口号，就像稍后反对意大利统一时一样。教士和绿林英雄也在西班牙的反拿破仑游击战中，扮演农民的领导者。教会、国王以及在 19 世纪早期也极端得古怪的传统主义，在 19 世纪 30 和 40 年代，激励着巴斯克（Basque）、纳瓦尔、卡斯蒂利亚（Castile）、莱昂（Léon）和阿拉贡（Aragon）的王室正统派游击队，从事其似无止境的反自由派战争。瓜达卢佩圣女，在 1810 年领导农民起义。1809 年，教会和皇帝在蒂罗尔共和派霍费尔（Andreas Hofer）的领导下，与巴伐利亚人和法国人作战。俄国人在 1812—1813 年，为沙皇和神圣的东正教而战。加利西亚的波兰革命者知道，他们发动乌克兰农民的唯一机会，便是通过希腊正教或联合东仪天主教派（Uniate，该派一方面承认罗马教宗的权威，一方面仍保留希腊正教的仪式和习惯）的教士们；结果他们失败了，因为农民宁愿要皇帝而不要贵族。在法国，共和主义和拿破仑主义在 1791—1815 年间，吸引住很重要的一部分农民；而且甚至在革命之前，教会在许多地方都呈衰弱之势。除法国外，很少地区［也许最明显的，是那些教会长期以来扮演着不受欢迎的外来统治者的地区，如教皇统治的罗马涅和埃米利亚（Emilia）］曾出现我们今天所称的左翼农民运动。甚至在法国，布列塔尼和旺代（Vendée）仍是欢迎波旁王室的堡垒重镇。欧洲农民阶层不愿和雅各宾派或自由派——律师、店主、土地经理人、官员和地主——共同起事，注定了1848 年革命在下列国家的失败：农民未从法国大革命中获得土地的国家，或虽然获得土地，但却担心会得而复失的国家，或因为已感到满足而同样不积极的国家。

当然，农民并不会为那些他们知之甚少的真正的国王而奋起抗争，他们为的是理想中的正义国王，只要正义国王知道其下属和领主的越权行为，便一定会过来惩罚他们。不过农民们却经常起来为实际的教会而战。因为农村教士是他们当中的一员，圣徒当然是他们而不是其他任何人的，而且即使是那些摇摇欲坠的僧侣阶级，有时也是比贪婪俗人更加宽容的地主。在农民拥有土地和自由的地方，例如蒂罗尔、纳瓦尔，或瑞士的天主教各州，其传统主义是保护相对的自由，而反对自由主义的渗入。在农民没有土地和自由的地方，农民的革命性会高一些。抵抗外国人和资产阶级征服的任何号召，不管是教士、国王还是其他什么人发动的，不但可能使城内士绅、律师的住屋遭到洗劫，农民们甚至会带着锣鼓和圣徒旗帜，浩浩荡荡地前去瓜分地主的土地、屠杀地主、强暴其妇女并烧毁法律文件。农民认为他们的贫穷无地，无疑是违背耶稣基督和国王的真实意愿。正是这种社会革命的坚实基础，使农民革命在实施农奴制度和大领地的地区，或私有土地面积狭小且不断细分的地区，变成很不可靠的反动同盟。促使农民从形式上的正统革命转变到形式上的左翼革命，所需要的一切，就是意识到国王和教会已倒向当地富人那边，以及一个像他们那样的人、用他们自己的语言说话的革命运动。加里波第的民众激进主义，也许是第一个这类运动，但那不勒斯的绿林在热烈颂扬他的同时，仍继续赞颂神圣的教会和波旁家族。马克思主义和巴枯宁主义（Bakuninism），或许是更富战斗力的一种，但是在 1848 年前，农民起义几乎尚未开始从政治上的右翼转向左翼。因为那种促使地方性的农民反抗转变成全国起义的力量，亦即资产阶级经济对土地的巨大影响，要到 19 世纪中期以后，特别是 19 世纪 80 年代农业大萧条之后，才开始表现出来。

第八章

土地

207

4

对欧洲大部分地区来说，正像我们在前面所看到的那样，法制革命像是从外部、从上面强加而来的东西，亦即是一种人为的地震而不是长期松动的滑陷。当法制革命强加于那些完全臣服于资产经济的非资产经济地区（如非洲和亚洲）时，这种情况甚至更加明显。

在阿尔及利亚，前来征服的法国人面对一个拥有中世纪特征的社会，一个稳固确立而且相当繁荣的宗教学校制度，这些学校是由许多虔诚的基金会资助。[a] 据说法国农民士兵的识字率，还不如被他们征服的人民。[22] 结果学校被视为是迷信养成所而遭关闭；宗教土地允许由那些既不知其用处也不知其依法不可转让的欧洲人购买；而学校教师——通常是具有影响力的宗教兄弟会成员——则移居到未被征服的地区，从而加强了阿布杜卡迪尔（Abd-el-Kader）领导下的起义力量。土地开始制度化地转变成可自由买卖的纯私人财产，虽然其全面后果要到稍晚才表现出来。在一个像卡比利亚（Kabylia）这样的地区中，由私人和集体权利义务所结成的复杂网络，防止了土地瓦解的混乱状况，使土地不致碎裂成仅够个人种植无花果树的零星地块。然而，欧洲自由派人士如何能理解这种复杂的网络呢？

阿尔及利亚到1848年尚未被征服。印度的广大地区那时已被英国直接治理了一代人以上。因为欧洲居民无人觊觎印度的土

---

a. 这些宗教土地，相当于中世纪基督教国家出于慈善或仪式目的捐给教会的土地。

地，所以未产生完全剥夺的问题。自由主义对印度农村生活的影响，首先是英国统治者对方便有效的土地征税法的一系列探索。正是这种结合了贪婪和合法的个人主义，为印度带来了灾难。在英国征服之前，印度土地所有权的复杂程度，就像印度社会中的所有事物一样，传统但非一成不变。不过一般来说，这种土地所有权系依赖于两个坚实支柱：土地（法律上或事实上）属于自治集团（部落、氏族、农村社群、同业组织等等），以及政府能得到其一部分产品。虽然有些土地在某种意义上是可以转让的，而有些土地可以解释成佃耕制，有些农村纳款也可理解为地租，但是事实上，它们既没有地主、佃农和个人地产，也没有英国意义上的地租。这是一种令英国管理者和统治者无法理解而且极度讨厌的状况，因此他们着手用其熟悉的方式来整顿农村。孟加拉是在英国直接统治下的第一个大地区，当地的莫卧儿帝国是靠收税农或政府委任的税吏（柴明达尔，Zemindar）来征收土地税。这些人必定相当于英国的地主，依其领地总数缴纳定额税收（像当代英国的土地税）；必定是一个通过收税而形成的阶级，他们对土地收益的兴趣必定会带动土地改良，他们对外国政权的支持也必定会赋予其稳定性。日后的泰格茅思勋爵（Lord Teignmouth）在 1789 年 6 月 18 日的备忘录中写道："我认为，作为土地所有者的柴明达尔，应拥有其通过继承权继承而来的土地财产……经由出售或抵押来处置土地的特权，皆来源于这一基本权利……"[23]各式各样的柴明达尔制度，后来应用于英属印度大约 19% 的地区。

是贪婪而不是方便，决定了第二种税收制度，即莱特瓦尔（Ryotwari），这项制度应用于英属印度的半数地区。当地的英国统治者认为自己是东方专制主义的继承者，而根据非他们独创的观点，专制统治者是一切土地的最高地主，而农民则被视为小自耕农，或更确切地说是佃农，所以他们试图承担对每个农民进行单独课税的艰巨任务。套用能干官吏习用的简洁语言，在这项制度背后的原则，是最纯粹的土地自由主义。用戈德密德（Goldsmid）和温盖特（Wingate）的话来说，其原则是"把连带责任制限制在少数几种情况上，即土地是共同持有或由共同继承人再分配的地方；承认土地财产权；土地所有权人享有完全的经营自由，包括从转租人那里收取地租和买卖土地；经由土地课征的分担，使土地能更有效地买卖和转让"。[24]村社组织被完全绕过，尽管马德拉斯（Madras）税务局强烈反对。他们正确地认识到，村社是私有土地的最佳保护者，而与村社集体结算赋税将远比单独课税来得实际。结果教条主义和贪婪占了上风，而"私有土地的恩惠"则留给了印度农民。

这项制度的缺点非常明显，以致随后征服或占领的北印度各地区（包括后来英属印度大约30%的地区），土地问题的解决方法又回到一种修正过的柴明达尔制度，除了做一些承认现存集体制度的尝试，最明显的例子在旁遮普（Punjab）。

自由主义信条和毫不怜悯的掠夺相结合，遂为备受压榨的农民带来了新的压力：农民的税赋剧增（孟买的土地税收在该邦被征服后的四年里，增加了一倍多）。通过功利主义领袖人物穆勒的影响，马尔萨斯和李嘉图（Ricardo）的税务学说，遂成为印度税收政策的基础。该学说把来自土地的税收，看成是与价值毫无关系的一种纯粹剩余。它之所以会产生，仅是因为一些土地比其他土地更肥沃，而且被地主据为己有，并对整个经济造成日益有害的后果。因此，没收所有土地对一个国家的财富并不会造成影响，唯一的例外，也许会妨碍那些土地贵族靠勒索实业家以自肥。在像英国这样的国家里，土地利益的政治力量会使如此激进的解决方法（等于实质上的土地国有化）无法实行；但是在印度，一个意识形态征服者的专制权力，却能强制做到这点。在这个问题上，有两条自由主义的路线正在交锋。19世纪的辉格党行政官员和老派的商业利益集团，通常持常识性观点，认为处在勉强维持生存边缘的无知小农，绝不会积累土地资本，进而改进经济。因此他们赞成孟加拉类型的"常年结算"（Permanent Settlements），因为它有利于税率永远固定（即不断下降的比率）的地主阶级，从而可以鼓励他们储蓄和改进土地。以著名的老穆勒为代表的功利主义行政官员，较喜欢土地国有化和一大群小佃农，以避免再度出现土地贵族的危险。如果印度只有一点点像英国，辉格党的观点当然更具压倒性的说服力，而在1857年的印度兵变之后，由于政治原因它确已变得如此。其实，这两种观点都同样与印度农业无关。然而，随着工业革命在国内开展，老牌东印度公司的小我利益（即要有一个适度繁荣的殖民地供其剥削），日益从属于英国工业的总体利益（即要把印度作为一个市场、一种收入来源，而不是一个竞争者）。于是，功利主义政策得到优先考虑，因为它可确保英国的严格控制和高额的税款收益。在英国统治以前，传统赋税限额平均占岁收的1/3；而英国课征的标准基础，却高达岁入的1/2。直到教条的功利主义政策造成明显的贫困和1857年的起义之后，赋税才降低到一个不那么横征暴敛的税率。

把经济自由主义运用于印度土地之上，既没有创造出一群开明的土地所有者，也没有形成一个强大的自耕农阶层。只是带来了另一种不确定因素，另一个农村寄生虫和剥削者（例如，英国统治时期的新官员）的复杂网络，[25]另一次土地所有权的大量转移和集中，以及农民债务和贫困的加剧。在东印度公司刚接管坎普尔（Cawnpore）地区（北方邦）时，该地有84%以上的土地为世袭地主所拥有。到1840年，约有40%的土地被其所有人购得，1872年更上升到62.6%。此外在1846—1847年，西北诸省（北方邦）的三个区，有3 000多块土地或村庄（大致是总数的3/5）从最初的所有者那里易手，其中超过750个转移到放债人手中。[26]

功利主义的官僚们，在这一时期确立了英国统治，他们所采行的开明而且制度化的专制主义，颇值得一提。这种专制统治带来了和平、多项公共服务、行政效率和可靠的法律，以及较廉洁的政府。但在经济上，它们显然失败了。印度不断被夺取无数生命的饥荒所折磨，其规模之大，远超过在欧洲政府、欧洲类型的政府，甚至俄国管辖下的所有地区。也许（尽管缺乏较早时期的统计资料），随着那个世纪渐进尾声，饥荒却日益严重。

除了印度之外，只有另一个大型殖民（或前殖民）地曾经尝试施行自由主义的土地法，此即拉丁美洲。在那里，只要白人殖民者能够得到他们想要的土地，旧式的西班牙封建殖民，从来不曾对印第安人的土地财产制度，表现出任何偏见，就算它们多半是属于部落集体共有的。然而，各国的独立政府却按照它们深受激励的法国大革命和边沁主义的精神，致力实现自由化。例如，玻利瓦尔在秘鲁下令将村社土地分给个人所有（1824年）；而且大多数新兴共和国，也以西班牙自由派的方式废除了限定继承权。贵族土地的自由化可能造成土地的某种重组和分散，虽然广大的庄园（estancia, finca, fundo）仍是大多数共和国的土地主导形式。对于部落土地财产的抨击，只收到极小的成效。实际上，直到 1850 年后，这个问题才真正迫切起来。其政治经济的自由化，事实上仍像其政治制度的自由化一样，是人为的。尽管有议会、选举、土地法等等，拉丁美洲大体上仍以非常类似从前的方式，继续存在下去。

5

土地所有权的革命，是传统农业社会解体的政治面貌；新的农村经济和世界市场的渗入，则是其经济面貌。在 1787—1848 年间，这种经济面貌的转变尚不完全，这可用非常有限的移民率来衡量。直到 19 世纪晚期的农业大萧条之后，铁路和汽船才开始建立一个单一的世界农业市场。因此，地方农业大体上没有受到国际甚或省际的竞争。工业竞争几乎尚未严重冲击到无数的农村手工业和家庭制造业，如果有，也只是使其中一些转而面向更广阔的市场生产。在成功的资本主义农业地区之外，新的农业方式只能以非常缓慢的速度渗入农村。虽然由于拿破仑对（英国）蔗糖和新粮食作物（主要是玉米和马铃薯）的歧视，使得新的经济作物取得了引人注目的发展，特别是甜菜制成的糖。新的农村经济和世界市场，采取一种特别的经济结合，例如高度工业化和抑制正常发展的紧密结合，通过纯经济的手段，在农业社会里造成一次真正的大变动。

这样的结合的确存在，而这样的大变动也的确在爱尔兰，以及程度较轻的印度出现过。在印度发生的变动，只是单纯的毁灭。曾经繁盛一时，作为农村收入补贴的家庭和乡村工业，在几十年间全部毁灭；换句话说，这就是印度的非工业化。1815—1832 年间，印度出口的棉纺织品总值，从 130 万英镑下降到不足 10 万英镑，而英国棉纺织品的进口则增长了 16 倍以上。到了 1840 年，一位观察家已经对将印度变成"英国农场"的灾难性后果提出警告："她是个制造业发达的国家，她的各种制成品已存在好几个世纪，而且如果允许公平竞争，她也从未受到过任何国家的挑战……现在使她沦为一个农业国家，对印度而言，是十分不公正的行为。"[27] 这样的描述会使人产生误解，因为在印度就像在其他许多国家一样，制造业的潜在影响力，在许多方面都是农业经济的一个组成部分。非工业化的结果，将使得农村更加依赖于变幻莫测的收成运气。

爱尔兰的情况更具戏剧性。当地那些人口不多、经济落后、仅靠农耕维生、极无保障的小佃农，得向一小撮不事耕作、通常不住在当地的外国地主缴纳他们所能负担的最高租税。除东北部的阿尔斯特地区（Ulster）以外，爱尔兰作为英国的殖民地，已在英国政府重商主义的政策下，长期被非工业化，尔后更因英国工业的竞争而更加严重。一项简单的技术革新，即用马铃薯代替以前盛行的主要作物，已使人口大幅增长成为可能，因为一公顷种植马铃薯的土地，远比一公顷种植牧草或实际上种植其他大多数作物的土地，能养活更多人。由于地主们需要最大数量的纳租佃农，加上后来为了出口到日益扩大的英国粮食市场，需要更多的劳动力投入新农场，于是带动了无数小型持有地的增加：到了1841 年，不算不计其数、面积低于 1 公顷的小耕地，康诺特地区（Connacht）的大型耕地中，有 64% 面积在 5 公顷以下。于是，当 18 世纪和 19 世纪早期这些小面积土地上的人口呈倍数增加后，每人每天仅能靠 10—12 磅马铃薯和（至少直到 19 世纪 20 年代）一些牛奶，以及偶尔品尝一点鳕鱼维生，其贫困状况在西欧是无法比拟的。[28]

既然没有替代的就业方式（因为工业化被排除了），这种发展的结局无疑是可以预见的。一旦人口增加到连最后一块勉强可耕沼泽地的最后一片马铃薯田都不能养活的时候，灾难就降临了。反法战争结束不久后，前兆就出现了。食物匮乏和疾病流行，再次开始使人口大量死亡，其中绝大多数是因为无法从土地上得到满足，这点显而易见，无须说明。19 世纪 40 年代的歉收和农作物病虫害，不啻是雪上加霜。没有人知道或准确知道，1847 年爱尔兰大饥荒到底造成了多少人死亡。这是本书所论时期欧洲历史上最严重的人类灾祸。粗略的估计，大约有 100 万人因饥饿而死亡。而在 1846—1851 年间，另有 100 万人从这个多灾多难的岛上移民出去。1820 年爱尔兰只有不到 700 万的居民，1846 年也许有 850 万人，1851 年减少到 650 万，而且自此以后，其人口因移民而不断减少。"呜呼，可怜的农民！"一位教区神父以中世纪黑暗时代编年史家的口吻写道，"呜呼，灾年肆虐，永不可忘！"[29] 在那几个月里，戈尔韦省（Galway）和梅奥省（Mayo）没有任何一个孩子来受洗，因为没有婴儿出生。

1789—1848 年，印度和爱尔兰也许对农民来说是最糟糕的国家，但是如果可以有选择机会的话，也没有一个人愿意当英国的农场雇工。人们普遍认为，这个不幸阶级的生存状况，在 18 世纪 90 年代中期以后明显恶化，部分是因为经济力量的作用，部分也是因为致人贫困的"斯平汉姆兰制度"（Speenham-land System，1795 年）。这是个立意良善却尝试错误的制度。原想用济贫税的补助金，保证工人拥有最低工资，不料其主要结果却是鼓励农场主降低工资，并使雇工道德败坏。雇工们愚笨无力的反抗骚乱，表现在19世纪20年代日益增多的违法行为，以及19世纪30年代和40年代的纵火和破坏财产。但其中最重要的，还是绝望无助的"雇工的最后起义"。这个从肯特郡自发流传开来的暴动，在1830年底蔓延到许多郡区，并遭到残酷镇压。经济自由主义者以其向来尖刻无情的方式，提出其解决雇工问题的方法，即强迫雇工在低工资下求职或迁移。1834年的《新济贫法》是一项极其残忍的法规。其中规定，只有在新建的贫民习艺所工作，才能发给济贫补助（在那里，贫民必须与妻子儿女分开居住，以便遏制不加考虑和没有节制的生育），并撤销教区的最低生活保障。如此一来，实施《新济贫法》的花费急遽下降（虽然到我们所论时期的尾声，至少仍有100万英国人是穷人），而雇工们则开始慢慢迁移。由于农业萧条，雇工处境仍然非常悲惨。直到19世纪50年代，情况才大有好转。

农场雇工的情况在各个地方都明显恶化，尽管在最隔绝的落后地区，其情况没有一般现象来得糟。马铃薯这项不幸的发现，使得欧洲北部广大地区农村雇工的维生标准非常容易下降，而他们处境的实质性改善，以普鲁士为例，要等到19世纪50年代和60年代才略见曙光。自给自足的农民可能要好得多，虽然小自耕农在饥荒时期的处境，还是非常令人绝望。像法国那样的农业国家，比起其他国家来说，可能更少受到继拿破仑战争繁荣之后农业全面萧条的影响。的确，一个法国农民若将眼光越过海峡彼岸，把自己1788年的状况与1840年英国农场雇工的状况相比，几乎不会怀疑两者中究竟哪一个过得较好。[a] 在此同时，在大西洋彼岸注视着旧世界农民的美国农场主，则庆幸自己拥有不属于旧世界的好运。

a. "因为我长期处在国内外农民和雇工阶级之中，我必须老实说，一个比法国农民更有教养，更整洁、勤劳、节俭、认真，或穿着更好的人，在那些处在目前处境的人群中……我从不曾发现。在这些方面，法国农民与绝大部分过分邋遢的苏格兰农业雇工形成鲜明对比；与奴性十足、心灰意懒而且物质生活极端窘迫的英格兰农业雇工，也形成鲜明对比；与衣不蔽体、处在悲惨境况中的穷苦爱尔兰雇工，同样形成鲜明对比……" H. Colman, *The Agricultural and Real Economy of France, Belgium, Holland and Switzerland*, 1848, pp.25—26.

第八章
土地

第二部分

结果

第九章

迈向工业世界

千真万确，这是工程师的光辉时代。

——蒸汽锤发明者内史密斯（James Nasmyth）[1]

哦，进步的人们，

面对如此之多的见证，

向我们夸耀火车头的力量，

向我们夸耀蒸汽和铁路。

——波米叶（A. Pommier）[2]

1

在 1848 年之前，唯有英国经济实际完成了工业化，并且因此支配了世界。大约到 19 世纪 40 年代，美国、西欧和中欧的大部分地区，都已经开始或正在进行工业革命。已有充分理由确信，美国最终将成为英国必须认真对待的竞争对手——科布登（Richard Cobden）于 19 世纪 30 年代中期[3]指出，这种情况在 20 年之内便可见到。此外，在 19 世纪 40 年代之前，日耳曼人也已在致力于本国工业的迅速发展。但是，前景并不等于成就。及至 19 世纪 40 年代，非英语世界的实际工业变革仍是有限的。例如，1850年时，在整个西班牙、葡萄牙、斯堪的纳维亚、瑞士以及巴尔干半岛，铁路线总长度不超过 100 英里，而在欧洲之外的各个大陆（美国除外），铁路线的总和还不足此数。如果我们略去英国和其他少数地区，就可以很容易地看出，19 世纪 40 年代世界的经济和社会，与 1788 年相差无几。世界人口的绝大多数，此时犹如以往一样，仍是农民。在 1830 年时，毕竟仍只有一个西方城市（伦敦）有 100 万以上居民，一个城市（巴黎）有 50 万以上居民。而且，如将英国除外，只有 19 个欧洲城市有 10 万以上的居民。

在英国以外的世界，这种变革的缓慢性，意味着经济活动继续受着千百年来收成歉丰的旧周期控制，而不是工业景气和不景气交替出现的新周期，这种情况一直持续到我们所论的这个时期结束。1857 年的危机，可能是第一个既是世界性又是由农业灾祸以外的事件所造成的危机。顺便一提的是，这一事实具有极为深远的政治后果：工业地区和非工业地区的变革节奏，在1780—1848 年间分道扬镳了。[a]

在 1846—1848 年间，造成欧洲大多数地方惶恐不安的经济危机，是一次以农业为主导的旧式萧条。在一定意义上，它是经济旧制度的最后一次崩溃，或许也是最严重的一次。但英国的情况却非如此。在英国早期的工业社会阶段中，最糟糕的一次衰退发生于 1839—1842 年间，这次衰退纯粹是出于"现代"原因，而且其时间正好与相当低廉的谷物价格时期相吻合。英国内部自

---

a. 工业部分的世界性胜利，又使变革的节奏再次同步，不过，却是以一种不同的方式。

发性的社会骚动，在 1842 年夏季表现为无计划的宪章派大罢工（即所谓的"塞子暴动"）。在同样的骚动于 1848 年降临欧洲大陆之时，英国正在承受的，只是漫长的维多利亚扩张世纪的第一次周期性萧条。另一个工业或多或少比较发达的欧洲国家比利时，其经济情况亦是如此。一场没有在英国发生相应运动的欧洲大陆革命，如马克思所预见的那样，注定失败了。马克思未预见到的是英国与欧洲大陆的不均衡发展，将迫使欧洲大陆独自起义。

然而，在 1789—1848 年间，值得注意的不是以日后的标准而言规模很小的经济变化，而是当时正在明显发生的根本变革。其中最重要的就是人口变化。世界人口——特别是处于双元革命轨道上那些地区的人口——已经开始了前所未有的"爆炸性增长"，人口数量在约 150 年的时间中成倍增加。由于在 19 世纪之前，没有几个国家保留下相当于人口普查的任何资料，即使有这样的资料，也大都很不可靠[a]，因而我们无法准确地知道这一时期的人口增长速度到底有多快。其增长速度在经济最为发达的地区，是空前未有、极端惊人的。（或许像俄国这种人口不足以填补其无人地区以及迄今未开发地区的国家，应排除在外。）美国的人口（在大量移民和一块无空间和资源限制的领土鼓舞下）已在 1790—1850 年间增加了 6 倍以上，从 400 万跃升到 2 300 万之多。1800—1850 年间，英国的人口几乎增加了 1 倍，若从 1750 年计，则几乎增加了两倍。1800—1846 年，普鲁士（以 1846 年边界为准）的人口也几乎增加了 1 倍，欧俄部分（芬兰除外）亦是如此。挪威、丹麦、瑞典、荷兰和意大利大部分地区的人口，在

a. 英国的第一次人口普查在 1801 年，首次较为充分的人口普查是 1831 年。

1750—1850 年的百年之间，也几乎增加 1 倍，但是在本书所论时期，其增长速度没那么显著；西班牙和葡萄牙的人口也在同一时期增加了 1/3。

欧洲之外，我们所知较少。不过，中国人口看来在 18 世纪到 19 世纪早期曾迅速增加，直至欧洲干涉和中国政治史上传统的周期性运动，导致清王朝兴盛的统治走向崩溃为止。[a] 在拉丁美洲，人口增长速率大概与西班牙相当。[4] 亚洲的其余地区，没有任何人口激增的迹象。非洲的人口可能依然保持稳定。唯有在一些白人殖民者居住的空旷地区，人口才以真正特别高的速率增长，如澳大利亚，1790 年时实际上尚无白人居住，可是到 1851 年，白人人口已达 50 万。

人口的这种显著增长，自然极大程度地刺激了经济。不过，我们应将这种人口增长视为经济革命的结果之一，而不是其外在原因，因为若非如此，这般迅速的人口增长，不可能在一段很有限的时间之后继续维持下去。(以爱尔兰为例，由于没有持续的经济革命予以补充，人口增长的现象也就没有维持下去。) 人口增长带来了更多的劳动力，特别是更多的青年劳动力，以及更多的消费者。这个时期的世界，是一个比以往任何时候都更为年轻的世界：极目尽是儿童，尽是正处于生命全盛期的年轻夫妻或年轻人。

第二个重大变化是交通。铁路在 1848 年时尚处于公认的幼年时期。不过，在英国、美国、比利时、法国和德意志，铁路已

a. 在这个时期，清王朝正处于其行政效率的巅峰阶段。中国一般的王朝周期，可持续大约 300 年；清朝在 17 世纪中期开始掌权。

经具有相当重要的实际意义了，甚至在修建铁路之前，依从前的标准来看，交通的改良也十分惊人。例如，奥地利帝国（匈牙利除外）已在1830—1847年间，增加了3万英里以上的公路，其公路里程也因此扩充了 $2\frac{1}{3}$ 倍。[5] 比利时在1830—1850年间，几乎将其公路网增加了1倍；甚至在西班牙，也将其原本微不足道的公路里程增加了几乎1倍——这大多得感谢法国的占领。美国则是一如既往，在其交通事业方面要比任何其他国家更为庞大，其邮车道路网扩充至8倍以上，从1800年的2.1万英里，增加到1850年的17万英里。[6] 正当英国完成其运河网系统时，法国也开挖了2 000英里的运河（1800—1847年），而美国则开通了至关重要的伊利运河（Erie）、切萨皮克（Chesapeake）和俄亥俄之间的运河等水路。从1800年至19世纪40年代初期，西方世界的航运总吨位增加了1倍多，而且已有汽船往返于英、法两国之间（1822年），并定期航行于多瑙河上。（1840年时，约有蒸汽轮船37万吨位，帆船900万吨位，不过，实际上，汽船可能已负担了大约1/6的运输量。）为了拥有最大的商业船队，美国再次胜过世界其他国家，甚至快要赶上英国。[a]

我们也不能低估当时已告实现的速度和运载能力的全面改进。无疑，那种能在四天之内（1834年），将全体俄国人民的沙皇从圣彼得堡送到柏林的马车运输，是普通人难以企望的；但是，新的快速邮车却是他们搭得起的。在1824年后，快速邮车可在15个小时内从柏林直驱马格德堡（Magdeburg），无须再花费两天半

a. 在铁甲船再次使英国获得优势以前，美国到1860年时几乎实现了他们的目标。

的时间。铁路，加上希尔（Rowland Hill）于 1839 年首倡的邮政标准化收费创举（1841 年又因发明了粘贴邮票而更为完善），使得邮件数量成倍增加。但是，甚至在这两项发明之前，在不如英国那样发达的各个国家中，邮件的增长也非常迅速：1830—1840年间，法国每年发出的信件数量，从 6 400 万件增至 9 400 万件。帆船不仅更为快捷，而且更为安全可靠，其平均吨位也更大。[7]

从技术层面看，这些改进当然不如铁路那样鼓舞人心。不过，那些跨越江河大川的壮丽桥梁、巨大的人工水道以及船坞，尤其是如飞燕展翅的快船，以及优美漂亮的新式邮车，依然得以名列最出色的工业设计产品。作为便利旅行交通，连接城乡和贫富地区的手段，其效率更是令人赞叹。人口增长在很大程度上要归因于交通运输的改进，因为在前工业时代，抑制人口的因素与其说是通常很高的死亡率，还不如说是饥荒和缺乏粮食的周期性灾难（经常是地方性的）。如果说这个时期西方世界的饥荒变得没那么可怕（像 1816—1817 年和 1846—1848 年那种几乎是普遍的歉收年除外），主要是因为有了这类交通运输的改进，当然，还包括政府和行政管理效率的普遍改进（参见第十章）。

第三项重大变化，自然而然地表现在商业和移民的绝对数量方面。无疑，并非处处都是如此。例如，没有迹象显示卡拉布里亚或阿普利亚的农民准备迁徙，每年运往下诺夫哥罗德（Nijniy Novgorod）大市场的货物量，也没有增至任何令人惊讶的程度。[8]但是，综观整个双元革命的世界，人口和货物的流动已有排山倒海之势。1816—1850 年间，约有 500 万欧洲人离开祖国移民他邦（其中将近 4/5 前往美洲），而且在各国内部，人口迁移的洪流也变得更为巨大。1780—1840 年，西方世界的国际贸易总额增至 3

倍，在 1780—1850 年间，更增加至 4 倍多。以日后的标准来看，这些数字无疑是很平常的，[a] 但是，若依照早期的标准来看——那毕竟是当时人用以比较的标准——这些表现全都超越了他们最狂放的梦想。

2

研究这个时期的历史学家，无论感兴趣的具体领域是什么，都无法忽略 1830 年这个转折点。更为重要的是，在这个转折点之后，经济和社会的变革速度明显迅速地加快。在英国以外的地区，相对于 1830 年的快速变革，法国大革命及其引发的战争时期，几乎没有带来什么即时性的进步。唯有美国例外，它在独立战争之后大步迈进，至 1810 年时，其耕地面积已增加了 1 倍，船队吨位增加了 6 倍，并且在整体上显示了它的未来潜力。[美国在这段时期的进步，不仅有轧棉机，还有汽船以及流水作业生产线的早期发展——伊文斯（Oliver Evans）成立了装有传送带的面粉厂。] 在拿破仑统治下的欧洲，日后工业的绝大部分基础已经奠定下来，特别是重工业，但这些基础在战争结束时，大多已荡然无存，战争的结束为各国带来了危机。从整体上看，1815—1830 年间，是一个挫折时期，至多也只是一个缓慢的恢复时期。各个国家都在整顿它们的财政，通常采取的措施都是严厉地紧缩通货（俄国于 1841 年成为最后一个这么做的国家）。在国内危机和国

---

a. 1850—1888 年，共有 2 200 万欧洲人向外移民；1889 年的国际贸易总额，已接近 34 亿英镑，相比之下，1840 年仅有 6 亿英镑。

外竞争的双重打击下，各个工业部门摇摇欲坠，美国棉纺织业所受的打击更是异常严重。都市化进展缓慢。直到 1828 年，法国乡村人口的增长速度已与城市人口不相上下。农业步履蹒跚，停滞不前，德意志尤为如此。观察这一时期的经济增长，甚至是强劲扩张的英国之外的经济增长，无人会倾向于悲观，但却也很少有人会认为除了英国，可能美国也除外，有任何国家已开始进行工业革命。以新兴工业的一项明显指数为例：在英、美、法三国之外，世界上其余地方的发动机数量和马力，在 19 世纪 20 年代，几乎都不可能引起任何统计学家的注意。

1830 年后（或在此前后），形势急速改变；其变化如此之大，以致到了 1840 年，工业体系所特有的社会问题——新兴无产阶级、快速都市化失控的危险——已成为西欧严肃讨论的普遍问题，也是政治家和行政管理者的噩梦。1830—1838 年，比利时的蒸汽机数目增加了 1 倍，马力增加了两倍：从 354 部蒸汽机（1.1 万匹马力）增至 712 部（3 万匹马力）。至 1850 年，这个幅员虽小却已高度工业化的国家，已拥有了近 2 300 部发动机，6.6 万匹马力，[9] 还有近 600 万吨的煤产量（几乎是 1830 年产量的 3 倍）。在 1830 年时，比利时采矿业中还没有出现合股公司，但到了 1841 年，几乎有半数的煤产量是来自这种股份公司。

在这 20 年中，法国、德意志诸邦、奥地利或其他奠定了现代工业基础的国家和地区，都有相似的数据可供引用。例如，德意志的克虏伯家族（Krupps）于 1835 年安装了第一部发动机；1837 年，巨大的鲁尔煤田开挖了第一批矿井；1836 年，在捷克重要的钢铁中心维多科维斯（Vítkovice）设置了第一批焦炭炼铁炉；1839—1840 年，伦巴底有了法尔克（Falck）的第一个轧钢厂。若要一一列举这些类似资料，难免单调乏味。由于真正大规模的工业化时期，要到 1848 年后才开始，因而列举这些资料就显得更加单调乏味，只有比利时，可能还有法国例外。1830—1848 年这个时期，标志着各工业地区和迄今仍然著名的工业中心和企业的诞生，但是，此时几乎还谈不上它们的青春期，更遑论成熟期了。回顾 19 世纪 30 年代，我们就能了解令人兴奋的技术实验和不满足于创新的企业精神意味着什么了。它意味着美国中西部的开发；但是，麦考密克的第一部机械收割机（1834 年）和 1838 年从芝加哥东运的第一批 78 蒲式耳小麦，只是因为它们导致了 1850 年后发生的那些事情，才得以名垂青史。1846 年，那家冒险生产了 100 部收割机的工厂，直至今日仍应为它的大胆而受到称赞，当时"要找到敢冒风险而且有勇气和精力的伙伴，来投资生产收割机这种高风险事业，实在很困难，要说服农民使用收割机，或者赞许这项新发明，也是相当困难的事情"。[10] 同时它也意味着有计划地兴建欧洲的铁路和重工业，以及碰巧发生的投资技巧革命。但是，如果皮尔耶（Pereire）兄弟没有在 1851 年后成为工业金融的伟大冒险家，他俩于 1830 年徒劳地呈交给法国新政府的那项计划——"一个负责借贷的政府部门"，企业家可在此经由最富有的银行家中介担保，以最优惠的条件向所有拥有资本的人借款——也就几乎不会引起我们的注意了。[11]

在英国，是消费产品（通常是纺织品，但有时也包括食品）带动了工业化的突破；但是，比起英国工业革命，此时资本产业（铁、钢、煤等）已显得更为重要了。1846 年，比利时工业雇员中有 17% 受雇于资本产业工业，而英国则在 8%—9% 之间。至 1850 年，比利时有 3/4 的工业使用蒸汽动力，并用在采矿业和冶金业上。[12] 犹如英国一般，大多数的新工业设施（工厂、铁厂或矿场）规模都很小，由一大群不成熟的劳工负责操作，他们多半是价格低廉、技术陈旧的家庭代工，或从事原料加工和转包的工人。这类劳工随着工厂和市场的需要而诞生，最终也将为这两者所摧毁。在比利时（1846年），毛纺、亚麻和棉纺工厂平均劳工数目分别只有30人、35人和43人；在瑞典（1838年），每个纺织"工厂"的平均劳工数目不过只有6—7人。[13] 另一方面，此时的工业化有着比英国大得多的集中程度，在那些如人们所预期日后将成为工业区的地方，有时像是被农业用地包围的一小块领土，人们正运用着拓荒者的经验，以更加高度发达的技术为基础，并经常享受着来自政府有计划的大力支持。在波希米亚（1841年），3/4的棉纺工人就业于百人以上的工厂中，而且其中几乎有半数就业于15个200人以上的工厂。[14]（另一方面，实际上所有的织布工作，在19世纪50年代前仍是在手工织布机上完成的。）在此时已占显著地位的重工业中，情况自然更是如此：比利时的铸造工厂（1838年）平均有80名工人，比利时的煤矿区则平均约有150名工人（1846年），[15] 至于像瑟兰（Seraing）的科克里尔那样的工业巨人（该厂雇用了2 000名工人），就更不在话下了。

这样的工业景象，颇似岛屿星罗棋布的湖泊。如果我们把一个国家的整体视作一个湖泊，湖中诸岛就是工业城市、工业地区或乡村复合体（如在德意志中部和波希米亚山区中常见的制造业村庄网）。在法国有诸如米卢斯（Mulhouse）、里尔（Lille）和卢昂（Rouen）这样的纺织城镇，在普鲁士有埃伯费尔德-巴门（Elberfeld-Barmen）和克雷费尔德（Krefeld），以及比利时南部和萨克森。如果我们把广大的独立工匠、在冬季制作产品以求出售的农民，以及家庭代工或从事原料加工的工人看作是湖泊，那么岛屿就是工厂、矿场和大大小小的铸造厂。在这片风景中，大部分地方依然是水域；或者说——采用稍稍更接近于真实的隐喻说法——是环绕在工商业中心周围，小规模生产或依附性生产的芦苇草。稍早建立起来作为封建制度附属物的家庭工业和其他工业，也依然存在。其中大多数——例如西里西亚的亚麻工业——处于悲剧性的迅速衰落之中。[16] 大城市几乎没有进行工业化，尽管城内有大量的劳工和工匠人口，用以满足消费、交通和各种服务业的需要。世界上超过 10 万居民的城市中，除了法国的里昂外，唯有英、美两国的城市，明显地包罗了工业中心。以米兰为例，1841 年时，全城只有两部小型蒸汽机。事实上，典型的工业中心（在欧洲大陆和英国都一样），只是中小规模的城市或是村庄复合体。

然而，在一个重要的层面上，欧洲大陆——以及在某种程度上还有美国——的工业化并不同于英国，即以私营企业推动工业化自发进展的前提条件，在欧洲大陆还不如英国那般有利。如我们所知，英国在经历了约 200 年的缓慢准备后，并不存在任何生产要素的真正短缺，实际上也没有阻止资本主义充分发展的体制性障碍。在其他国家，情况就不是这样。例如，德意志有明显的资本短缺。德意志中产阶级那种非常朴素的生活方式，便显示了这种短缺。虽然如此，这种朴素的生活方式却完美地化身为比德迈尔（Biedermayer）风格，一种迷人而又稳重的室内设计。人们常常忘记，根据当时德意志的标准，歌德确实是一个非常富有的人。他在魏玛（Weimar）的房屋，比起英国克拉彭（Clapham）地区节俭银行家的舒适标准，要绰绰有余（却也好不了太多）。

在 19 世纪 20 年代的柏林，宫廷贵妇，甚至公主，终年都穿着简朴的密织棉布衣裙。如果她们拥有一套丝绸服装，通常都留到特殊场合才穿上。[17] 由师傅、帮工和学徒组成的传统行会制度，仍然阻碍着工商企业的发展，阻挠着技术工人的流动，而且实际上阻碍着一切经济变革。普鲁士于 1811 年废除了手工工匠必须归属行会的义务，却没有废除行会本身，而且，行会成员还由于这个时期的城市立法，而在政治上得到了加强。直到 19 世纪 30 和 40 年代，行会的生产模式几乎依然如旧，未受触动。于是全面引进"自由行业"，不得不等到 19 世纪 50 年代。

一大批各有控制权力和既得利益的小邦国，阻止了工业化的合理发展。唯一的胜利是建立了一个全面性的关税同盟。这个同盟不包括奥地利。普鲁士出于自己的利益，运用它在 1818—1834 年间所具有的战略地位，成功地建立了该同盟。每一个政府，无论是重商主义的还是父权专制的，为了社会稳定，都向卑微的臣民颁布了大量的规章和行政条例，但同时却也激怒了私营企业家。普鲁士政府控制着手工业生产的质量和价格、西里西亚家庭亚麻织布业的活动，以及莱茵河右岸矿业的经营。人民必须取得政府的许可才能开办矿场，而在开张经营后，政府的许可也可能被撤回。

显然，在这种情况之下（许多其他国家也相似），工业发展不得不以与英国不同的方式进行。因而在整个欧洲大陆，政府在相当大的程度上都插手工业发展，这不仅是因为政府已经惯于此道，也因为它不得不这么做。1822 年，荷兰联合省国王威廉一世创立了"荷兰全国工业促进总会"，他不但捐赠国家土地，还认购了 40% 左右的股票，而且向其他认购者担保 5% 的红利。普鲁士政府继续经营该国相当大部分的矿场。新的铁路系统即使不是由政府实际建造，也无一例外是由政府规划、提供有利的土地使用权，并担保投资以资鼓励。事实上，到此时，唯有英国的铁路是完全由承担风险和谋求利润的私人企业所兴建，投资者和企业家没有得到政府的津贴和担保。设计最早和最好的铁路网络在比利时，是于19世纪30年代初期进行规划，旨在使这个新独立国，从以荷兰为基地的交通系统（主要是水路）中分离出去。1833年，法国议会决定兴建法国铁路网，但是，政治上的困难和大资产阶级不情愿以安全投资换取投机性投资，延迟了铁路网的系统性建设。1842年，奥地利政府决定兴建铁路网，普鲁士也有相似计划，但都因资源贫乏而延后。

出于类似原因，欧洲大陆上的企业要远比英国企业更依赖于足够现代化的实业、商业和银行业的立法，以及金融机构。实际上，法国大革命已经产生了上述两者。《拿破仑法典》，以其重视合法保障的契约自由、承认汇票和其他商业票据，以及对合股企业（如股份有限公司和合资公司，全欧洲都采用，除了英国和斯堪的纳维亚）的安排处理，而成为世界通用的模式。此外，金融业的各种发明创造，也在国外广受欢迎，这些创见出自那些主张革命的年轻圣西门主义者和皮尔耶兄弟富有想象力的头脑。他们最伟大的胜利，要等到19世纪50年代的世界繁荣时代才告实现；但是，早在19世纪30年代，比利时的苏塞特集团（Société Générale）就已经开始将皮尔耶兄弟所预见的那种投资银行付诸实践，荷兰的金融家（虽然大部分实业家尚未听说过他们）也采用了圣西门主义者的主张。实质上，这些主张旨在把各种各样的国内资本源动员起来。这些资本原本是不会自发地通过银行或投资信托公司而流向工业发展，就算资本拥有者想要投资，也不会知道该投向何处。1850 年后，欧洲大陆产生了大银行既是银行家又是投资者的独特现象（德意志尤为如此），因而大银行也支配了工业，并且促进了工业的早期集中。

3

然而，这一时期的经济发展有一个巨大的矛盾体——法国。在理论上，没有其他国家能比它发展得更快。如我们所知，法国有十分适合资本主义发展的体制；法国企业家的天赋和创造性，在欧洲堪称无与伦比。法国人发明了或首次发展了百货公司、广告，以及在遥遥领先的法国科学指导下的技术革新和技术成就——照相术［与尼埃普斯（Nicéphore Nièpce）和达盖尔（Daguerre）有关］、勒布朗（Leblanc）的苏打制作、贝托列（Berthollet）的氯漂白法、电镀法、镀锌法等。法国金融家在世界上是最富有创新精神的。法国拥有大量的储备资本，可在其专业技术协助下，向整个欧洲大陆输出，甚至在 1850 年后，与伦敦大公共马车公司（London General Omnibus Company）这样的机构合作，向英国输出资本。至 1847 年，大约有 22.5 亿法郎已输往国外[18]——这一数额仅次于英国，与任何其他国家相比，简直是天文数字。巴黎是一个国际金融中心，仅稍次于伦敦，实际上，在1847 年这样的危机时代，它甚至比伦敦看起来更强大一些。19 世纪 40 年代，法国企业建立了欧洲的煤气公司网，遍及佛罗伦萨、威尼斯、帕多瓦（Padua）和维罗纳（Verona），还取得了在整个西班牙、阿尔及利亚、开罗和亚历山大港建立煤气公司的特许权。

法国企业还打算资助并建设欧洲大陆（德意志和斯堪的纳维亚除外）的铁路。

不过在事实上，法国经济发展的基础层面，明显慢于其他国家。国内的人口平稳增长，却没有急遽猛增。城市只有不算大的发展（巴黎例外），实际上在 19 世纪 30 年代初期，有些城市还缩小了。其工业力量在 19 世纪 40 年代晚期，无疑要大于其他欧洲大陆国家，它所拥有的蒸汽机马力等于其余欧洲大陆国家的总和；但是，它已相对落后于英国，又将相对落后于德意志。事实上，尽管法国具有优势，起步早，却从未变成可与英国、德意志和美国相匹敌的主要工业强国。

对此矛盾现象的解释是，如我们所知，原因在于法国大革命本身，大革命通过立宪会议之手所创造的大部分成果，却又在罗伯斯庇尔的手中取消断送。法国经济中的资本主义，部分是建立在不可动摇的农民和小资产阶级之上的上层结构。没有土地的自由劳动力，只是以涓涓细流进入城市；在别的国家促使进步企业家大发其财的规格化廉价货物，在法国却没有足够大和不断扩展的市场。大量的资本剩余下来，但是，为什么要投资于国内工业呢？[19] 聪明的法国企业家制造奢侈品，而不制造大众消费品；聪明的金融家用资金去促进外国工业而不是本国工业。在其他国家，唯有经济增长为私营企业提供了高于其他生意的利润时，这两者才会携手发展。在法国却不是这样，尽管他国的经济增长是通过法国的推动。

站在与法国相反一端的是美国。这个国家遭受到资本短缺之苦。但是，它准备引进任何数量的资本，而且英国乐于输出资本。这个国家也面临了劳动力短缺之苦。但是，不列颠群岛和德意志在 19 世纪 40 年代中期的大饥荒后，为它输出了成百万剩余人口。这个国家缺乏足够的技工，但是，就算是下列技工——兰开夏的棉纺织工人、威尔士的矿工和铁匠——也可以从世界其他已经实现工业化的地方输入。而且，美国特有的才能就在于发明节省劳动力的机械，尤其是简化劳动的机械。这种才能已经得到充分发展。美国所缺少的，只是用以开发一望无际的领土和资源所需的工具和交通。美国的殖民者、政府、传教士和商人，已经横贯大陆扩张到太平洋，或者说，在世上最具活力的第二大商船队支持下，已将他们的贸易推向各大洋，从印度洋的桑给巴尔直到夏威夷。尽管如此，单是内部的扩张过程，就足以使美国经济保持几乎是无限的增长。太平洋和加勒比海地区，已是美利坚帝国选上的意中之地。

这个新兴共和国家的所有制度都鼓励储蓄、才智和私营企业。数量巨大的新来人口，定居在沿海城市和新近占据的内地各州，他们需要同样规格的个人与家庭用品、农场物品与装备，并且提供了一个理想的同质市场。发明和创业的报偿非常丰厚：蒸汽船（1807—1813 年）、大头针（1807 年）、螺丝车床（1809 年）、假牙（1822 年）、绝缘线（1827—1831 年）、左轮手枪（1835 年）、打字机和缝纫机（1843—1846 年）、滚筒式印刷机（1846 年），以及一大批农业机械的发明者，都在追求这些丰厚的报酬。虽然美国经济真正的昂首奋进，要等到 1860 年之后，但是即使在这个时期，也没有其他国家的经济发展比美国来得更快。

美国成为世界经济强国指日可待。然而，在这项转变中有一个重大阻碍：工业发达的北方与半殖民式的南方之间的冲突。长久以来，北方作为一个独立的经济体，得益于欧洲的资本、劳力和技术，尤其获利于英国；但极少输入这些资源的南方，则呈现一种典型依附于英国的经济。就像澳大利亚必须依靠羊毛、阿根廷必须依靠肉类那样，南方的成功之处，在于用它出产的、几乎全数的棉花去供应英国兰开夏繁荣异常的棉纺工厂，但正是这种成功使它的依附性无可扭转。南方主张自由贸易，因为自由贸易使它能向英国出售产品，并以所得购回廉价的英国货；而北方，几乎从一开始（1816 年）就极力保护本国工业资本家，抵制所有会与自己廉价竞争的外国人，即英国人。北方和南方相互争夺西部领土，一个是为了发展奴隶制度的庄园经济和落后而自给自足的垦居方式，另一个则是为了发展机械收割机和大规模屠宰场。直到横贯北美大陆的铁路时代到来之前，控制着密西西比河三角洲（中西部的主要出海口）的南方，手中握有较强有力的经济牌。1861—1865 年的南北内战，实际上是由北方资本主义所进行和主导的美国统一战争。至此，美国经济的前途才确定下来。

　　世界经济的另一个未来巨人是俄国。虽然有远见的观察家已经预言俄国的巨大幅员、人口和资源，迟早会显示出力量，但此时它在经济上尚无足轻重。18 世纪历代沙皇创立起来的采矿业和制造业，因为是以地主或封建商人为雇主，以农奴为劳工，所以正在逐渐走向衰落。新的工业（家庭工业和小规模的纺织工厂），要等到 19 世纪 60 年代才开始有真正显著的发展。而即使是从肥沃的乌克兰黑土区向西方出口粮食，也只有幅度不大的进展。俄属波兰倒是相当发达，但是，它也犹如东欧其他地方（从北方的斯堪的纳维亚直至南方的巴尔干半岛），重大的经济变革时代尚未到来。意大利南部和西班牙亦是如此，只有加泰罗尼亚和巴斯克的小块地区例外。甚至在意大利北部，那里的经济变化要大得

第九章
迈向工业世界

多，但这些变化却更明显地表现在农业（农业在这个地区总是资本投资和创办企业的一条主要出路）、商贸和航运业中，而不是制造业上。然而，在整个南欧，工业经济发展都受制于煤的短缺。当时，煤仍是工业动力的唯一重要能源。

于是，这个世界的一部分迅速成为工业强国，而另一部分则落后了。但是，这两种现象并非彼此互不关联。经济停滞、迟缓甚或衰退，都是经济进步的产物。因为，经济相对落后的国家如何能抵挡新兴财富和工商中心的力量，或在某些情况下的诱惑呢？英国和某些欧洲国家，只要凭低价销售便足以抵制一切竞争对手。"世界工厂"的头衔是非常适合它们的。对那些不甚发达的地区而言，看起来再"自然"不过的做法，便是应该生产粮食或矿物，然后用这些非竞争性的货物换取英国或其他西欧国家的制成品。科布登告诉意大利人说："你们的煤就是太阳。"[20] 在大地主，或甚至开明的农场主或牧场主掌握地方权力的地区，这种交换是两全其美的。古巴的种植园主相当乐意以蔗糖赚钱，愿意进口外国货物，因为这可使外国人有钱购买他们的蔗糖。在当地制造业者可以说话算数的地方，或当地政府赞赏经济平衡发展的好处或只是意识到依赖性害处的地方，事情就没那么乐观了。德国经济学家李斯特（Frederick List）虽然在通常的情况下自诩为抽象哲学家，但他拒绝那种实际上会使英国成为首要或唯一工业强国的国际经济，因而要求实行保护主义，而且，如我们所见，美国人也这样认为，只是他们没有这种哲学。

上述种种说法皆假定该经济体系在政治上是独立的，并且强大到足以接受或拒绝由世上一小部分最早进行工业化的地区派定给他们的角色。在那些并非独立的地区，如殖民地，就别无选择。

如我们所知，印度正处于非工业化的过程中。埃及是这种非工业化过程更为生动的实例。因为在埃及，当地的统治者阿里，实际上已经开始有计划地使他的国家转变为现代经济，特别是工业经济。他不仅鼓励为世界市场种植棉花（从 1821 年起），而且至1838 年，已将 1 200 万英镑这一极可观数目的资金投入工业，工厂雇用了大约 3 万—4 万工人。如果让埃及走自己的路，将会是怎样一种光景？这个答案我们无从知晓。确实发生的历史是，1838 年的《英国-土耳其公约》（Anglo-Turkish Convention）将外国商人强加给这个国家，并因此破坏了阿里借以操持的对外贸易垄断；而在 1839—1841 年间，西方国家击败了埃及，逼迫埃及削减军队，因而也就消除了曾引导埃及走向工业化的大多数激励因素。[21] 19 世纪，西方的炮舰不是第一次，也不是最后一次迫使一个国家向外国贸易"开放"，换言之，向世界工业化地区的优势竞争开放。看到 19 世纪末作为英国保护国的埃及，谁会想到早在 50 年前，这个国家曾是为了摆脱经济落后状态而走上现代化道路的第一个非白人国家呢？[a]

在双元革命时代的所有经济后果中，这种"进步国家"和"未开发国家"之间的分歧，被证明是影响最深远、最持久的。大致而言，至 1848 年，已经可以清楚地看出哪些国家是属于第一集团，它们包括西欧（伊比利亚半岛除外）、德意志、北意大利、中欧的一些部分、斯堪的纳维亚、美国，可能还有英语世界

---

a. 埃及的现代化曾令科布登感到憎恶，他说："他们这样做简直是在浪费最好的原棉，这些原棉本来应该是卖给我们的……浪费的还不只是原棉，那些被逼去从事制造业的劳工，本来是应该在棉田里工作的。"Morley, *Life of Cobden*, Chapter 3.

的移民拓居地。但是，同样很清楚的是，世界的其余部分，除了一小块地区外，在西方进出口货物的非正式压力下，或在西方炮舰和远征军的军事压力下，正在沦为或变成西方的经济附庸地。这种横在"落后"国家与"进步"国家之间的鸿沟，直到20世纪30年代俄国人发展出跨越的手段之前，仍是不可动摇、无法横越，而且日益分隔着世上的少数居民和大多数人口。没有其他事实比这件事对20世纪历史的发展，更具决定性的了。

第十章

向才干之士敞开进身之路

某天，我与这些中产阶级绅士中的一位走进曼彻斯特。我向他提及令人惭愧和不卫生的贫民区，想引他注意这个城市的工厂工人，其居住地区是如何令人作呕。我表示我生平从未看过建得这样糟糕的城镇。这位绅士耐心地倾听，然而却在我们分手告别的那条街道的街角上评论说："但是这里有很多钱可赚啊。早安，先生！"

——恩格斯，《英国工人阶级的状况》[1]

新金融家们以在报纸上公布晚餐菜单和来宾名单为炫耀的时尚。

——卡布菲格（M. Capefigure）[2]

1

被革命推翻或建立的正式体制很容易识别，但是，它们无法衡量革命的作用。法国大革命的主要结果是废除了贵族社会，但废除的不是阶级意义上的"贵族"——那种以爵位和其他排斥性的醒目标记加以区分，而且经常以"血缘"贵族这样的阶级为自己塑形的社会地位。建立在个人发迹之上的社会，欢迎这种醒目和既定的成功标志。拿破仑甚至重建了一个正式的贵族阶层，它在 1815 年后，与残存下来的旧贵族连成一体。贵族社会的结束并不意味着贵族影响力的终结。新兴阶级自然会倾向于依据先前上层集团所确立的舒适、奢侈或浮华的标准，来看待他们自己的财富和权力象征。英国柴郡（Cheshire）那些赚了钱的布商妻子们，会在许多关于礼仪和体面生活的书籍指导下，变成"女士"。也是基于这种目的，这些书籍从 19 世纪 40 年代起成倍增加。出于同样原因，在拿破仑时代发战争财的那群谋利者，也十分看重男爵头衔，并喜爱在资产阶级的沙龙中，摆满"天鹅绒、黄金、镜子、路易十五时代座椅的拙劣仿制品，以及其他家具……徒有讲究仆人和马匹的英式时髦风尚，却没有贵族精神"。一位不知道靠什么发迹的银行家夸口道："当我出现在剧院中的专属包厢时，所有的长筒望远镜都转向我身上。我得到了近乎皇家所得到的喝彩欢迎。"还有什么比这种夸口更为骄傲呢？ [3]

而且，像法国这种在宫廷和贵族的习染熏陶下所形成的文化，是不会失去其印记的。因此，那种特别沉醉于为私密关系做微妙心理分析的法国散文（其源头可溯至 17 世纪的贵族作家），或那种已将性爱活动以及情人情妇标准化的 18 世纪文学模式，都成了"巴黎式"资产阶级文明的成分之一。先前是国王们有正式的情妇，现在则加进了成功的股票经纪人。高级名妓不仅将其回报丰厚的宠爱投给那些败家的年轻贵族子弟，也投向出得起价钱的银行家，以作为他们成功的活广告。事实上，在许多方面，法国大革命以一种异常纯粹的形式，保留下法国文化中的贵族特点；出于同样原因，俄国革命也以异常的忠诚，保留了古典芭蕾和 19 世纪资产阶级对待"美好文学"的典型态度。这些特质被革命接受同化，视作令人向往的历史遗产，因而受到革命的保护，而非销毁。

然而，旧制度还是死亡了，尽管 1832 年时，布勒斯特（Brest）的渔夫认为：天降霍乱是上帝对他们废黜合法国王的惩罚。除了信仰雅各宾的法国南部和一些长期实行非基督教化的地区，形式上的共和制度在农民之中的扩展速度相当缓慢，但是，在 1848 年 5 月举行的第一次真正普选中，正统主义的势力已经只局限于西部和较贫穷的中部省份。今日法国乡村的政治地理，在当时已大体可以辨认出来。在更高的社会层次上，波旁王朝的复辟并没有恢复旧制度，或者正相反，当查理十世力图这么做时，他就被推翻了。复辟时代的社会，是巴尔扎克笔下资本家和野心家的社会，是司汤达（Stendhal）笔下于连（Julien Sorel）的社会，而不是返乡流亡贵族的社会。一个如地质变动般的新世纪，分隔了复辟社会与塔列朗所回顾的 18 世纪 80 年代的"甜蜜生活"。巴尔扎克笔下的拉斯蒂涅（Rastignac）更接近于莫泊桑（Maupassant）笔下的《俊友》（Bel-Ami）一书中的杜洛亚，一个 19 世纪 80 年代的典型人物，甚或更近似于 20 世纪 40 年代好莱坞电影中的典型人物萨米·格里克（Sammy Glick），而不像 18 世纪 80 年代非贵族的成功者费加罗（Figaro）。

简言之，革命后的法国社会在结构上和价值观念上都是资本主义社会，是暴发户的社会，换言之是自我成就者的社会。不过，当时这种情形还不十分明显，除非政府本身便是由暴发户统治，即实行共和主义或拿破仑主义的政府。1840 年时，有半数的法国贵族属于旧贵族家庭，在我们看来这种现象似乎不够革命，但是在当时的法国资产阶级眼中，半数贵族在 1789 年时曾是平民这一事实，却是非常惊人的，特别是在他们目睹了欧洲大陆其他国家的阶级排外性后，更显震惊。"善良的美国人死后，就上巴黎去"，这句话表明巴黎在 19 世纪的形象，尽管要到第二帝国时期，巴黎才完全成为暴发户的天堂乐园。伦敦，或者特别是维也纳、圣彼得堡和柏林，都不是金钱可以买到一切的城市，至少在第一代暴发户时是如此。在巴黎，却几乎没有什么有价值的东西是用钱买不到的。

新社会的支配优势并非法国独有的现象，但是，如果将民主的美国除外，在表面上，这种优势在法国的确更为明显、更为正式，尽管实际上不如在英国和低地国家那样深刻。在英国，名厨仍是为贵族服务，如卡雷姆（Carême）为威灵顿公爵服务那样（他先前曾为塔列朗服务）；或是为寡头俱乐部服务，如"改革"俱乐部的索耶尔（Alexis Soyer）。在法国，在大革命中失去工作的贵族家庭厨师，已经建立了开办高价餐馆的稳固传统。一本法式烹饪指南经典的封页，暗示着世界的一项变化。它是这样写的："（作者）博维耶（A. Beauvillier），普罗旺斯伯爵老爷的前任官员……现任饭店老板，郎德斯大酒店，黎希留路 26 号。"[4]美食家是王政复辟时期的创造物之一，并经由 1817 年创刊、布里亚-萨瓦兰（Brillat-Savarin）编写的《美食家年鉴》而不断繁衍。他们已络绎不绝地前往英式咖啡馆或巴黎式咖啡店，去品尝没有女主人主持的晚餐去了。在英国，报刊依然是指导、咒骂和施加政治压力的工具。但正是在法国，吉拉丹（Emile Girardin）于 1836 年创办了现代报纸：《报界》（*La Presse*），这份报纸是政治性的，却也是廉价的，旨在积聚广告收入，以闲话、连载小说和各式各样的其他噱头吸引读者。[a]英语中的"新闻"（journalism）和"宣传"（publicity）、德文中的"宣传"（Reklame）和"广告"（Annonce），这些词汇都会使人想起法国人在这些混沌初开的领域中的先驱之举。巴尔扎克笔下所赞美的时装、百货商店和公共商品橱窗，也都是法国人的发明，是19世纪20年代的产物。[b]法国大革命还将向才干人物开放的职业——剧院——带进了"良好社会"（在此同时，该种职业的社会地位在贵族统治下的英国，仍然类似于拳击手和骑师的地位）：拉布拉什（Lablache）、塔尔马（Talma）和其他戏剧界人士，在拉菲特别墅（Maisons-Lafitte，以一位使该郊区变得时髦起来的银行家姓氏命名）这幢莫斯科亲王的豪华住宅旁，确立了他们自己的地位。

工业革命对资本主义社会结构的影响，在表面上不那么剧烈，在实际中却更为深远。因为工业革命创造出与官方社会并存的资产阶级新集团，这些集团是如此之大，以致无法为官方社会所吸收，只好接纳了其顶层的少数人。但这个新集团是如此的具有自信和活力，他们并不希望被吸收，除非是在依他们所提的条件基础上。在1820年的英国，我们尚难在国会大厦和海德公园附近，发现众多殷实富商的身影。在国会大厦里，贵族及其家人依然控制着尚未改革的议会；而海德公园内，仍是那些完全不守礼仪的上流仕女们，如哈丽叶·威尔逊（Harriete Wilson，她甚至在

a. 1835年，《辩论报》（Journal des Débats，发行约1万份）的年平均广告收入约2万法郎。1838年，《报界》（第四版）以一年15万法郎租出去，1845年涨到30万法郎。[5]

b. "从玛德莱纳大道（Madeleine）到圣丹尼门（Porte Saint-Denis），商品都在以五光十色的节奏歌唱，歌唱出一首宏大的诗歌。"

第十章

向才干之士敞开进身之路

245

拒绝装扮成残花败柳的女人时也显得很不正经）。她们乘坐四轮敞篷马车，身旁簇拥着打扮入时的倾慕者，他们来自军队、外交使团和贵族阶层，其中也有不属于资产阶级的"铁公爵"威灵顿（Wellington）。18世纪的商人、银行家，甚至于企业家，其人数甚少，足以同化在官方社会中。事实上，以老皮尔爵士（Sir Robert Peel）为首的第一代棉纺业百万富翁们，可说是相当坚定的托利党人，只不过较为温和稳健而已。老皮尔的儿子还正在接受日后成为首相的训练。然而，在北方布满雨云的天空下，工业化使实业家的实力成倍增大。曼彻斯特不再肯向伦敦屈服让步。在"曼彻斯特今日所思，就是伦敦明日所想"这一战斗口号下，曼彻斯特准备将自己的要求强加给首都伦敦。

这些来自各个地方的新贵，是一支可畏的大军，而当他们日益意识到自己是一个"阶级"，而不是填补上层和下层阶级空隙的"中等阶层"时，就更加令人生畏了。到了1834年，小穆勒（John Stuart Mill）已经可以抱怨说：社会评论家"在他们那个关于地主、资本家和劳工的三角关系中百思不解，直到他们似乎领悟到，社会好像已在上帝的安排下，区分成这三个阶级"。[6] 他们不仅是一个单纯的阶级，更是一支战斗的阶级大军。最初他们是为了反对贵族社会，而与"劳动贫民"合作组织（他们认为这些贫民一定会追随自己的领导）[a]；后来，他们既反对无产者也反对地主，这在反《谷物法》同盟这个最具有阶级意识的团体中，表现得最为显著。他们是白手起家，或者至少是出身平凡的人，他

a. "处于中等阶级以下的那个阶级，他们的见解和思想，是由这个明智有德行的阶层塑造指导的。他们与下层阶级人们有最直接的接触。"James Mill, *An Essay on Government*, 1823.

们极少得到出身、家庭或正规高等教育的庇荫。就像狄更斯《艰难时世》（*Hard Times*）中的那位邦德比先生，他们并非不愿夸耀这种事实。他们富有，而且在那个年代变得更为富裕。他们先是充满极为强烈和强悍有力的自信心，这种自信心是因为他们属于这种人：其亲身经历已向他们表明，天命、科学和历史已经会聚在一起，准备将世界完全交给他们。

白手起家而且颂扬资本主义的报界人士兼出版家——《里兹信使报》（*Leeds Mercury*，1774—1848）的贝恩斯（Edward Baines）、《曼彻斯特卫报》（*Manchester Guardian*，1791—1844）的泰勒（Jonh Edwart Taylor）、《曼彻斯特时报》（*Manchester Times*，1792—1857）的普伦蒂斯（Archibald Prentice），以及斯迈尔斯（Samuel Smiles，1812—1904）——他们将"政治经济学"转化成几个简单的教条式命题，并借此赋予中产阶级知识上的确切性。而除了易动情感的卫理公会（Methodist）教派外，清教异端中的独立派、唯一神派、浸礼会和教友派，则赋予他们精神上的确切性，以及对无用贵族的轻蔑。一位不为恐惧、愤怒甚或怜悯所打动的雇主，告诉他的工人说：

> 上帝确立的公正公平法则，人类无权侵犯。若有人胆大妄为欲加阻挠，或迟或早，必定会受到相应的惩罚。……因此，当主人们放肆联手，以其联合力量更有效地压迫仆人时，他们就是以此行为侮辱上帝，上帝的诅咒将降临在他们身上。然而，另一方面，若仆人联合起来向雇主敲诈只应属于主人的那份利润时，他们也同样破坏了这条公平法则。[7]

宇宙仍然具有秩序，但不再是过去的秩序。宇宙只有唯一真神，他的名字叫蒸汽，而他的使者则是马尔萨斯、麦克库洛赫和所有的机器使用者。

不管是持 18 世纪不可知论的偏激知识分子，或是为中产阶级代言的自学成才的学者和作家，都不应当掩饰下列事实：绝大多数的中产阶级只顾忙于赚钱，以致无暇关心一切与赚钱无涉的事。他们赞赏他们的知识分子，甚至如科布登一样，在他们还没成为特别成功的实业家时便是如此，只要这些知识分子能回避掉不讲究实际和过于深奥的思想，因为他们本身就是缺乏教育、讲究实际的人，这使他们怀疑一切超出经验太远的事情。科学家巴贝奇（Charles Babbage，1792—1871）向他们提议自己的科学方法，但却徒劳无功。科尔爵士（Sir Henry Cole）是工业设计、技术教育和交通运输合理化的先驱者，他在英女王的日耳曼裔丈夫难以估量的帮助下，为中产阶级竖立起最光辉的纪念碑：1851年的世界博览会。但是，由于爱好官僚政治和爱管闲事，他被迫退出公众生活。官僚政治，像一切的政府干涉那样，在无法直接帮助他们获取利润时，就为他们所痛恨。斯蒂芬森（George Stephenson）是一位自学成才的煤矿技师，是他把旧式马车的轨距转用到铁路之上——他从未考虑过其他代替品——而不是那位富有想象力、老练精干且大胆的工程师布鲁内尔（Isambard King-dom Brunel）。在斯迈尔斯所创建的工程师万神殿中，并没有布鲁内尔的纪念碑，责难的话倒有一句："以求实谋利的结果来衡量，像斯蒂芬森这类人物，无疑是更可信赖的模仿对象。"[8] 为了培训以科学为基础的新兴工业技工，哲学派的激进分子，尽其努力地建立了一个"技工讲习所"网络。在这些讲习所中，技工们一定得聆听那些与其目的无关的言论，例如如何清除政治上的灾难性错误。到了 1848 年，大多数讲习所都行将倒闭，因为大家不认为这种技术教育可以教给英国人（以区别于日耳曼人或法国人）任何有用的知识。有一些聪明、有实践头脑，甚至是有教养的制造业财主，一窝蜂地参加新成立的"英国科学促进协会"（British Association for the Advancement of Science）的各种社团。但是，若认为该协会代表了该阶级的规范准则，那就错了。

这样的一代人，成长于 1805 年特拉法加之战到 1851 年世界博览会之间的岁月。他们的前辈，由于成长于有教养而且具理性的地方商人和异端牧师的社会组织中，成长于辉格党世纪的知识框架中，因此少了一些粗俗之气。陶业大王韦奇伍德（Josiah Wedgwood，1730—1795）是皇家学会和古董学会的会员，是博尔顿、他的合伙人瓦特，以及化学家兼革命者普里斯特利共同组成的"新月学会"成员（他的儿子托马斯做过摄影术实验，发表过科学论文，资助过诗人柯勒律治）。这位 18 世纪的制造业大亨，很自然地依照乔治时代建筑师的设计去建造他的工厂。这一代人的后继者，如果不是更有教养，便是更为奢侈挥霍，因为到了 19 世纪 40 年代，他们已拥有足够的金钱，随意花在仿造豪华宅第、仿哥特式和文艺复兴式的市政厅上，以及重建垂直式风格或古典风格的小教堂。但是，在乔治和维多利亚这两个时代之间，资产阶级和工人阶级的黑暗时代来临了。它们的概貌已在狄更斯的《艰难时世》中，有了令人难忘的描述。

虔诚的清教主义，支配着这个凄凉荒芜的时代：刻板严厉、自以为是、愚钝无知、对伦理道德的沉迷，已到了只有伪君子才配称为其伙伴的地步。如扬（G. M. Young）所说，"美德正以一道宽广的无敌战线，向前推进"，将不贞洁者、弱者、有罪者（即那些既没有赚到钱，也没有控制住情感和财政开支的人）踩在泥中，他们只配享有这种境遇，至多也只能企盼得到居上位者的慈悲施舍。在这样的观念中，蕴含着一些资本主义的经济意义。如果小企业家要想变成大企业家，就不得不将大部分利润用作再投资。在最严厉的劳动纪律之下，新的无产大众被迫屈从于工业的劳动节奏，或者，如果他们拒不接受，就只有等死。即使是在今日，目睹那一代人创造出的景色，仍令人心头为之战栗：[9]

在科克镇，你什么都看不到，只有严厉的劳动景象。如果某个教派的成员在那里建起一座小教堂——已有18个教派成员这么做了——他们也会把它变成一座红砖式的虔敬货栈，有时（但这只是在精心装饰的例子中），在鸟笼般的房顶尖还保有一口钟。镇上所有的公共铭文，都是漆成黑白两色的严峻字体。监狱可能就是医院，医院也许就是监狱；市政厅可能是监狱，也可能是医院，或两者兼是，或者是与建造它们的宏伟用意相反的任何东西。现实、现实、现实，这个城镇的一切物质层面都是以现实为依归；现实、现实、现实，一切非物质层面也都是以现实为依归。……一切事物都是处于卧病其中的医院与墓地之间的现实，而你无法以数字表达的东西，或无法表明在最廉价的市场上可买到的东西，以及在最昂贵的市场上可售出的东西，都是不存在的，并且永远不应当存在。世界无穷无尽，阿门！[a]

a. 参见 Léon Faucher, *Manchester in 1844*, 1844, pp.24—25。"这个城镇在一定程度上实现了边沁的乌托邦理想。一切事物都以功利标准衡量其结果；如果美丽的、伟大的或高尚的事物能在曼彻斯特扎根，它们也将照这种标准发展。"

这是对资产阶级功利主义的信仰悲歌。福音派教徒、清教徒，以及 18 世纪不可知论的"哲学激进分子"，他们都信仰功利主义，这些激进分子还将功利主义以符合逻辑的语言表达出来。这种信仰在铁路、桥梁和货栈中，产生了它自己的实用美，也在一排排烟熏火烤、一列列灰黑红色的小房屋中，发展出它独有的那种浪漫恐怖，而工厂堡垒就居高临下俯瞰着这些小房屋。新兴资产阶级居住在小屋外围（如果积聚起足够钱财搬迁），他们发号施令，推行道德教育，捐助传教士在海外黑人异教徒中的传教活动。男人们将金钱人格化，因为金钱证实了他们统治世界的权利；女人们——由于丈夫的金钱甚至剥夺了她们实际操持家务的满足——则将这个阶级的道德也人格化了，这些道德就是：愚蠢（"做个甜美的女人，谁想更聪明就让她去吧"）、没学问、不求实际、理论上不谈性欲、没有资产、受人保护。她们是这个节俭自助时代唯一的奢侈品。

这个阶级最极端的榜样，就是英国的制造业者。但是在整个欧洲大陆上，还有一些较小的同类集团：法国北方或加泰罗尼亚纺织业地区的天主教徒、阿尔萨斯地区的加尔文教徒、莱茵地区的路德宗虔信派教徒，以及遍及中欧和东欧的犹太教徒。他们的强硬与英国制造业者极为相似，因为他们也相当大程度地脱离了更陈旧的城市生活和家长统治传统。福谢（Léon Faucher）尽管持有教条主义式的自由信仰，也被 19 世纪 40 年代曼彻斯特的景象所震惊。对此，欧洲大陆上的观察者就不震惊吗？[10] 但是，他们与英国人一样都深具信心，这种信心来自稳定增加的富裕[1830—1856 年间，里尔当塞特（Dansette）家族的嫁妆，从 1.5 万法郎增至 5 万法郎[11]]，来自对经济自由主义的绝对信念，来自对非经济活动的拒绝。直到第一次世界大战前夕，里尔的纺织王朝仍一直维持着对军旅生涯的完全轻蔑。米卢斯的陶尔菲斯（Dollfus）家族之所以劝年轻的恩格斯不要念著名的工艺学院，就是因为他们担心这可能引导他走上军旅生涯，而不是实业生涯。贵族制度及其血统家系，起初并没有对他们产生极度诱惑，犹如拿破仑的元帅们那样，他们就是他们自己的祖先。

2

因而，双元革命的决定性成就，就是它们打开了有才之士的进身之路，或者至少说是向精力、精明、勤奋以及贪婪，打开了进身之路。并不是说所有的进身之路都已敞开，也不代表它们全都能通往社会阶级的顶端，或许在美国是例外。然而，这些机遇是多么非凡！昔日静止不变的等级意识，已经彻底地远离 19 世纪！汉诺威王国的谢勒（Kabinettsrat von Schele），曾拒绝一位贫寒的年轻律师申请一个政府职位，其理由是这位年轻律师的父亲是一名订书匠，他理当继承父业。而今，这个理由显得既不充分又极荒唐。[12] 然而谢勒所做的，只不过是奉行稳定的前资本主义社会中的古老格言，而且在 1750 年时，一位订书匠的儿子的确只有子承父业一途。现在，他却不再非这么做不可。在他面前敞开了四条成功之路：实业、教育（并可借此转向政府公职、政治以及自由职业三个目标）、艺术以及战争。战争在革命时期和拿破仑时期的法国是很重要的，但在随后数代人的长期和平中，便不再具有重要性，也因此不再是非常吸引人的。第三条道路是新近才出现，因为此时有比以往大得多的公共奖赏，鼓励那些能令大众欢娱或感动的非凡才能，舞台的社会地位日益上升，便表明了这点。这种地位的上升，在爱德华时代的英国，最终产生了相互关联的景象：封为骑士的男演员和娶合唱队女孩为妻的贵族。甚至在后拿破仑时期，就已经产生了富有特色的现象：被当作偶像崇拜的歌唱家［如"瑞典夜莺"琳德（Jenny Lind）］或舞蹈家［如埃尔丝勒（Fanny Elssler）］，以及被奉为神明的音乐艺术家［如帕格尼尼（Paganini）和李斯特（Franz Liszt）］。

实业和教育都不属于向所有人开放的坦途，即使是在那些充分摆脱了传统习俗和束缚的人们当中，也是如此。这些人相信"像我这样的人"将为他们容纳，也知道在一个个人奋斗的社会中如何活动经营，或者承认"自我完善"是值得的。想走上这两条路的旅行者必须交付通行费：没有一些起码的资财，无论限额多么小，便很难在成功之路上起步。这种通行费对想踏上教育之路的人来说，无疑要比进入实业之路更高，因为即使是在建立了公共教育体系的国家中，初等教育一般仍受到忽视，而且，即使在有初等教育存在的地方，出于政治原因，也仅限于教授最低程度的识字、算术和道德服从。不过，非常矛盾的是，乍看起来，教育之路似乎要比实业之路更有吸引力。

这种认知并不奇怪，因为教育只需要人们在生活的习惯和方式上做一点小小的革命。学识，如果只是教士学习的那种学识，早已在传统社会中拥有了为人所认可、为社会所重视的地位，而且实际上，比它在纯正的资产社会中的地位更为显著。家庭中有一位教士、牧师或犹太学者，可能就是穷人所能期望的最大荣幸，也值得为此做出巨大牺牲。一旦开放这样的进身之路，这种社会倾慕可以轻易地转向世俗学者、官吏或教师，或者在最好的情况下，转向律师和医生。此外，学识不像实业那样，具有明显的反社会倾向。受过教育者不会像无耻自私的商人和雇主那样，主动攻击他的同类。实际上经常看到的情形是，他们（尤其是教师）明显地是在帮助同胞摆脱看来是他们苦难之源的愚昧无知和黑暗。比起对个人实业成功的普遍渴求，对教育的普遍渴求更容易实现，而且，学校教育比可赚钱的奇怪艺术更容易取得。在那些几乎完全是由小农夫、小商贩和无产者所组成的社区中，如威尔士，人们一方面会渴望将儿子送去从事教学或传教工作，但同时却对财富和实业本身有着痛苦的社会怨恨。

然而，在一定意义上，教育代表着个人主义式的工作竞争、"向才干之士开放的职业"，以及实力战胜出身和关系。在此，教育的效用完全与实业不相上下，而且是通过竞争性的考试来实现的。如同往常，考试制度最具逻辑性的表现方式，也是产生于法国大革命之中，类似等级制度的考试，迄今仍在从学术优胜者中挑选出知识精英分子，去管理和教导法国人民。学识和竞争性考试，也是英国最具资产阶级意识的思想学派的理想。这个学派就是边沁主义的"哲学激进派"，他们最终（但不是在本书所述时期结束之前）会将这种理想以一种极为纯净的形式，强加在英国内政部和印度事务部之上，以反对贵族的激烈抵抗。凭实力取才，如经由考试或其他教育检定，已成为公认的理想典范。只有最为陈腐的欧洲公职，如罗马教廷和英国外交部，或最民主的文官制度，如美国，不在此列。最民主的文官制度，倾向于以选举而不是考试作为选拔公职人员的标准。虽然，像其他形式的个人主义竞争一样，考试是一种自由主义的方法，却不是民主的或平等主义的方法。

因此，教育向有才之士开放所产生的首要社会结果，是矛盾的。它所产生的不是自由竞争的"开放社会"，而是官僚制度的"封闭社会"；但是，这两者——以其多样的方式——都是资产阶级自由主义时代中最富特色的体制。19世纪高等文官的气质，基本上仍是18世纪启蒙运动时的那种气质：在中欧和东欧是共济会式和"约瑟芬式"（Josephinian），在法国是拿破仑式，在其他拉丁语系国家是自由主义式和反教士的，在英国则是边沁主义式。众人一致公认，一旦有实力者在文官制度中巩固了地位，竞争就转变为自动晋升。不过，一个人究竟能晋升得多快和多高，仍取决于（在理论上）他的实力，除非有规定的平均主义强迫纯粹凭资历晋升。因此，乍看起来，官僚制度非常不同于自由主义社会的理想。然而，凭实力选才的意识、普遍的廉洁风气、讲求实际的效率、一定的教育程度，以及非贵族的出身，都将公职文官聚为一体。就算是刻板严厉地坚持自动晋升（尤其是在那个非常中产阶级的英国海军部中，其延续的时间已达到了荒唐的程度），至少也有以下的好处：排斥典型的贵族徇私或君主偏袒的习性。在经济发展停滞落后的社会中，公职向新兴的中产阶级提供了一种替代的中心点。[a]1848年的法兰克福国会（Frankfurt Parliament）中，68%的议员都是文官或其他官员，只有12%的议员是"自由业者"，2.5%是实业家，这种情况并非偶然。[13]

因此，对有意追求名利的人来说，有幸的是，后拿破仑时期几乎在所有地方都是政府机构和政府活动明显扩张的时期，不过，

a. 巴尔扎克小说中的所有官员，看来都是出身于小企业家庭或即将变成小企业家庭。

这种扩张很难大到足以吸纳日益增多的识字公民。1830—1850 年间，平均每人的公共开支在西班牙增加了 25%，在法国增加 40%，在俄国增加 44%，在比利时增加 50%，在奥地利增加 70%，在美国增加 75%，在荷兰增加 90% 以上。（只有在英国、英属殖民地、斯堪的纳维亚国家和几个落后国家，按人口分摊的政府开支维持稳定或下降，而这个时期正是经济自由主义如日中天之时。[14]）这种增加的情况，部分可归因于军队这个显而易见的赋税消费者。尽管没有发生重大的国际战争，军队在拿破仑战争结束之后却还是比之前要庞大得多。以 1851 年主要大国的军队总数为例，其中唯有英法两国的数字，低于 1810 年拿破仑力量臻于顶峰之际。其他大国，如俄国、德意志和意大利诸邦国，以及西班牙，实际上拥有更庞大的军队。这种增加的情况，也可归因于国家旧职能的发展以及新职能的取得。认为自由主义敌视官僚制度，是一种基本的错误观念。（那些具有逻辑思想的资本主义拥护者——激进的边沁学派，并不曾犯这种谬误。）自由主义只敌视缺乏效率的官僚制度，敌视政府干涉那些最好是留给私营企业去办的事情，以及敌视过多过滥的税收。使政府的作用降到只具守夜更夫的功能，这种庸俗自由主义的口号，掩盖了下列事实：剪除了无效率和干涉性功能的政府，会是一个比过去更为强大而且更有雄心的政府。例如，及至 1848 年，只有政府才拥有现代而且经常是全国性的警察武力：法国始于 1798 年，爱尔兰始于 1823 年，英格兰始于 1829 年，西班牙始于 1844 年；除英国之外，通常也只有政府才拥有公共教育体系；除了英国和美国，公共铁路服务也归或将归政府所有；在任何地方，都是由政府经营日益扩大的邮政服务，用以满足急速增大的商务和私人通讯需求。人口增长迫使国家维持一个更大的司法系统，城市增长和城市社会问题也要求一个范围更大的市政管理系统。无论政府的职能是新增还是旧有，都日益依靠一个由专职官员组成的、单一的、全国性的文官体系去执行，其中的高级官员，由各国的中央权威任意调遣和升迁。这种有效率的服务虽然可以大量减少官员数量、消除腐败和兼职差役，并可降低行政单位的成本花费，然而却会创造出一个更令人可畏的政府机器。自由主义国家的大多数基本职能，看来都超出了大多数前革命专制国家最狂放时的梦想，例如聘用支付薪酬的官吏或维持一支全国性的常规地方警力，去有效地评估和征收税款。征税的水准也超过从前甚多，甚至也曾间歇实行累进所得税率，而这正是自由主义政府得以维持的原因：实行自由主义的英国，其 1840 年的政府开支，竟相当于独裁俄国的 4 倍之多。[a]

传说拿破仑的士兵会在军用背包里携带军官肩章，作为他最终取得元帅权杖的第一步。然而，那些新的官僚职位却很少在实际上等同于这些军官肩章。1839 年时，法国计有 13 万名文职官员，[15] 其中大多数是邮递员、教师、低层征税官、司法官员，以及类似人员；甚至于内政部的 450 名官员和外交部的 350 名官员中，大多也是普通办事员，从狄更斯到果戈理的文学作品，都把这一类人描写得淋漓尽致。除了公职特权外，他们难得有什么值得羡慕的，他们所得到的保障，只是可以用一种稳定的节奏终身挨饿受穷。只有寥寥可数的官职，称得上是一份中产阶级的好职业，从经济上看，诚实的官员不可能在过得去的舒适之外，指望

---

a. 在英国，累进所得税是在拿破仑战争时临时征收，从 1842 年起常年征收；1848 年前，没有其他重要国家仿效此一先例。

第十章
向才干之士敞开进身之路

更多东西。19世纪中叶的改革者，在英国文官制度中设计了"行政管理级"官员，以作为适合中产阶级的级别，但即使是到今天，该级行政官员也不会多于3 500人。

虽然小官吏或白领工人的情况简朴如此，但若比起劳动贫民，他们还是像山峦般高高在上。这些人不需从事体力劳动。尽管只是象征性的，但他洁净的双手和雪白的衣领，都使他偏向富人那边。他们身上通常都带有公共权威的魔力。男男女女在他面前，只能排队领取登记着他们生活的文件，他对这些人是呼之即来挥之即去，他可以告诉这些人什么是不可以做的。在较落后的国家（以及民主的美国）兄弟子侄可指望通过他找到一份工作；在许多不那么落后的国家，他不得不受贿。对于无数的农民或劳工家庭，对于不太可能以其他方式提高社会地位的人来说，小官吏、教师和神职人员至少在理论上是可以触及的，这座喜马拉雅山是他们的儿子有可能攀登的。

比较自由的职业很少在他们的考虑范围之内，因为要想成为一名医生、律师、教授（在欧洲大陆上意味着当一名中学校长或大学教师），或者成为一名"从事各种职业的受过教育者"[16]，都需要有多年的教育或出众的才华和机遇。1851年的英国，有大约1.6万名律师（不算法官）和不过1 700名的法律学生；[a]大约1.7万名医生和外科医生，以及3 500名医学院的学生和护士；不足3 000名建筑师；大约1 300名"编辑和作家"「法文的新闻记者（Journalist）一词，尚未得到正式认可」。法律和医学是两个具有悠久传统的职业，第三个则是教士。教士提供的出路少于人们所

a. 欧洲大陆上律师的数目和比例通常更高。

指望的，如果只是因为它的扩张程度远慢于人口的增长，那也还好，但实际的情况却是，由于各个政府的反教士热情，使得这门职业正在萎缩而不是扩张。约瑟夫二世查禁了359座男女修道院，西班牙在其自由主义时期也极力查禁所有的修道院。

只有一条真正的出路存在：由世俗者和教会人士充任小学教师。教师这行的主要成员多半是农夫、工匠和其他简朴家庭的下一代，其数目在西方国家中绝非微不足道：1851年，英国有大约7.6万名男女自称是校长或普通教师，这还不包括2万名左右的家庭教师。对于身无分文而又受过教育的女孩而言，若她们不能或不愿以不太体面的方式谋生，家庭教师就是她们众所周知的最后出路了。而且，教师不仅是庞大的，也是正在扩张中的一门职业。教师的收入很低，但是，除了英国和美国这种市侩盛行的国家外，小学教师是极受欢迎的人物。因为在平凡男女第一次发现愚昧无知是可以驱除的时代，如果有任何一个人代表了这个时代的理想典范，那么这个男人或女人的生活及言论，必定能够提供孩子和他们的父母从未有过的机遇，能够为孩子们敞开世界，能够以真理和道德浸润他们。

当然，实业是向有才能的人开放的最明显职业，而且在一个迅速发展的经济潮流中，实业的机会自然相当多。许多企业的小规模生产、盛行的转包制、小规模的买卖，都使他们相对容易从事。但是，无论是物质、社会还是文化条件，都不利于穷人。首先，成功者经常忽略一个事实，那就是想要发展工业经济，就必须创造出一群比雇主或自由创业者更多的工资劳动者。每有一个人向上升入实业家阶层，就必定有更多的人滑落下去。其次，经济独立必须具有技术能力、思想准备或财政资源（无论是多么有限），而这些全都是大多数人所没有的。那些足够幸运拥有这些条件的人——如处于少数地位的宗教派别成员，社会学家熟知他们从事这类活动的才干——都表现得相当出色：在"俄国的曼彻斯特"伊凡诺沃（Ivanovo），那些成为纺织业者的农奴，大多数属于"老信徒"（Old Believers）教派。[17] 但是，若要是指望那些并不拥有这些特长的人们，例如大多数俄国农民，去做同样的事情，甚或在同样的条件上竭力仿效他们，都是完全不切实际的。

3

在各类群体当中，没有比少数派更热情地欢迎向有才能的人开放晋升之途了，无论这些职业是什么，因为这些少数派群体在当时尚不被允许跻身显著地位。这不仅因为他们出身不佳，也因为他们遭到官方和集体的歧视。法国新教徒以无比的热情投身于大革命期间和之后的公共生活，这种热情唯有西方犹太人所迸发的那种才干可与之媲美。18 世纪的理性主义为这种解放进行了准备，法国大革命则将它付诸实行。在此之前，犹太人迈向成功的道路只有两条：一是商业或金融，一是解说神圣律法，但这两者都使他局限在狭小而且被隔离的犹太聚居区中。只有一小批"宫廷犹太人"或其他富有者，半隐半现地浮出其聚居区外，即使是在英国和荷兰，他们也要小心谨慎，不可走得太远，以免陷入危险和不得人心的境地。即使是这样有限的显露，也只有在那些浑浑噩噩的不信教者当中，才不显得不受欢迎，但总体而言，这些不信教者也摆明并不欢迎犹太解放。世世代代的社会压抑，使得犹太聚居区也实行自我封闭，拒绝任何背离严密正统之外的行动，并将其视为不贞和反叛。在 18 世纪，德国和奥地利的犹太解放运动先驱，尤其是门德尔松（Moses Mendelssohn，1729—1786），都被骂成是逆逃者和无神论者。

大批犹太人居住在旧波兰王国东部和立陶宛的犹太区内，这些犹太区迅速增长。区内的犹太人继续在充满敌意的农民当中，过着自我约束和叫人猜疑的生活，只有在教派信仰上，才能使他们有所分歧，一派效忠于立陶宛正统派学识渊博的拉比，另一派则笃信忘我入神却备受穷困折磨的哈锡德派。1834 年，奥地利当局逮捕了 46 名加利西亚革命者，其中只有 1 名犹太人，这是非常典型的情形。[18] 但是，在西方更小的社区中，犹太人双手紧紧抓住他们的新机遇，无论如何也要得到官员职位，即使不得不为此付出名义上受洗的代价，在那些半解放的国家中，经常也是如此。实业家想要得到的，甚至不只是官职。罗斯柴尔德家族（Rothschilds）是国际上的犹太之王，他们不只是有钱而已。他们本来可以更早发迹致富，尽管这一时期的政治军事变化，为国际金融提供了前所未有的机遇。他们当时就已被视为有钱人，具有一种与他们的财富大致相称的社会地位，甚至渴望成为贵族。事实上，欧洲的王公们已从 1816 年开始授予他们贵族爵位（1823年，他们成为世袭的哈布斯堡男爵）。

比犹太人的财富更令人吃惊的，是在世俗的艺术、科学和各种职业中，犹太人才华横溢的表现。以 20 世纪的标准来衡量，这种才华的展露还很有限。不过，到了 1848 年，19 世纪最伟大的犹太思想家和最成功的政治家，都已双双达到成熟时期。他们分别是马克思（1818—1883）和迪斯累里（Benjamin Disraeli，1804—1881）。此时尚无犹太籍大科学家，只有几位虽不是第一流却也有显著地位的数学家。迈耶贝尔（Meyerbeer, 1791—1864）和门德尔松（Mendelssohn-Bartholdy，1809—1847）还称不上是当时最杰出的作曲家；不过在诗人当中，海涅（Heinrich Heine, 1797—1856）的诗作流传下来，评价甚高。此时也还没出现伟大的犹太演奏家和指挥家，没有重要的犹太画家，唯一重要的戏剧演员，就是女演员拉舍尔（Rachel，1821—1858）。事实上，天才的产生并不是衡量一个民族获得解放的尺度，反倒是从大批并非最卓越的犹太人才突然涌现，并且加入到西欧的文化和公众生活之中——尤其是法国，最重要的是德意志诸邦——更能看出这种解放。这些人才的涌现，为来自偏远内地的犹太移民提供了语言和意识形态，用以逐渐填平横隔在中世纪与19世纪之间的鸿沟。

双元革命赋予犹太人在基督教统治之下所曾享受到的、最接近于平等的东西。那些抓住机会的犹太人，所希望的莫过于"同化"到新社会之中，而且出于明显的原因，他们的归属感几乎全都是自由主义的。然而，即使是煽动性政治家还没有认真利用流行于被剥削大众中的反犹主义（到此时，劳工大众已经可以把犹太人视作资本家了），犹太人的处境仍是捉摸不定、令人不安的。[a]在法国和德意志西部（尚不及于别处），一些年轻的犹太人发现自己正梦想着一个更为完美的社会。有一种明显的犹太特质存在于法国的圣西门主义中，如罗德里格斯（Olinde Rodrigues）、皮尔耶兄弟、阿列维（Léon Halévy）、戴希塔尔（d'Eichthal），并在较小程度上存在于德意志的共产主义中。［赫斯（Moses Hess）、

a. 日耳曼强盗"屠夫"毕克勒（Johannes Bueckler, 1777—1803）专以犹太人为牺牲品，并因此名声大噪；在19世纪40年代布拉格的工人骚动中，也有反犹太的情形。

诗人海涅，当然还有马克思，不过，他对他的犹太出身，表现出一种彻底的冷淡。]

犹太人所处的地位，使他们格外乐意融入资本主义社会。他们是少数族群。他们之中的绝大多数已居住在城市中，在很大程度上已对城市化的种种疾病有了免疫力。统计学家已经注意到他们在城市中的死亡率和患病率较低。他们之中的大多数是识字者，不从事农业；而且很大一部分人已经在从事商业或各种专门职业。只要察觉到新形势、新思想所具有的潜在威胁，他们本身所处的位置就会不断地迫使他们去思考这些新形势和新思想。但在另一方面，对世界上大多数的民族而言，适应新的社会并不是件容易的事。

这种不适应，部分是因为顽固的旧习使他们几乎不可能理解新社会对他们的期待。如在 19 世纪 40 年代，年轻的阿尔及利亚绅士，被送到巴黎接受欧洲教育。他们吃惊地发现自己受邀参加这个皇都中的任何活动，除了国王和贵族的社交宴会。此外，新社会也不比旧社会更容易适应。那些接受中产阶级文明洗礼和行事方法的人们，可以自如地享受其好处；但那些拒绝或无力这么做的人们，简直就无可指望。坚持选举权必须有财产资格限制，这是 1830 年时各个温和自由主义政府的特色，其中的偏见不仅是政治上的。他们认为无法表现出积聚财富能力的人，称不上是一个完整的人，因而也很难说算是一个完整的公民。这种态度在欧洲中产阶级与异教徒的接触当中，表现得最为极端。欧洲中产阶级致力于通过明智纯真的传教士，说服异教徒皈依基督教、信仰商业并穿上裤子（其间无法划分出明显界限），或是想把自由主义的立法真理强加给他们。只要他们接受了这些，自由主义

（至少在革命的法国人当中）就准备授予他们具有一切权利的公民身份，或者如在大英帝国的子民当中，实现他们有朝一日成为一名英国人的希望。这种态度充分反映在拿破仑三世的参议院中。在本书所论时代结束但仍受其影响的数年中，法国参议院向阿尔及利亚人开放了公民身份："根据他的要求，他被允许享有法国公民的权利，因此，他必须遵守法国的民法和政策。"[19] 阿尔及利亚人所必须放弃的，实际上就是伊斯兰教信仰；如果他不想这么做——极少有人这样做——那么，他就仍是一个个人而不是公民。

"文明人"对"野蛮人"（包括国内大量的劳动贫民[20]）的众多轻蔑，都建立在这种露骨的优越感上。中产阶级世界对所有人都是自由开放的。那些未能进入其中的人，要不是因为缺乏才智、道德或精力而罪有应得，便是受到历史或种族遗产的拖累，否则，他们早已充分利用他们的机会了。这种发展约在该世纪中期达到顶点，于是，那段时期也就变成一个史无前例的冷酷时期。这不仅是因为当时的富人对其周围令人震惊的贫困完全视若无睹，那种恐怖的贫穷现象，只会对外来访客造成冲击（今日印度贫民窟的情况亦然）；更因为他们提起穷人的态度，就好像谈到外国的野蛮人一样，根本不把他们当人看。如果他们的命运是要成为工业劳工，他们也只会是一群乌合之众，要以绝对的强制、严厉的工厂纪律，辅之以国家的法律帮助，强迫他们适应严格的管理模式。（颇有特色的倒是当时的中产阶级认为：在法律面前人人平等的原则与明显具歧视性的劳工法典之间，并无矛盾之处；在这样的法典中，如 1823 年英国的《主仆法》，工人违背合同要处以监禁，雇主违背合同却只处以少量罚金。[21]）穷人应当让他们一直处在饥饿的边缘上，因为若非如此，他们就不愿工作，就不会具有堪称"人"的动机。雇主们在 19 世纪 30 年代后期对维莱姆说:"工人们为了自己着想,应该使自己经常受需求所迫,因为这样他才不会给孩子们树立坏榜样。而且,贫困也可以确保他的良好行为。"[22] 然而,对中产阶级来说,穷人还是太多了,他们只能指望马尔萨斯的人口法则能够发挥作用,去饿杀足够多的穷人,以建立生存人口的最大限量;当然,除非每一个不具理性的穷人都能节制生育,理性地确立他们自己的人口控制。

这种态度与正式承认的不平等,只不过是五十步与百步的差别。1853 年,巴德里拉尔(Henri Baudrillart)在法兰西学院的就职演说中提出:不平等是人类社会的三大支柱之一,另外两个是财产和继承权。[23] 于是,阶级社会就这样在形式平等的基础上重建起来。失掉的只是昔日它所宽容的那些东西:认为人既有责任又有权利的普遍社会信念,以及美德善行绝不仅等于金钱的信念;下层阶级虽然卑微,也有在这块上帝召唤他们前来的地方,过一种简朴生活的权利。

第十章
向才干之士敞开进身之路

第十一章

劳动贫民

每一个工厂主，就像殖民地的种植园主生活在他们的奴隶中那样，生活在自己的工厂里。他一个人要面对成百个工人，而里昂的破坏活动，就像是圣多明各的那种暴动……威胁社会的野蛮人既不在高加索，也不在蒙古草原，而是在我们工业城市的郊区……中产阶级必须清楚地认识到这种局势的性质；他应当知道他的处境。

——吉拉丹（Saint-Marc Girardin），《辩论报》（*Journal des Débats*）1831 年 12 月 8 日

想要做官掌权，

总得披大氅，挂绶带。

我们为你们大人物纺纱织布，

死后却不包裹尸布就草草掩埋。

我们是织布工，

却赤身裸体，无遮无盖。

你们的统治行将结束，

我们掌权的日子就要到来。

我们为旧世界织好了裹尸布，

造反的吼声已响彻天外。

我们是织工，

从此衣冠整齐，有穿有戴。

——里昂纺织工人歌谣

1

对那些发现自己正处在资本主义社会道路上的贫民来说，在他们面前展现出三种可能性，而且他们在当时仍难以进入的传统社会领域内，再也得不到有效的保护。这三种可能性是：他们可以争取成为资产阶级；或让自己忍受折磨；或起而造反。

如我们在前面已经看到的那样，第一条道路对那些身无分文得以赚取财产或接受教育的人来说，不仅实行起来有困难，而且也颇令人厌恶。纯功利式的个人主义社会行为，秉持的信条是资本主义社会的"人不为己，天诛地灭"，这种理论上看似合理的丛林竞争法则，在成长于传统社会之人的眼中，无异于淫乱的魔鬼。1844年，绝望的西里西亚麻布手织工，为了与自己的命运抗争，发动了一场失败的起义。[1] 起义工人中有人说道："在我们这个时代，人们发明了各种巧妙无比的技巧，用来削弱和破坏别人的生计。唉！但再也没有人会想到《圣经》第七条戒律的训示：你不能偷盗。他们也没记住路德对这一条戒律的评注，路德说：我们应当敬畏上帝，我们不能拿走邻居的钱财，不能用假货和欺诈的交易去获取钱财，相反，我们应当帮助邻人保护并增加其生计和财产。"这段话代表了所有发现自己简直是被地狱的力量拖入深渊之人的心声。他们要求的并不多。（"过去富人常给穷人以施舍，而穷人安于过着极简朴的生活，因为在那时，下层人不像他们今天那样，很少需要夸耀用的衣着和打扮。"）但即使这么卑微的地位，如今也被剥夺了。

因此，他们对资本主义社会的抵制，即使经过最合理的计划，也少不了野蛮的行为。以济贫税救助低薪劳工的"斯平汉姆兰"制度，由乡绅主导实行，并深受劳工依赖，虽然经济学上对这种制度的反对已成定论。作为缓和贫困的一种方式，基督徒式的施舍毫无助益，就像在大量兴办慈善事业的教皇国家可以见到的那样。但它不仅在传统的富人当中普受欢迎，而且也在传统的穷人当中普受欢迎。富人把它看作是防止邪恶平权的手段（这种平权观念是"那些坚持自然创造的众人都是平等的，而社会差别纯粹只有在公共效益中才能找到"的梦想家所提出的[2]）；而穷人深信，他们有权获取富人餐桌上的面包屑。在英国，有一道鸿沟把互助会（Friendly Society）中产阶级提倡者和贫民分隔开来，前者认为互助会完全是个人自助的一种形式；而后者还把它当作，并且根本常常当作是举行欢乐聚会、仪式、宗教祭典和庆祝活动的社会团体，这对互助会的健全是有害的。

甚至连资产阶级也认为，在这些方面，纯粹的自由竞争并未给他们带来实际好处，因而加以反对，这使那种抵制更为强化。谁也不比顽强的美国农场主和工厂主更热心于个人奋斗精神，没有一部宪法像美国宪法那样——或者他们的法学家直到我们这个世纪以前还认为的那样——反对类似联邦童工立法那种对自由的干预。但是如我们所见，却也没有谁比他们更坚定地致力于对其实业的"人为"保护。新式机械是私人企业和自由竞争的主要好处之一。但是，不仅劳工卢德派（Luddites）奋起捣毁机器，当地的小商人和农民也同情他们，因为他们也认为改革者破坏了他们的生计，而政府则不得不于 1830 年发出措辞严厉的通告，指出"机器应像其他任何形式的财产那样，受到法律的保护"。[3] 在资产阶级自由派深具信心的堡垒之外，新兴企业家怀着动摇和疑惑的心情，着手完成他们破坏社会和道德秩序的历史任务，这更加强了穷人的信念。

当然，也有一些劳动者极力跻身于中产阶级，或者至少是遵循节俭、自助和自我改善的训诫。在中产阶级激进主义的道德和说教读物、戒酒运动和致力传道的新教当中，随处可见把斯迈尔斯（Samuel Smiles）视为其荷马的那类人，而事实上，这样的团体吸引了或许还鼓励了雄心勃勃的年轻人。1843 年创立的罗顿节欲院（Royton Temperance Seminary，局限于小伙子，大部分是棉纺织工人，他们发誓戒酒、不赌博，并养成良好的道德情操），在 20 年里培养了五个纺纱厂老板、一名教师、两名俄国棉纺厂经理，"和不少取得诸如经理、监工、机械工工头、合格校长之类的体面职位，或变成体面的店铺老板"。[4] 显然，在盎格鲁-撒克逊世界以外，这种现象不那么普遍，在那些地区，工人阶级以外的道路（除了移民）要狭窄得多，即使在英国，这样的道路也不特别宽广；而激进中产阶级对熟练工人的道德和理智影响，也要小一些。

另一方面，显然有更多人面临他们无法理解的社会灾难，遭受贫困和剥削，麋集于凄凉污秽的贫民窟或正在扩大的小规模工业复合村，因而陷于道德沦丧。失去了传统制度和行为指南之后，人们怎能不沦入以权宜之计临时糊口的深渊呢？许多家庭在每周发薪日之前，不得不把他们的毛毯典当出去[a]；而酒精则是摆脱曼彻斯特、里尔或博里纳日（Borinage）等工业重镇折磨的捷径。酗酒大众几乎已成为轻率失控的工业化和城市化的伴生现象，"酒瘟"开始在全欧洲蔓延。[5] 也许那个时代无数感叹酗酒日益严重、妓女或男女淫乱日益败德之人，有些夸大其词。不过，1840 年左右，在英国、爱尔兰和德意志，有计划的戒酒宣传突然大增，有中产阶级的，也有工人阶级的，这种情形显示，对世风日下的担忧既非学究专属，也不限于任何单一阶级。其直接成就十分短暂，但在该世纪的其余时间，不管是开明的雇主还是劳工运动，对烈酒的厌恶仍然是共同的。[b]

但是，悲叹新兴城市和工业区贫民世风日下的同时代人，当然并不是在夸大其词。而这些事件加在一起，使得情况更加恶劣。城镇和工业区在没有计划和监管的情况下迅速发展，一些最起码的城市生活服务设施，例如，街道的清扫、饮用水供应、卫生，更别提工人阶级的住房了，都完全跟不上城市发展的步伐。[6] 这种城市状况恶化的最明显后果，便是传染性疾病再度出现（主要是水源性传染病）、广泛流行，特别是霍乱。霍乱从 1831 年起再度征服欧洲，并在 1832 年横扫从马赛到圣彼得堡的欧洲大陆，后来还曾再度爆发。举一个例子来说，在格拉斯哥，"1818 年前，斑疹伤寒并未被当作什么流行疾病而引起注意"。[7] 此后，斑疹伤寒的发病率不断增加。至 19 世纪 30 年代，该城有两种主要流行

a. 1855 年，典当给利物浦当铺老板的所有物品中，有 60% 价值在 5 先令以下，27% 在 2 先令 6 便士以下。
b. 这种厌恶并不适用于啤酒、葡萄酒或已成为人们日常惯用饮食的其他饮料。这种运动以盎格鲁–撒克逊新教徒为主力。

病（斑疹伤寒和霍乱），19世纪40年代则有三种（斑疹伤寒、霍乱和回归热），19世纪50年代上半期还有两种，一直到一整代人忽视城市卫生的情况改善为止。忽视城市卫生的可怕后果，又因为中产阶级和统治阶级未曾亲身感受，而更显严重。本书所论时期的城市发展，以飞快的速度将不同阶级隔离开来，新兴的劳动贫民，被推入政府、商业中心以及新辟的资产阶级专门住宅区之外，溺陷于黑暗的苦难深渊。在这一时期发展起来的欧洲各大城市，几乎被普遍地划分为"豪华"的西区和"贫穷"的东区。[a]除了劳工自己主动兴办的设施外，在这些新兴的劳工聚居区里，除了酒馆，或许还包括小教堂，此外根本没有公共设施。一直要等到1848年后，当新的流行疾病从贫民窟蔓延出来，开始造成富人的死亡；以及在贫民窟中长大的绝望群众，以社会革命吓坏了当权者的时候，有计划的城市改建和改善才开始进行。

酗酒还不是世风日下的唯一象征，杀婴、卖淫、自杀和精神错乱等社会现象，都与这场社会和经济的大灾难有关。这项发现主要得感谢当时的科学家对我们今日称为社会医学所进行的开拓

---

a. "迫使工人迁出巴黎市中心，一般而言，对他们的行为举止和道德都产生了令人悲叹的影响。在旧时，他们通常住在建筑物的上层，其下层由商人和相对来说属小康阶级的其他成员占用。在同一幢建筑物中赁屋而居的人，产生了一种团结友爱的精神。邻居在小事上互相帮助，工人生病或失业时，也可以在楼中邻里找到援手。另一方面，一种身为人的尊严感，也始终规范着工人阶级的行为。"这段引自当地治安报告的文字，反映出在阶级隔离大蔓延之前，对社会生活和商业环境状况的自我肯定。[8]

性工作。[a]刑事犯罪和日益增多而且经常是无目的的暴力犯罪，也是出于同样的原因，暴力犯罪表明了个人对威胁着要吞噬驯服者的力量的盲目宣泄。盛行于此时的天启教派、神秘教派和其他形形色色的迷信（参见第十二章），也处处表明：对毁灭人类的社会大震动，人们表现出类似的无能为力。例如，霍乱的流行在信奉天主教的马赛以及信奉新教的威尔士，都同样造成了宗教复兴。

在社会行为的各种扭曲形式之间，有一点是共同的，而且恰好都与"自助"有关。这些形式都是逃脱贫民劳工命运的企图，或者至多是接受或忘记贫困和羞辱的企图。那些相信来世的人、酒鬼、小偷小摸、精神病患者、流浪乞丐，或雄心勃勃的小业主，都对其集体状况视而不见，并且（小业主除外）都对采取集体行动的能力漠不关心。在这一时期的历史上，这种群众性的冷漠态度所起的作用，比人们经常认定的大得多。下述的那种情况绝非偶然：技术最不熟练、受教育最少、最无组织性，因而也最没希望的贫民，在当时和后来都是政治态度最冷漠的人。在1848年普鲁士哈勒（Halle）城的选举中，有81%的独立手工业师傅和71%的石匠、木匠和其他熟练建筑工人参加投票，而在工厂和铁路工人、雇工和家庭代工当中，只有46%的人参加投票。[9]

a 我们对那个时代（及随后的改进）的了解，大多归功于许许多多的医生，他们与资产阶级舆论普遍的自鸣得意和强硬态度适形成鲜明对照。此外，维莱姆和《公共卫生年鉴》（*Annales d'Hygiène Publique*, 1829）的英国撰稿人——凯伊（Kay）、撒克拉（Thackrah）、西蒙（Simon）、盖斯克尔（Gaskell）和法尔（Farr），还有德意志的几个人，都值得我们给予更广泛的纪念。

2

逃避和失败之外的另一选择就是暴动。当劳动贫民，特别是已成为贫民核心的工业无产阶级面临这种局面的时候，暴动不仅是可能的，而且实际上是迫不得已的。19世纪上半叶出现了劳工运动和社会主义运动，而且实际上不仅是群众性的社会革命骚动，也是不可避免的事。1848年革命便是其直接后果。

1815—1848年间的劳动贫民处境，着实令人震惊，这一点是任何通情达理的观察家都无法否认的，而这样的人所在多有。众人普遍认定，贫民的处境正在日渐恶化。在英国，马尔萨斯的人口理论便是基于这样的假定，认为人口的增长必然会超过生活所需的增长，并且得到了李嘉图派经济学家的支持。那些对工人阶级的前景持乐观看法的人，比抱悲观看法的人少一点，才能也要差一些。在19世纪30年代的德意志，至少有14种不同的出版物，是以人民的日渐贫困作为讨论主题的。而且，关于"日益贫困和食物短缺的抱怨"是否得到证实的问题，也被提出来作为学术奖励的论文题目。16位竞争者中，有10位认为已得到证实，只有2位认为这些抱怨没有得到证实。[10] 从这类意见占有的压倒性多数，便可看出贫民普遍陷于令人绝望的苦难之中。

无疑，乡村实际存在的贫困状况，显然是最糟糕的，特别是在无地的工资劳动者、乡村家庭作坊工人，当然还有拥有土地但很贫困的农民，或靠贫瘠土地生活的那些人中间。那些发生在1789年、1795年、1817年、1832年、1847年的歉收，仍然造成不可逃避的饥荒，就算没有额外灾难的干预，诸如破坏了西里西亚家庭亚麻工业基础的英国棉纺织品竞争，情况也是如此。1813

年的伦巴底歉收，造成许多人仅靠吃肥料、干草、豆叶和野果制的面饼维持生命。[11] 甚至在瑞士这样稳定的国家里，像1817年那样的歉收年，也会造成实际死亡人数超过出生人数的惨况。[12] 与爱尔兰饥荒的大灾难比起来，1846—1848年的欧洲大陆饥民也显得黯然失色，但这样的饥荒已经够现实的了。在普鲁士的东部和西部（1847年），1/3的居民已无面包可吃，仅靠马铃薯维生。[13] 在德意志中部山区，简朴、贫穷的制造业村庄里，男男女女坐在圆木和长凳上，很少有帘子或桌巾，没有玻璃杯而用陶器或锡杯喝水，居民已有点习惯了马铃薯食品和淡咖啡。在饥馑期间，救济工作者不得不让居民吃他们提供的豌豆和稀粥。[14] 因饥饿而产生的斑疹伤寒，在佛兰德斯和西里西亚的乡村肆虐，在那里，农村的麻布织工与近代工业进行着注定要失败的斗争。

但事实上，除去爱尔兰那样的全面灾难之外，吸引大多数人注意的苦难——许多人都认为程度日益加重——是城市和工业区的苦难，那里的贫民不像农村那般消极地挨饿，也不像他们那么不显眼。他们的实际收入是否下降，仍是历史上有争论的问题，尽管如我们所见，城市贫民的一般处境无疑是恶化了。在不同地区之间、不同种类的工人之间，以及各个经济时期之间，情况千差万别，再加上统计数据方面的缺陷，使这些问题很难得出肯定的答案。不过在1848年以前（英国也许在1844年以前），任何显著的普遍改善都不曾发生，而富人和穷人之间的鸿沟，肯定是越来越大，越来越明显。当罗斯柴尔德伯爵夫人佩戴价值150万法郎的珠宝出席奥尔良公爵的化装舞会时（1842年），正是布赖特（John Bright）这样描述罗奇代尔妇女的时候："2 000名妇女和少女唱着圣歌走过街道，这是非常独特、非常令人吃惊的场面。这支奇异的队伍走近了，她们是可怕的饥民，面包被狼吞虎咽地吞食下去，其状难以形容，即使那些面包上几乎沾满了泥土，也会被当作美食吞下去。"[15]

事实上，在欧洲广大地区，工人阶级的生活状况可能都有某种程度的普遍恶化。不仅（如我们所见）城市设施和社会服务无法与城市轻率而又无计划的发展同步，在1815年到铁路时代来临之前，货币工资（经常是实际工资）趋于下降，许多大城市的食品生产和运输价格也随之下降。[16]那个时代马尔萨斯主义者的悲观论调，就是建立在这样的时间差之上。但除了这种时间差之外，光是饮食习惯从前工业时期的传统三餐，变为城市化和工业化时期的不加重视或无钱购买，就足以导致营养恶化，恰如城市生活和工作条件很可能导致健康恶化一样。工业人口和农业人口（而且当然也是上层、中等和工人各阶级之间）在身体和健康上的特大差异，显然都是因为这一原因。法国和英国的统计学家，特别重视研究这一课题。19世纪40年代，维尔特郡（Wiltshire）和拉特兰（Rutland）乡村雇工（未必是一个饱足的阶级）出生时的平均预期寿命，要比曼彻斯特和利物浦劳工的预期寿命高1倍，但那时，仅举一个例子来说，"直到手工业改用蒸汽动力之前，亦即直到18世纪末，在谢菲尔德（Sheffield）刀剪业中，还不知道什么叫作磨工病。"但到了1842年，因罹患这种疾病而翻肠呕吐的工人比例，30多岁年龄层中有50%的人，40多岁有79%，50岁以上更达100%。[17]

此外，经济上的变化使广大劳工阶层发生了转移或取代，这种变化有时对他们有利，但更多时候是使他们感到悲哀。广大居民群众因尚未被新的工业部门或城市吸收，仍旧永远处在一个贫困无告的底层，甚至更多的群众，被周期性的危机推向失业深渊，这种危机几乎不可预测，它们既是暂时性的，也是反复发生的。一次这样的经济萧条，可以使博尔顿（1842 年）或鲁贝（Roubaix，1847 年）2/3 的纺织工人失去工作。[18] 20% 的诺丁汉（Norttingham）居民，1/3 的佩斯利（Paisley）人口，实际上可能都是贫民。[19] 像英国宪章主义那类运动，因其政治上的软弱性，会一次又一次地遭受失败；但一次又一次的严重饥荒——压在千百万劳动贫民身上不堪忍受的重负——又将使它一次次复活。

在这些一般性的冲击之外，还要加上特殊类型劳动贫民所面对的特殊灾难。如我们所见，在工业革命初期，并没有把所有劳工都推进机械化的工厂中。相反，在少数已机械化和大规模生产的地区周围，增加了许多前工业革命的手工业者、某些种类的技术工人，以及家庭和作坊的劳工大军，工业革命常常改善了他们的处境，特别是在劳动力长期短缺的战争期间。19 世纪 20 和 30 年代，机器和市场的无情发展，开始把他们甩到一旁。在这样的过程中，独立人变成了依附者，人则变成了"人手"。在经常是极其苛刻的条件下，产生了许许多多丧失社会地位、贫困无告，以及忍饥挨饿的人群——手织工、网状织物编织工等等——他们的处境甚至使多数铁石心肠的经济学家都感到恐惧。这些人并不是技术不熟练或愚昧无知的下等人。类似在 19 世纪 30 年代被搞得七零八落的诺里奇（Norwich）和邓弗姆林（Dunfermline）织工，过去通过谈判确定的"价目单"已变成废纸片的伦敦家具制作工，已沉沦于血汗和工场泥淖、变成流浪无产者的欧洲大陆技术工人，以及已丧失其独立性的手工业者等等，这些人都曾经是技术最熟练、教育程度最高、最能自立的工人，是劳动人民的精

英。[a]他们不知道，他们周围到底发生了什么事。很自然，他们会寻求出路，甚至更自然的是，他们会抗议。[b]

在物质上，新兴的工业无产阶级可能多少有所改善。但同时他们却是不自由的，要在老板或监工的强力控制下，忍受极其严苛的纪律管束，他们得不到法律援助来对付老板监工，因为公共保护才刚刚起步。他们不得不在老板规定的钟点和轮班时间工作，接受老板为了确保或增加利润而施行的惩罚和罚款。在一些闭塞的地区和行业中，他们不得不在老板的商店里购物，还常常得被迫领取实物工资（这样可使厚颜无耻的雇主赚取更多利润），或住在老板提供的房子里。无疑，农村小伙子或许会认为这种生活比起他们的父辈，依赖性可能小一点，情况或许还要好一些；而且在欧洲大陆那种带有强烈家长制传统的行业里，老板的专横，至少部分被安全感、教育以及有时提供的福利设施所抵消。但对自由人来说，进入这样的工厂充当一个"人手"，无异于陷入一种奴隶状态，因此除非快要饿死，否则他们都宁可避而远之。即使进了工厂，他们在抵制严厉纪律方面，也要比女工和童工顽强得多。所以工厂主人多半倾向于招收女工和童工。当然，在19世纪30和40年代的部分时间里，即使是工厂里的无产阶级，他

a. 1840年，在195名格洛斯特郡成年织工中，只有15人既不能读，也不会写；但1842年，在兰开夏、柴郡和斯塔福德郡逮捕的暴乱者中，只有13%的人可以好好读写，32%的人读写不全。[19a]

b. "我们的工人人口中，约有1/3……是织工和雇工，他们的平均所得如无教区补助，根本不足以养家糊口。这一群人，在他们生活的大部分时间里都是体体面面的，受人尊敬的，现在却饱受工资下降之苦和时代之难。为了这群贫困伙伴，我愿意特别推荐这种合作制度。" F. Baker, *First Lecture on Co-operation*, Bolton, 1830.

们的物质状态也趋于恶化。

不管劳动贫民的实际状况如何，毫无疑问的，他们当中每一个稍会思考的人——那些不接受穷人命该受苦受难、不相信命运无法改变的人——都认为：劳工是受到富人的剥削才变得穷困，富人越来越富，穷人越来越穷，而穷人受苦就是因为富人受益。资产阶级的社会机制，根本就是残酷不公而且不合人道的。《兰开夏合作者》（Lancashire Co-operator）一书写道："没有劳动就没有财富。工人是一切财富的源泉。是谁种植、饲养了一切食品之源？是吃得半饱的穷苦劳工。是谁建造了被不事劳动和不事生产的富人所占有的房屋、大厦和宫殿？是工人。是谁纺出了所有纱线和织出了所有布匹？是纺纱工和织布工。"然而，"劳工始终是穷人和赤贫者，而那些不干活的却是有钱人，并且拥有过分充足的财富"。[20] 而绝望的农村雇工（甚至到今天，黑人灵歌歌手还在重复吟唱着），说得虽没那么清晰，但也许更加深刻：

> 如果生命可以用金钱来买的话，
>
> 那么富人可以活，穷人就该死。[21]

3

劳工运动对穷人的呼声做了回应。我们不应把劳工运动和历史上经常可见的集体反抗相混淆，后者所反对的只是难以忍受的苦难；甚至也不应与已成为劳工特有的罢工或其他斗争形式相混淆。劳工运动的历史可以追溯到工业革命之前。但19世纪劳工运动的新现象，是阶级觉悟和阶级抱负。"穷人"不再讨好"富人"。一个特定的阶级，劳工、工人或无产阶级，面对着另一个阶级，雇主或资本家。法国大革命赋予这个新兴阶级信心，工业革命则使它铭记经常动员的必要性。适当的生活，并不是偶尔的抗议便能实现的，那种抗议只能恢复早已稳定但暂时被打乱的社会平衡。它需要的是永远保持警惕、加强组织并进行活动的"运动"——工会、互助会或合作社，以及工人阶级学校、报刊或宣传鼓动。但是，那种不断翻新、快速更动而且几乎吞噬他们的社会变革，促使劳工们以自身的经验和要与压迫者相抗衡的理想为基础，从全面改造社会这个角度进行思考。合理的社会应当是合作的，而非竞争的；是集体主义的，而非个人主义的。应该是"社会主义的"。而且它代表的不是自由社会的永恒理想，而是一种长久而且切实可行的现存社会替代物。穷人总是把自由社会的理想置诸脑后，只有在个别情况下，他们才会考虑进行普遍的社会革命。

这种意义上的工人阶级意识，在 1789 年，或者说实际上在法国大革命期间，都尚未形成。在英国和法国以外的国家，甚至到了 1848 年，这种意识即使存在，也极为罕见。但在体现双元革命的这两个国家，在 1815—1848 年间，特别是在 1830 年左右，工人阶级的觉悟的确已经形成。"工人阶级"（working-class）一词［不同于不那么特定的"劳工阶层"（the working classes）］，于滑铁卢战后不久，也许还要更早一些，便在英国的劳工著作中出现了；而在法国工人阶级的著作中，1830 年后，也可看到同样的句子。[22] 在英国，把全国劳工都组织到"总工会"之下的企图，于 1818 年正式展开，并在 1829—1834 年间非常热烈地进行尝试。组织总工会的目的，在于打破特定工人群体的部门或地域区隔，而将所有工人组织到全国性的团结组织当中。与"总工会"

相配合的是总罢工，在这段时期，它被当作工人阶级的一种观念和一种有计划的战术，本博（William Benbow）在《伟大的国定假日与生产阶层的盛会》（*Grand National Holiday, and Congress of the Productive Classes*，1832）一书中，曾加以详细陈述，而宪章派也曾把它视作一种政治方法，认真讨论过。同时，英、法两国知识分子的讨论，在19世纪20年代既产生了"社会主义"（Socialism）的观念，也创造了这一词汇。它立即被工人所接受，在法国规模较小（如1832年的巴黎同业公会），在英国程度便大得多，英国人不久即推动了由欧文领导的广大群众运动，对于这样的运动，欧文个人是难以胜任的。简言之，到19世纪30年代早期，工人的阶级意识和社会抱负已经形成了。与他们的雇主在大约相同时期所形成或表现出来的中产阶级意识比较起来，工人阶级的意识无疑是微弱多了，也不具那样大的效力。但，它们已经出现了。

无产阶级意识与那种最好是称作雅各宾意识的东西，强有力地结合在一起。雅各宾意识是指一整套由法国（还有之前的美国）大革命渗透给有思想、有信心的穷人的抱负、经验、方法和道德观念。就像作为新兴工人阶级，其实际表达方式是"劳工运动"、其思想体系是"平民合作"一样，作为普通人民、无产阶级，或其他被法国大革命推上历史舞台的行动者而非纯受难者，其实际表达方式便是民主革命。"外表寒酸的公民和以前不敢出现在举止高雅者专属场合的人，现在都昂首和富人走在一起。"[23] 他们需要尊敬、承认和平等地位。他们知道这些都可以实现，因为在1793—1794年间，他们已经做到了。这样的公民并非全是工人，但所有有自觉性的工人却都是这类人。

无产阶级意识和雅各宾意识相互补充。工人阶级的经验，赋予了劳动贫民日常自卫的主要机构：工会和互助会；以及集体斗争的主要武器——团结一致和进行罢工（其本身又意味着组织和纪律）。[a] 虽然如此，这些发展在欧洲大陆各国，一般说来还是微弱、不稳定而且限于局部地区；即使在不那么弱、不那么不稳定和不那么受局限的国家，其范围也受到严格的限制。利用纯工会和互助会模式的企图，不仅是要替有组织的部分工人争取更高的工资，更是为了粉碎整个现存社会，并建立一个新社会。1829—1834 年间，在英国曾进行过这样的尝试；宪章运动期间，又部分进行过。尝试失败了，并破坏了相当成熟的早期无产阶级社会主义运动达半个世纪之久。把各个工会组织成全国性的合作生产者联盟（如 1831—1834 年的建筑工人联合会及其"建筑工人议会"和"建筑工人行会"）的尝试失败了，以其他方式建立全国合作生产和"公平劳动交易所"的尝试也失败了。那种庞大得足以包罗所有工人的"总工会"，在尚未被证明比地方工会和行业公会来得强大之前，倒先被证明是软弱又难以运作的。虽然这主要不是因为总工会本身固有的缺陷，而是因为缺乏纪律、组织和领导经验。在宪章运动期间，总罢工被证明是难以实行的，只有（1842 年）那种自发蔓延式的饥民骚动例外。

相反，属于雅各宾主义和一般激进主义，但并不特别属于工人阶级的政治鼓动方法——通过报纸和宣传手册等手段所进行的政治运动、公共集会和游行示威，必要时举行暴动和起义——被证明是既有效又灵活的。的确，当这类运动目标定得太高，或

a. 罢工对工人阶级的存在而言，是非常自发且符合逻辑的结果，以致大多数的欧洲语言都有各自表示罢工的当地词汇（例如 grève, huelga, sciopero, zabastovka），而表示其他机构的词汇则常常是互相借用的。

者把统治阶级吓得太过分时，它们就容易流于失败。在 19 世纪 10 年代那段歇斯底里的时代里，统治者倾向于调动武装部队来镇压任何重大的游行示威［例如 1816 年镇压伦敦斯帕广场（Spa Fields）的游行，或 1819 年曼彻斯特的"彼得卢"（Peterloo）大屠杀，当时有十名示威者被杀害，几百人受伤］。1838—1848 年间，几百万人签名的请愿书，并未使"人民宪章"更接近于实现。不过，对一个正面较窄的战线而言，政治运动是有效果的。如果没有这样的运动，就不会有 1829 年的天主教解放令，不会有 1832 年的议会改革法，当然，甚至也不会有针对工厂条件和工作时间所制定的有效立法。于是，我们一次又一次地发现，组织软弱的工人阶级时，利用政治激进主义的鼓动方法可弥补其自身的弱点。19 世纪 30 年代，英格兰北部的"工厂鼓动"（Factories Agitation）弥补了地方工会的弱点，恰似 1834 年后，因逐放"托尔普德尔殉难者"所引起的群众性抗议运动，多少可拯救一下正在土崩瓦解的"总工会"免遭覆灭一样。

可是，雅各宾传统反过来又从新兴无产阶级所特有的紧密团结和忠诚中汲取了力量，吸收了前所未有的持续性和群众性。无产阶级之所以紧密团结，不仅是因为他们在同样的处境上忍受贫穷，而且还因为他们的生活就是和许多人一起工作、一起协力，并互相依存。坚不可摧的团结，是他们的唯一武器，因为只有这样，他们才能展示其唯一但具有决定性意义的资本——无与伦比的集体性。"不准破坏罢工"（或产生类似效果的话）是——而且一直是——他们道德法典中的第一戒律，破坏团结者［"工贼"（blackleg）一词便带有道德上的"黑色"之意］是他们群体中的犹大。一旦他们形成了哪怕是隐隐约约的政治意识，他们的游行示威就不再只是偶尔发作的"暴民"愤怒，它是没那么容易就可以平息下来的。他们是一支活跃的大军。在像谢菲尔德那样的城市里，一旦中产阶级和工人阶级之间的斗争，变成地方政治中的主要问题（如19世纪40年代初期），一个强大稳定的无产阶级集团就会立即出现。到1847年底，在该市议会中已有八名宪章派代表，而1848年宪章运动的全国性失败，几乎没有对该城市的宪章运动产生任何影响，那里有一两万人为该年发生的巴黎革命高声欢呼。至1849年，宪章派几乎夺得了该市议会席位的半数。[24]

在工人阶级和雅各宾传统之下，有一种更古老的传统基础，使两者都得到加强，那就是暴动者或绝望者偶尔进行公开抗议的传统。直接行动或骚乱，捣毁机器、商店和富人房屋，已有很悠久的历史。一般说来，这种骚乱反映了全面饥荒或人们在山穷水尽时的情绪，例如在受到机器威胁而衰落的手工业中，捣毁机器的浪潮几乎是定期席卷（1810—1811年和1826年，席卷英国纺织业，19世纪30年代中期和40年代中期，则侵袭欧洲大陆纺织工业）。有时，如在英格兰，骚乱是有组织的工人施加集体压力的一种公认形式，它并不代表对机器的敌视，如矿工、某些熟练的纺织工人或刀剪工人，他们结合了政治上的温和态度和有计划的恐怖行动，以对抗不属于工会的同僚。传统的抗争还反映了失业工人或饥民的不满。当革命走向成熟之时，由政治意识还不成熟的匹夫所发动的这类直接行动，可能会转变成一支决定性力量，特别是行动发生在首都或其他政治敏感地区更是如此。在1830和1848两年，就是这类运动在本来是无关大局的不满发泄那端，投下一枚巨大砝码，于是抗议遂变成了起义。

4

因此，这一时期的劳工运动在组成上，在其思想观念和纲领上，都不是严格的"无产阶级"运动，即产业工人和工厂工人的运动，甚至也不是仅限于工资劳动者的运动。更确切地说，它是代表（主要是城市的）劳动贫民所有势力和倾向的共同战线。这样的共同战线早已存在，但迟至法国大革命时，其领导和鼓舞力量仍来自自由主义的激进中产阶级。如我们所见，是"雅各宾主义"而不是"无套裤汉主义"（而且不管不成熟无产者的愿望），将它所具有的那种统一性，赋予巴黎的民众传统。但1815年后的新形势却是，那个共同战线除了针对国王和贵族之外，也愈来愈针对自由中产阶级，并从无产阶级的行动纲领和意识形态当中，吸取其统一性。尽管当时产业工人阶级和工厂工人阶级几乎还不存在，而且整体上说，其政治成熟度也远不如其他劳动贫民。穷人和富人都倾向于把处于"社会中等阶层之下的城市民众"[25]，在政治上划归成"无产阶级"或"工人阶级"。认为社会现状的确存在着内部矛盾，而且已无法继续下去的看法，[26]正日渐普遍，凡对此感到忧虑的人，都倾向于社会主义，认为那是唯一经过深思熟虑而且合乎理智的判断和选择。

新兴运动的领导权，反映了事物的类似状态。最积极、最富战斗性和最具政治觉醒的劳动贫民，并非新兴工厂无产阶级，而是技术熟练的手工业者、独立工匠、小规模的家庭作坊工人和其他生活、工作基本上认同于前工业革命，但却遭受到更大压力的那些人。最早的工会几乎毫无例外都是由印刷工、制帽工、缝纫工以及类似工人组织而成。像利兹这样的城市，宪章运动的领导核心——而这是很典型的——是由一位转行到手织工的细木工、两位熟练印刷工、一位书商和一位梳毛工所组成。采纳欧文先生合作信条的人，大多数是这类"工匠"、"机械工"和手艺工人。最早的德意志工人阶级共产主义者，是云游四方的熟练手工业者——缝纫工、细木工、印刷工等。1848 年，巴黎奋起反抗资本主义的人们，仍是巴黎近郊圣安东尼（Faubourg Saint-Antoine）老手工业区的居民，而不是（如 1871 年的巴黎公社）无产阶级聚居的贝尔维尔（Belleville）居民。直至工业发展破坏了这些"劳工阶级"的意识堡垒，早期劳工运动的力量才遭到致命打击。例如，1820—1850 年期间，英国工人运动创建了工人阶级自我教育和政治教育机构的稠密网络——"技工讲习所"、欧文派的"科学堂"和其他机构。至 1850 年，英国（政治性质较明显的机构不计）有 700 个这样的机构，仅约克郡就有 151 个，另有 400 间报刊阅览室。[27] 但是，此际它们已呈衰落之势，而且在几十年后，大部分不是消失就是萎靡不振。

只有一个例外。唯有在英国，新兴无产大众开始组织起来，甚至开始产生自己的领袖——爱尔兰欧文派棉纺工人多尔蒂（John Doherty）、矿工赫伯恩（Tommy Hepburn）和祖德（Martin Jude）。工人组成了宪章运动的战斗部队，其中不仅包括技术熟练的工匠和不景气的家庭手工业者，工厂工人也是其主要斗士，有时更是其领导者。但在英国以外的国家，工厂工人和矿工仍然主要扮演着受害者，而不是行动者。直到该世纪末，他们才得以参与塑造自己命运的战斗。

劳工运动是自卫组织、抗议组织和革命组织。但对劳动贫民来说，它不仅是一种斗争工具，而且也是一种生活方式。自由的资本主义社会并没有带给他们任何东西；历史则使他们脱离了传统的生活，虽然保守派曾徒劳无功地企图让他们维持或恢复那样的生活。对他们日渐被卷入的生活方式，他们没有什么能力加以改变。但劳工运动却可以，或更确切地说，那种劳工为自己铸造的生活方式，具有集体性、公共性、战斗性、理想性和孤立性的生活方式，暗含着这种能力，因为斗争就是其本质。而反过来，运动又赋予其凝聚的力量和目的。自由主义的神话假定，工会是由一些无意识的鼓动者煽动那些无责任心的劳工所组成的，但事实上，无责任心的劳工根本很少参加工会，而最有才智、最称职的工人，才是工会的最坚定支持者。

在那段时期，这类"劳工世界"高度发展的最佳典范，也许仍然是那些古老的家庭代工。有像里昂丝绸工人那样的社会群体，他们总是不断造反——1831 年起义，1834 年又再次起义，而且还引用米什莱（Michelet）的话表示："因为这个世界不会在其阴暗潮湿的巷子里，把自己改变成另一个充满甜蜜梦幻的道德天堂。"[28] 还有类似苏格兰麻纺工人那样的团体，他们接受共和主义和雅各宾主义的纯净信条，信仰斯维登堡（Swedenborg，瑞典科学家、哲学家兼宗教作家，其宗教思想特色为坚持耶路撒冷教义）的异端邪说，他们建有工会图书馆、储蓄银行、技工讲习所、图书馆和科学俱乐部，也设立画廊、传教场所、戒酒联盟、婴儿学校，甚至还创办花艺协会和文学杂志［如邓弗姆林的《气量计》（*Gasometer*）ᵃ]，当然他们也支持宪章运动。阶级意识、战斗性、对压迫者的仇恨和蔑视，就像他们织布的机器一样，都是他们生活的一部分。除了工资以外，他们不欠富人任何东西。他们生活中所拥有的一切，都是他们的集体创造。

但是，这种自我组织的无声过程，并不局限于这类比较旧式的工人。也见诸以当地原有的美以美教会教徒为基础的"工会"之中，见诸诺森伯兰（Northumberland）和达兰的矿工之中。同时，也可在新兴工业区高度集中的互助会和互济会中看到这种发展，特别是兰开夏地区。ᵇ最重要的是，它反映在成千上万的男人、女人和小孩身上，他们高举火炬，成群结队，川流不息地从兰开夏的工业小镇涌向荒野，去参加宪章派的示威游行；它也反映在新兴的罗奇代尔合作商店身上，这些商店在 19 世纪 40 年代，以极快的速度大肆蔓延。

5

然而，当我们回顾这一时期，我们可以看到：在富人惧怕的劳动贫民力量、笼罩他们的"共产主义幽灵"和他们实际有组织的力量之间，存在着明显的巨大差距，更别提新兴工业无产阶

---

a. 参见皮科克·托马斯（Peacock Thomas）创作的《噩梦修道院》（*Nightmare Abbey*，1818）："你是一个爱思考的人，"夫人说，"也是一个热爱自由的人。你研究写作了这样的论文——'哲学气体；或者人类思想普遍启迪的工程'。"

b. 1821 年，兰开夏互济会成员的人口比例（17%），远高出别的郡；1845 年，几乎有半数的秘密共济会分部，设在兰开夏和约克郡。[29]

级的力量了。他们公开表达抗议的方式，从字面意义来说，是"运动"，而不是组织。即使以群众性最强、涉及面最广的政治运动宪章运动（1838—1848年）为例，将劳动贫民联系在一起的，也仅是少数传统的激进口号、几位强有力的演说家和如奥康纳那样成了穷人代言人的新闻工作者，以及几份像《北极星报》那样的报纸。反对富人和大人物是他们的共同命运，对此，老战士们回忆说：

> 我们有一只叫罗德尼的狗。我的祖父不喜欢这个名字，因为她有点稀奇古怪地使人想起海军上将罗德尼（Rodney）。他在封为贵族之后，就开始敌视人民。有个老女士也小心翼翼地向我解释说，科贝特和科布登是两个不同的人——科贝特是英雄，而科布登只是一个中产阶级的拥护者。我印象最深的一幅画——位于华盛顿瓷像不远的样品和版画旁边——是弗罗斯特（John Frost，1839年在新港起义失败的宪章派领袖）的画像。画顶端有一行字指出，它属于"人民之友肖像画画廊"的系列作品之一。画面上方是顶桂冠，下方则表现出弗罗斯特先生以衣衫褴褛的悲惨流浪者形象呼唤正义。……我们的参观者中，最常见的是一位跛足的鞋匠……（他）每个星期天早晨都带着一份刚从印刷机上拿下来的、墨迹未干的《北极星报》，像时钟一样准确地出现在那里，目的是要聆听我们家人为他和其他人朗读"费格斯书信"。报纸先要在火前烤干，然后再仔细整齐地剪下来，以免损坏几乎是神圣产品的每一行字。一切准备就绪后，拉里便平静地抽着短烟斗，偶尔把烟斗伸进壁炉，像教堂里的信徒那样，全神贯注地静听伟大的费格斯的音讯。[30]

领导或合作的情形相当少见。1834—1835 年的"总工会"，野心勃勃地企图将运动转变成组织，但却可悲又迅速地失败了。最好的情形——在英国和欧洲大陆——便是地方劳工群体的自发团结，那些如同里昂丝绸工人的劳动贫民，愿意为了生存奋战到死。使劳工运动凝聚的力量是饥饿、悲惨、仇恨和希望，而使其招致失败的因素，则是组织的缺乏和未臻成熟。众多穷人的饥饿和绝望，足以使他们奋起抗争，但组织的缺乏和未臻成熟，则使他们的起义沦为社会秩序的暂时危机。英国的宪章运动如此，欧洲大陆的 1848 年革命亦然。在 1848 年之前，劳动贫民运动尚未发展出等同于 1789—1794 年革命中产阶级雅各宾主义那样的东西。

第十一章
劳动贫民
289

第十二章

意识形态：宗教

给我一个其热情和贪婪已被信仰、希望与仁慈所平定的民族；一个视尘世生涯如朝圣之旅，而将彼岸人生视为真正故土的民族；一个崇拜基督教英雄主义的极度贫穷与苦难的民族；一个热爱与崇拜耶稣基督这位一切被压迫者的先驱，以及他的十字架（普遍得救之工具）的民族。我说，给我一个用主的模式铸造的民族，那么社会主义不仅很容易挫败，而且不可能被人们想起……

——《天主教文明》[1]

但是，当拿破仑开始向前推进时，他们［莫洛肯派（Molokan）异教徒农民］相信，他就是约沙王（Jehoshaphat）峡谷里的那头狮子，如同他们的古老赞美诗所说的那样，他注定要推翻那位虚假的沙皇，而恢复真正的白沙皇（White Tsar）的皇位。因此，坦博夫省（Tambov）的莫洛肯教民从他们中间选出了一个代表团，穿着白色服装去迎接他。

——哈克斯特豪森（Haxthausen），
《关于俄国的研究》（*Studien ueber...Russland*）[2]

1

关于这个世界，人们思考的东西是一回事，而他们借以思考的术语则是另一回事。对大部分历史和大部分世界（中国也许是个主要例外）来说，除了少数受过教育和思想解放之人，其他所有人借以思考这个世界的术语，都是传统宗教的术语，以致在某些国家，"基督教徒"一词根本就是"农民"或"人"的同义词。在 1848 年前的某个阶段，欧洲的某些地方情况已不再如此，尽管在受到双元革命影响的地区之外，这种情况并未改变。宗教原本像是无垠的天际，覆盖众人、包含万物，地面上的一切皆无所逃遁；如今却像是人类苍穹中的一堆云朵，只是一片广大、有限而且变化不断的景致。在所有的意识形态变化中，这是最为深刻的，尽管其实际后果比当时人们所想象的要模糊一些，不确定一些。但无论如何，它仍是最史无前例的变化。

当然，史无前例的是群众的世俗化。在不受束缚的贵族当中，他们一方面对宗教秉持绅士式的冷漠态度，另一方面却又谨小慎微地履行宗教义务、参与宗教仪式（为下层阶级树立榜样），这种情形早已司空见惯，[3]尽管贵族妇女们，如同其他女性一般，依旧要虔诚得多。文雅而有教养的人们，表面上可能是一位最高主宰的信仰者，尽管这个最高主宰除了存在之外并无任何功能，并且肯定不会干预人类活动，或要求除了真心承认之外的任何崇拜形式。但实际上，他们对传统宗教的看法却是相当傲慢，而且常常是公然敌视。即使他们准备宣布自己是坦诚的无神论者，他们的观点也不会有什么差别。据说，拿破仑问伟大的数学家拉普拉斯（Laplace），在他的天体力学中上帝被置于何处，拉普拉斯回答说："先生，我一点也不需要这样的假设。"公开的无神论者仍然比较少，但是，在那些树立了18世纪后期知识风尚的开明学者、作家和绅士之中，公开的基督教信仰者甚至更为稀少。如果说在18世纪后期的精英之间，有一种欣欣向荣的信仰的话，那一定是理性主义、启蒙思想和反教会的共济会。

在文雅而有教养的阶级男性中，脱离基督教的过程可上溯到17世纪末或18世纪初。它所造成的公众影响相当惊人且相当有益。曾经折磨西欧和中欧达数世纪之久的巫术审判，如今已交由死后的世界去执行，单凭这一点就足以证明脱离基督教的正义性了。但是，在18世纪早期，脱离基督教的现象几乎未曾影响到下层甚至中等阶级。不以圣母、圣徒和《圣经》语调说话的意识形态，依然与农民无涉，当然更不用说那些至今仍戴着基督教假面的古老神祇和精灵了。在那些以前会被异端吸引的手工业者当中，存在着非宗教思想的涌动。皮匠是劳动阶级知识分子中最顽固的一群，曾出现过像贝姆（Jacob Boehme）这样的神秘主义者，他们似乎已开始对任何神灵持怀疑。无论如何，在维也纳，他们是唯一同情雅各宾派的手工团体，因为据说这些雅各宾派不信上帝。不过，这些仍只是偶见的小涟漪。城市里绝大多数的非熟练工人和形形色色的穷人（也许像巴黎和伦敦这类西欧城市除外），依然是极其虔诚迷信的。

甚至在中等阶层之中，对宗教的公然敌视也不普遍，尽管一场具有理性主义进步思想和反传统的启蒙运动，已出色地勾画出一个上升中的中产阶级轮廓。但这个轮廓会令人联想起贵族阶级以及属于贵族社会的不道德行为。17世纪中期的放荡者和不信教者（libertin），堪称是最早的"自由思考者"，他们的确实践了其名称的普遍含义：莫里哀的《唐璜》(*Don Juan*)，不仅描绘出他们将无神论与性自由相结合，更描绘出备受敬重的资产阶级对它的恐惧。那些在理智上最大胆，因而可预测出日后中产阶级意识形态的思想家，例如培根（Bacon）和霍布斯（Hobbes），却也正是这个古老腐朽社会的一分子，这种矛盾现象的存在（在17世纪尤为明显）是有其理由的。正在兴起的中产阶级大军，需要一种具有强烈真诚美德的纪律和组织，以推动他们进行战斗。在理论上，不可知论或无神论与这种需求极其融洽，而基督教信仰则是不需要的；18世纪的哲学家孜孜不倦地证明，"自然的"道德（他们在高尚的野蛮人当中找到例证）和个别自由思想家的高尚人品，远比基督教信仰更好。但是在实践上，旧式宗教已经证明的优越性，以及扬弃超自然信仰的可怕风险，都十分巨大。不仅对那些非得以迷信驱使的劳动贫民是这样，对于中产阶级本身也是如此。

通过卢梭信徒"对最高主宰的崇拜"（1794年的罗伯斯庇尔），通过建立在理性主义的脱离基督教基础之上，仍保持着仪式与礼拜外壳的多种假宗教［圣西门主义者，以及孔德（Comte）的"人道宗教"］。革命后的数代法国人，屡次企图创造一种相当于基督教道德规范的资产阶级道德。最终，保持旧宗教礼拜外壳的企图被放弃了，但并未放弃建立一种正式的世俗道德（基于诸如"团结友爱"等各种道德概念之上），特别是一种与教士职位相抗衡的世俗职位——学校教师。贫穷、无私的法国小学教师，以革命共和所倡导的罗马道德教诲每个村落的学童，作为乡村教区牧师的正式对抗者，他们直到第三共和国建立之后才赢得胜利，该共和国同时也解决了在社会革命的基础之上，建立资产阶级稳定性的政治问题，只是距离问题发生已有 70 年之久。虽然如此，但早在 1792 年孔多塞（Condorcet）的法律之中，就已出现了"小学教师"这个名称。该法条中规定："负责小学教育的人将被称为小学教师（instituteur）。"之所以选用 instituteur 这个词，是为了呼应西塞罗（Cicero）和萨卢斯特（Sallust）所说的"建立共和"（instituere civitatem）和"建立共和道德"（instituere civitatem mores）。[4]

因此，资产阶级在意识形态上，依然分为少数日益公开的自由思想家以及多数信仰新教、犹太教和天主教的虔诚信徒。但新的历史发展是，在这两派之中，自由思想派具有更无穷的活力与效能。虽然纯就人数而言，宗教依然极为强大，并且，如后面将要谈到的一样，越来越强大，但是，它已不再是（用一种生物学的类比）显性的，而是隐性的了。直至今日，在这个已被双元革命改头换面的世界之上，依然如此。新成立的美利坚合众国，其大部分公民几乎毫无疑义是某种宗教的信仰者，大多数是新教徒，但是，尽管他们做了种种努力企图改变，其共和宪法在宗教问题上依然秉持不可知论的立场。毫无疑问，在本书所论时期，英国中产阶级的新教虔信者，不论在数量和后势发展上，都远超过持不可知论的激进少数派，但是，在塑造其时代的实际制度方面，边沁的影响要比威尔伯福斯大得多。

随着美国独立革命和法国大革命的爆发，主要的政治和社会变革都世俗化了。这是世俗意识形态战胜宗教意识形态的最明显证据，也就是它的最重要成果。在 16 和 17 世纪，荷兰和英国的革命出版物，仍以基督教、正教、教会分立论或异端的传统语言进行讨论争辩。然而，在美国和法国的革命意识形态当中，基督教第一次与欧洲的历史不再相关。1789 年的语言、符号和服装，纯粹是脱离基督教的，除了某些怀古民众企图在已死的无套裤汉英雄中，创造出类似于对旧时圣徒和殉教者的崇拜。事实上，革命的意识形态是罗马式的。同时，这场革命的世俗主义，表明了自由中产阶级令人注目的政治霸权，这个阶级将其特有的意识形态形式，加诸一场更广泛的群众运动之上。如果说法国大革命的精神领导，有一丁点儿是来自实际上发动革命的平民大众，那么，我们无法想象革命意识形态中的传统主义迹象，会像它实际所呈现的那么少。[a]

资产阶级的胜利，就这样以 18 世纪启蒙运动的不可知论或世俗道德的意识形态，浸染了法国思想的特点，也就因此传递了下去。除了少数不重要的例外，特别是像圣西门主义者那样的知识分子，或像裁缝魏特林（Weitling, 1808—1871）那样的复古基督教共产主义分子，19 世纪新兴的工人阶级和社会主义运动，其意识形态从一开始就是世俗主义的。潘恩的思想具体表达了小工匠和贫困技工的激进民主愿望，其代表作《人权》（*Rights of Man*, 1791）一书使他一举成名，而他以大众语言撰写的《理性的时代》（*The Age of Reason*, 1794），也同样使他声名远播。该书首次指出：《圣经》并非上帝的语言。19 世纪 20 年代的机械论，不仅继承了欧文对资本主义的分析，而且也继承了他的无信仰。在欧文主义崩溃很久之后，他们的"科学堂"仍在城市里面广布理性主义的宣传运动。尽管自古至今都不乏信仰宗教的社会主义者，而且有一大批人既信仰宗教，又信仰社会主义，但是，在现代劳

a. 事实上，只有该时期的流行歌曲才偶尔借用了天主教术语。

工和社会主义运动中占支配地位的意识形态，如其所声称的一样，是以 18 世纪的理性主义为基础。

如我们已看到的那样，更令人吃惊的是，绝大多数群众依然是信仰宗教的。对成长于传统基督教社会的群众而言，当其自然的革命惯用语是一种反叛的（社会异端、千禧年论等等）语言之时，《圣经》就将成为一部具有高度煽动性的文件。但是，盛行于新兴劳工和社会主义运动之中的世俗主义，是建立在同样新鲜而且更为根本的事实基础之上，即新兴无产阶级的宗教冷漠。以现代的标准而言，在工业革命时期成长起来的工人阶级和城市群众，无疑是受到宗教的强烈影响。但以 19 世纪上半叶的标准来看，他们对有组织宗教的疏远、无知和冷漠，则是史无前例的。任何不同政治倾向的观察者，都会同意这一点。1851 年的英国宗教普查，也可证明这一点，不过当时人们会为此大感惊恐。群众对宗教的疏远，大多可归因于传统的国教教会完全无法掌握各种新式群体（大城市和新工业居民区）和无产阶级，在他们的惯例和经历之中，这两者是十分陌生的。到 1851 年时，只有 34% 的谢菲尔德居民有教堂可去，在利物浦和曼彻斯特，拥有教堂的居民仅占 31.2%，伯明翰更只有 29%。对一位农村教区牧师来说，他的困难在于他不知如何拯救一个工业城镇，或扮演城市贫民窟的灵魂领路人。

于是，国教会忽略了这些新社区和新阶级，从而几乎将他们全数（尤其是在天主教和路德宗国家）留给了新兴劳工运动的世俗信仰，这种信仰在 19 世纪尾声，终于征服了他们。无论如何，在诸如英国这类教派林立已成为既定现象的国家，新教的发展通常较为成功。然而，有大量证据显示，在那些社会环境最接近传统小城镇或小村庄的地方，比如在农场雇工、矿工和渔民当中，即使是各小教派也都欣欣向荣。但在工业劳动阶级之中，各教派却始终只居于少数地位。工人阶级这个群体，无疑比以往历史上的任何穷人团体，更少被有组织的宗教所触动。

因此，从 1789 年到 1848 年这段时期，整体的趋势是强有力的世俗化。当科学冒险闯入进化领域（参见第十五章）之时，它发现自己正处于与《圣经》日益公开的冲突之中。历史学的知识以前所未有的程度应用在《圣经》研究之上［尤其是自 19 世纪 30 年代，图宾根（Tuebingen）的教授们首开风气之后］，于是，这部由上帝感召（如果不是写作的话）而成的唯一文本，遂被解析成不同时期的历史文件集，并具有人类文献的种种缺陷。拉赫曼（Lachmann）的《新约》(*Novum Testamentum*，1842—1852)，否定《福音书》是一种目击事实的记录，并怀疑耶稣基督是否曾企图创立一个新宗教。施特劳斯（David Strauss）备受争议的《耶稣传》(*Life of Jesus*, 1835)，则将相关传记中的超自然因素尽数去除。及至 1848 年，受过教育的欧洲几乎已成熟到足以承受达尔文带来的冲击。许多政权开始直接攻击国家教会及其僧侣，或其他掌管教会仪式者的财产和司法特权，而且日渐强大的政府或其他世俗机构（在罗马天主教国家），也逐步取代主要由宗教机构承担的功能（尤其是教育和社会福利），凡此种种都使这股潮流更显澎湃。在 1789—1848 年间，从那不勒斯到尼加拉瓜，各地的修道院都被解散，财产则被卖出。正在欧洲之外征服其他民族的白种人，自然也会对其臣民或受害者所信仰的宗教，发动直接攻击。例如 19 世纪 30 年代的英国驻印官员，便下令禁绝寡妇自焚（suttee）的传统习俗。这些攻击，有的是出于反对迷信、坚信启蒙的理念，有的则只是因为无知，无知于他们的措施将会对受害者带来什么影响。

2

单从数量上来看，显然所有宗教，都可能随着人口的增加而扩大，除了那种实际上正在萎缩的宗教之外。然而在本书所论时期，有两种宗教表现出特别强的扩张能力，那就是伊斯兰教和新教宗派主义（Sectarian Protestantism）。尽管基督教（天主教和新教）在欧洲以外的传教活动急剧增加，并越来越得到欧洲军事、政治和经济扩张力量的支持，它们却遭到明显的失败，若把前两者的扩张情势与后者的失败相对比，就更加引人注目了。事实上，在法国大革命和拿破仑统治的年代，有系统的新教传教活动，已在盎格鲁-撒克逊人的主导下展开。浸礼宣教会（Baptist Missionary Society，1792年）、由各教派共同组成的伦敦宣教会（London Missionary Society，1795年）、基督教教会宣教会（Church Missionary Society，1799年）、英国和外国《圣经》公会（British and Foreign Bible Society，1804年），均被美国国外传教者委员会（American Board of Commissioners for Foreign Missions，1810年）、美国浸礼会（American Baptists，1814年）、卫斯理教会（Wesleyans，1813—1818年）、美国《圣经》公会（1816年）、苏格兰教会（1824年）、联合长老会（1835年）、美国美以美圣公会（1819年），以及其他组织所追随。尽管有尼德兰宣教会（1797年）和巴塞尔宣教士团（1815年）这类先驱，但欧洲大陆的新教徒在发展传教活动方面，仍然有些落后。柏林和莱茵河流域的宗教会社迟至 19 世纪 20 年代才开始，瑞典、莱比锡和不来梅在 19 世纪 30 年代，挪威则到 1842 年。而传教活动向来迟缓马虎的罗马天主教，甚至恢复得更晚。基督信仰和贸易之所以大量涌入异教地区，除与欧美的宗教、社会有关，也与其经济史脱不了干系。在此我们仅需指出，及至 1848 年，除了某些像夏威夷一样的太平洋岛屿之外，它的成果仍然微不足道。它只在非洲沿岸的塞拉利昂（Sierra Leone，在 18 世纪 90 年代的反奴宣传中，此地曾吸引众人的目光）和利比里亚（Liberia，19 世纪 20 年代获得解放的美国黑奴在此建国）据有少数立足点。在南非的欧洲人聚居区周围，海外宣教者（但不是已在当地奠定地位的英国国教和荷兰新教）已开始使一定数量的非洲人皈依。但是，当著名的传教士兼探险家利文斯顿（David Livingstone），于 1840 年航行到非洲内陆之时，该大陆的原住民实际上仍未受到任何形式的基督教影响。

与基督教的情况相反，伊斯兰教此时正在继续其缓慢无声但不可逆转的扩张。在这场扩张背后，并没有有组织的传教努力和强迫皈依的武力支持，那原是伊斯兰教传教的一贯特色。然而它还是向东扩展到了印度尼西亚和中国西北部，又向西从苏丹传至塞内加尔（Senegal），并且在小得多的程度上，从印度洋沿岸向内陆扩展。当传统社会因某些事物造成的改变而触动其根基时（例如宗教），很清楚的，它们必定会面临一些重大的新问题。垄断了非洲对外贸易并使这种贸易日渐繁兴的穆斯林商人，有助于使伊斯兰教引起新民族的注意。破坏部落生活的奴隶贸易，则使伊斯兰教更具吸引力，因为它是重新凝聚社会结构的强有力工具。[4a] 在此同时，由穆罕默德所创的这种宗教，对半封建性的苏丹军事社会，也极具吸引力；而其所特有的独立、好战和优越意

第十二章

意识形态：宗教

识，则使它成为对抗奴隶制度的有效力量。穆斯林黑人通常都是桀骜不驯的奴隶。进口到巴西的非洲豪萨族人（Haussa）（和其他苏丹人），在1807—1835年的大起义中，总共反叛了九次，事实上，直到他们大部分被杀或遣回非洲之后，他们的反叛行动才告停止。自此，奴隶贩子学会了避免从这些刚刚开放奴隶贸易的地区进口奴隶。[5]

虽然非洲伊斯兰教世界对白人的抵抗力量很小（几乎没有什么），但在东南亚的抗争传统上，伊斯兰教却具有决定性的地位。在东南亚的香料群岛，伊斯兰教（又是由商人打先锋）早已在打击地方宗教和日渐衰落的印度教方面取得了进展，而其成功的理由，主要是因为它扮演了抵抗葡萄牙和荷兰人的有效手段，代表了一种前民族主义，以及一种民众对印度教王公贵族的抗衡力量。[6]当这些王公日渐成为荷兰人的依附者或代理人时，伊斯兰教在民众中的根基便日益加深。反之，荷兰人也知道，若能与伊斯兰教导师取得合作，印度尼西亚的王公们便能发动一场普遍的人民起义，由日惹王（Prince of Djogjakarta）发动的爪哇战争（1825—1830年）便是一例。于是他们只能一次又一次地被迫退回到一种与当地统治者紧密联合或间接统治的政策。同时，随着贸易和船运的增长，东南亚穆斯林与麦加之间的联系更加紧密，这不但有利于朝圣人数的增加，也使印度尼西亚的伊斯兰教更具正统性，甚至使它得以接受阿拉伯伊斯兰教瓦哈比派的好战和复兴主义影响。

伊斯兰教内部的改良和复兴运动，在本书所论时期，赋予该宗教许多深入人心的力量，这类运动可视为被冲击的反映。冲击的力量来自欧洲的扩张，也来自伊斯兰古老社会（特别是奥斯曼和波斯帝国）的危机，也许还包括中华帝国日益加深的危机。18世纪中叶，严守戒律的瓦哈比派在阿拉伯兴起。1814年时，他们已征服全阿拉伯，并准备进占叙利亚，虽然最后仍受阻于正在西化的埃及统治者阿里与西方军队组成的联合力量，但他们的教义已东传到波斯、阿富汗以及印度。在瓦哈比主义鼓舞下，一位阿尔及利亚圣者赛努西（Ali el Senussi）发动了一场类似的运动，自19世纪40年代起，该运动逐渐从的黎波里（Tripoli）传至撒哈拉沙漠。阿尔及利亚的阿布杜卡迪尔，以及高加索地区的沙米尔，各自发动了抵抗法国人和俄国人的宗教政治运动（参见第七章），这类运动预示了一种泛伊斯兰主义的诞生，不仅寻求回归到先知时代的原始纯净，也企图吸收西方的创新。在波斯，甚至有一种更为明显的民族主义和革命异端于19世纪40年代兴起，此即阿里·穆罕默德所领导的巴布泛神主义（bab）运动。该运动的企图之一，便是要回复某些古代波斯拜火教的习俗，并要求妇女不戴面纱。

从纯宗教史的角度来看，伊斯兰教在1789—1848年的骚乱扩张，已足以使这段时期被定位成世界性的伊斯兰教复兴。在非基督教的其他宗教之中，都不曾发生类似的群众运动，尽管在这段时期行将结束之际，伟大的太平天国起义已蠢蠢欲动，在这场起义中，我们可以见到宗教群众运动的诸多特征。大国统治下的小规模宗教改革运动，在英属印度首先发难，其中最著名的是罗易（Ram Mohan Roy，1772—1833）的梵天运动（Brahmo Samaj）。在美国，被击败的印第安部落开始发起抵抗白人的宗教社会运动，例如19世纪第一个10年在杜堪士（Tecumseh）领导之下的印第安人联盟战争，以及汉森湖（Handsome Lake）宗教运动（1799

年）。前者是平原印第安人有史以来规模最大的联盟战争，后者则是为了维护易洛魁族（Iroquois）的生活不受白人社会破坏。几乎未受启蒙思想影响的杰斐逊，曾经以官方力量支持那位采纳了部分基督教，尤其是教友派特质的印第安先知，这点相当值得嘉许。但是，先进的资本主义文明和信仰泛灵论的民族之间，仍然没有足够的直接接触，仍不足以产生20世纪典型的先知运动和千禧年运动。

与伊斯兰教的情形不同，新教宗派主义的扩张运动几乎完全局限于发达的资本主义国家。其程度无法测度，因为这类运动有些（例如德意志虔信派或英国福音派）依然存在于既定的国家教会框架之内。不过，其规模是不用怀疑的。1851年时，差不多有半数英格兰和威尔士的新教信徒，参加了不同于英国国教的宗教仪式。各种教派这种异乎寻常的胜利，主要是自1790年来，或更准确地说是自拿破仑战争末期以来，宗教发展的自然结果。1790年时，英国卫斯理派仅有5.9万名领受圣餐的成员，然而1850年，该会及其各种分支的成员人数已差不多是上述数目的10倍。[7]在美国，一个很相似的群众改宗过程，也增加了浸礼会或卫斯理教徒的数量，并且在较小程度上增加了长老派信徒的数量，而这一切，都是以削弱以往占支配地位的教会为代价。1850年时，几乎3/4的美国教会都属于这三个教派。[8]国家教会的瓦解，各种教派的析出和兴起，也是这一时期苏格兰（1843年的"大崩溃"）、尼德兰、挪威和其他国家宗教史的特征。

新教宗派主义受限于地理和社会的理由十分明显。罗马天主教国家不可能为公众教派提供空间与传统。在当地，若想与国家教会或占支配地位的宗教断绝关系，可能采取的方式是群众性的脱离基督教化（尤其在男人当中），而不是教派分离的形式（相反，盎格鲁-撒克逊国家的新教反教权主义，则常是欧洲大陆国家无神论者反教权主义的精确对等物）。因此，宗教复兴主义倾向于在罗马天主教已被接受的框架之内，采用某种感性崇拜的形式，或某种创造奇迹的圣者或朝圣形式。在本书所论时期，这类圣者当中有一两位已广为人知，例如，法国阿尔斯的本堂神父（Curé d'Ars，1789—1859）。东欧的希腊正教更适于产生宗派主义，在俄国这个自 17 世纪后期已日渐走向崩溃的落后社会，早已产生了大批教派。其中有些是 18 世纪后期和拿破仑时期的产物，例如自我阉割的苦行派（Skoptsi）、乌克兰的捍卫灵魂派（Doukhobors）和莫洛肯派；有些则始自 17 世纪，例如"老信徒教派"。但是，整体说来，这类宗派主义诉求的阶级多半是小技工、商人、商业性农夫，以及其他资产阶级先驱，或已经觉醒的农民革命者，这些阶层的人数仍不够多，不足以产生一场大规模的宗派运动。

在新教国家，形势则不一样。这些国家受到商业和工业社会的冲击最为强烈（至少在英国和美国是如此），而宗派传统却早已形成。新教的排他性和坚持人与上帝之间的个人交流，以及其道德上的严肃性，吸引了或教导了正在兴起的企业家和小业主。而其严厉的地狱谴责说以及朴素的个人得救论，则吸引了那些在恶劣环境下过着艰苦生活的人们——拓荒者和水手、小自耕农和矿工、受剥削的技工等等。这种教派很容易转化成一种民主平等的信仰代表，由于它们没有社会或宗教上的等级制度，因而对普通人具有相当的吸引力。由于它憎恶繁文缛节和艰深教义，遂带动了业余的预言和布道。长久以来的千禧年传统，有助于以一种原始的方式表现出社会反叛。最后，它与情感强烈的个人"皈依"携手并行，共同为一种激情澎湃的群众宗教"复兴运动"开辟了道路。在其中，男人和女人不仅能够为因社会压迫而积郁的群众情绪找到新发泄口，甚至还能发泄那些在过去形成的不满，从而找到一种可喜的解脱。

"复兴运动"的最大影响力在于促进教派蔓延。新教异端的复兴和扩张的推动力正是来自具有强烈情感色彩、信仰非理性主义个人得救论的卫斯理（John Wesley, 1703—1791）及其信众，至少在英国是如此。基于此一理由，这类新教派和新趋势最初都非常厌恶政治，甚至（像卫斯理教派）非常保守，由于他们主张脱离邪恶的外在世界，转而追寻个人得救或压抑自我的群体生活，这也就意味着，他们拒绝对其世俗安排进行集体改变。他们的"政治"能量一般多用于道德和宗教方面，例如推广海外传教、反对奴隶制度和宣传戒酒等。在美国独立革命和法国大革命期间，在政治上表现积极、立场激进的宗派，多半都是更早期、更严肃且更平静的异端和清教团体。他们是17世纪的残存者，其主张若非停滞不前，便是在18世纪理性主义影响之下，向一种知识分子的自然神论——长老派、公理会、唯一神教派、教友派——靠拢。以新的卫斯理公会形式出现的宗派主义，是反革命的，有些人甚至误以为：英国之所以能在本书所论时期幸免于革命之火，便是由于这类反革命教派的发展。

然而，这些新教派的社会特征，使得它们的神学理论不容易脱离尘世。在富人权贵与传统平民的中间地带，它们传播得最快，诸如那些行将升格为中产阶级，或行将沦落成无产阶级的平民，以及介于他们之间各式各样地位卑下但人身独立的群众。这些人的政治态度，基本上多半倾向于雅各宾式或杰斐逊式的激进主义，至少也是一种温和的中产阶级自由主义。因此，英国的"非国教主义"（Nonconformism）以及美国流行的新教教会，便趋向于采取左翼政治立场，尽管英国的卫斯理派信徒，要到长达半个世纪的分裂与内部危机于 1848 年结束之后，才正式放弃其创始人的保皇派立场。

只有在那些极其贫穷或遭受巨大冲击的人们身上，我们才可看到早期那种对于现存世界的排斥。但是，经常有一种原始的革命性排斥，以千禧年的预言形式出现，而后拿破仑时期的苦难，则似乎（与"启示录"相符）预示着末世即将来临。英国的欧文派（Irvingites）宣布末日将于 1835—1838 年来到；米勒（William Miller）这位美国"安息日基督复临派"（Seventh Day Adventists）创始人，则预言末日将于 1843—1844 年降临，到那个时候，据说会有 5 万人跟从他，3 000 名布道者支持他。在那些稳定的小个体农业和小商业直接受到资本主义经济冲击的地区，例如纽约州北部，这种千禧年学说尤为骚动。其最戏剧性的产物便是末世圣徒派（Latter-Day Saints，属摩门教派），该派是由先知史密斯（Joseph Smith）所创。史密斯在 19 世纪 20 年代，于纽约柏米纳（Palmyra）附近获得启示，之后便领导他的大批信徒出发寻找遥远的天国，最后把他们带入了犹他沙漠。

通常也是在这类团体当中，群众布道大会的集体狂热，具有最大的吸引力，不论是由于集会纾解了他们艰难、单调的生活（"当不能提供其他娱乐之时，布道大会有时会取代娱乐的地位"，一位女士这样评论埃塞克斯纺织工厂的女孩子们）[9]，还是因为宗教上的集体性在完全不同的个体之间，创造了一种暂时的共同体。现代形式的宗教复兴运动，是美国边疆的产物。"大苏醒"于 1800 年左右在阿帕拉契亚山区展开，其特色是盛大的"营地集会"和难以想象的狂欢热情。在肯塔基康恩岭（Kane Ridge）的某次营地集会中（1801 年），在 40 名牧师率领之下，共集合了一万到两万名群众。男女信徒尽情"扭动着"，跳舞跳到精疲力竭，成千上万人处于痴迷状态，"用舌头说话"或像狗一样吠叫。地处偏远的疏离感，以及严酷的自然与社会环境，促进了这类宗教复兴运动，而游方牧师又将之带往欧洲，因此导致了无产阶级民主派在 1808 年后脱离美以美教派（所谓的原始卫斯理教派），在英国北部的矿工、小农，北海的渔民、雇工和中部的家庭代工当中，该派特别盛行。在本书所论时期，这类宗教狂热周期性地涌现——以南威尔士为例，这种狂热便曾于 1807—1809 年、1828—1830 年、1839—1842 年、1849 年和 1859 年不断爆发[10]——而各种教派在数量上也都增长很快。这种现象无法归咎于任何单一的猝发因素。有些是尖锐的紧张骚动期的重合（在本书所论时期，卫斯理派扩张速度特快的几个高峰期皆与此吻合，只有一次例外），但有时也与萧条之后的迅速复苏同步，偶尔，也会被像霍乱瘟疫般的社会性灾难所刺激。这类灾难在其他基督教国家也造成过类似的宗教现象。

3

从纯宗教角度来看，我们必须将本书所论时期视为一个整体。在这段时期，日益增强的世俗化和（欧洲的）宗教冷漠，以最不妥协、最不理性，也最诉诸情感的方式，力抗宗教复兴运动。如果潘恩代表两极中的一端，那么米勒这位基督复临主义者则代表另一端。德国哲学家费尔巴哈（Feuerbach，1804—1872）公然揭示的无神派机械唯物论，在19世纪30年代对抗着"牛津运动"的反智青年，后者极力为中世纪早期的圣徒行迹抗辩，他们认为相关的文学记载都是真实无误的。

但是，这种向旧式宗教的复归，具有三个不同方面的作用。对于群众而言，这种复归主要是一种手段，用以应付在中产阶级自由主义控制之下，日益惨无人道的社会剥削。用马克思的话来说（不过他并非唯一使用这些词汇的人），那是"被压迫生灵的叹息，是无情世界的感情……是人民的鸦片"[11]。更有甚者，它试图在什么也没有提供的环境之中建立社会，甚至还包括教育和政治机构；并教导在政治上尚未开化的人民，以原始方式表达他们的不满和愿望。它的拘泥文字、强调情感和迷信崇拜，既是要反对由理性主导的整体社会，也是要抗议以自己的想象来破坏宗教的上层阶级。

对于从这类群众中崛起的中产阶级而言，宗教扮演了强有力的道德支柱，不但确认了他们的社会地位，挡掉了来自传统社会的轻蔑憎恶，同时更为他们提供了扩张发展的动力。如果他们隶属特定宗派的话，它还可使他们从社会的桎梏中解放出来。宗教可为他们的追求利润披上道德外衣，让他们看起来比自私营利者伟大些；宗教也使他们对被压迫者的严酷态度变得合法；而宗教与贸易的结合，则把文明带给野蛮，把销售带给商务。

对于君主和贵族，以及事实上所有居于社会金字塔顶端的人来说，宗教保障了社会稳定。他们已从法国大革命中认识到，教会是王权最强大的支柱。虔诚而没有文化的民族，比如南意大利人、西班牙人、蒂罗尔人以及俄国人，都曾经奋起武装，在牧师

第十二章
意识形态：宗教
307

的支持有时甚至是领导下，保卫他们的教会和统治者，并反抗外来者、异端和革命分子。虔诚而没有文化的人民，会满足于生活在贫困之中，上帝召唤他们来此，置身于天意为他们安排的统治者之下，过着合乎道德、简朴、秩序的生活，并摆脱理性所具有的破坏性影响。对于1815年后的保守政府来说——哪一个欧洲大陆政府不是如此呢？——助长宗教情绪和支持教会，就如同维护警察机关和新闻出版审查制度一样，是政府政策当中不可或缺的一部分，因为牧师、警察和审查官，正是当时反对革命的三大支柱。

对于大多数已获承认的政府来说，雅各宾主义威胁了王权，而教会则保护了它们，只此一点就够了。但是，对于一群浪漫的知识分子和空想家来说，王权与祭坛的联盟，还有着一种更为深刻的意义：它保持了一种旧式的、有机的、活生生的社会，以抵抗理性和自由主义的侵蚀，而个人则发现这种联盟在表达自己悲惨处境方面，比理性主义者所提供的任何方式都更合适。在法国和英国，对于王权与祭坛联盟的类似辩护，则不具什么政治价值。对于悲剧性、个人式宗教的浪漫追求，亦复如此。[在当时，探求人类心灵奥秘的最重要代表人物，首推克尔恺郭尔（Dane Søren Kierkegaard，1813—1885），他出生于一个小邦国，只有少数当代人注意到他，其名声完全是身后之事。] 但是，在德意志诸邦和俄国这种君主政治的反动堡垒里，浪漫而又反动的知识分子，却以文官和宣言纲领起草者的身份，在政治上发挥了一些作用。而在那些君主本身往往容易精神失常（比如俄国的亚历山大一世和普鲁士的威廉四世）的地方，他们则充任私人顾问。但是，整体说来，根茨（Friedrich Gentze）和缪勒（Adam Mueller）之流，只不过是些小人物而已，他们信仰中的中世纪遗风（梅特涅就不相信这套），仅是传统主义的昙花一现，预告了国王所依靠的警察和审查官员即将来临。将要在 1815 年后维持欧洲秩序的俄、奥、普神圣同盟，其力量并不在于空有其名的十字军神秘主义，而是在于用俄、普、奥三国军队镇压任何反叛运动的决心。更有甚者，真正的保守政府都倾向于不信任知识分子和思想家，即便他们是反动的，因为一旦他们接受了思考原则而不是服从原则，政府末日也就不远了。正如根茨（梅特涅的秘书）于 1819 年写给缪勒的信中所言：

> 我将继续捍卫以下观点："为了不让出版业被滥用，在以后的……岁月里，什么东西都不要印出来。"如果这个原则可以强制的方式加以应用，将只有极少数的例外能获得极明智的上级法庭允许，如此一来，在短时间内，我们将会发现我们已重返上帝和真理之路。[12]

虽然反自由思想人士对政治的影响力不大，但他们却发挥了相当大的宗教感染力，因为他们对神圣过去的回归，在上层阶级的敏感青年当中，带动了罗马天主教的显著复兴。新教本身不就是个人主义、理性主义和自由主义的直接先驱吗？如果一个真正的宗教社会确能独立医好 19 世纪的痼疾的话，那么除了像基督教中世纪那种唯一纯粹的天主教社会之外，还会有别的吗？[a] 如同往常一样，根茨以一种不适合这一主题的清晰性，表达了天主

---

a. 在俄国，东正教式的纯基督教社会依然兴盛，但这同样的潮流却较少转向过去的洁净庄严那面，而多退回到东正教现有的、无限深奥的神秘主义之中。

教的吸引力：

> 新教是最初的、真正的、唯一的万恶之源，我们今日便是在这些罪恶的重压之下呻吟。如果它能将自身局限于说理范围之内，我们原本可以并且应该加以宽容，因为说理争辩的个性植根于人类的本质之中。但是，一旦政府同意接受新教作为一种合法的宗教形式，一种基督教的表现方式，一种人的权利；一旦政府……在国家之内、在唯一真正的教会之外，甚或在它的废墟之上授予它们一个位置，那么，这个世界的宗教、道德和政治秩序，便会立时解体。……法国大革命，以及就要在德意志爆发的更严重革命，都是来自这同一源头。[13]

　　一批批情绪昂扬的年轻人因此抛开对知识的恐惧，而投身到罗马伸出的双臂之中，以一种放纵的热情拥抱独身主义、禁欲苦修的自我折磨、早期基督教作家的著述，或仅仅是温暖而又在美学上让人满足的教会礼仪。如众人所料，他们大多数来自新教国家：德意志的浪漫主义者通常都是普鲁士人。对于盎格鲁-撒克逊读者来说，19世纪30年代的"牛津运动"是这类现象当中最令人熟悉的，尽管它带有英国特征。在英国，只有少数年轻的狂热信徒会实际加入罗马教会，这些人借此表达了最蒙昧、最反动的大学精神，其中的风云人物当推才华横溢的纽曼（J. H. Newman, 1801—1890）。其他人则以"仪式主义者"的身份，在英国国教会内寻得一个权宜的安适之处，他们声称国教会才是真正的天主教会堂，并且，令"低级"和"粗俗"僧侣们大为恐惧的是，他们还试图用法衣、薰香以及其他的天主教可厌之物来加以装饰。

对于那些以宗教为族徽的传统天主教贵族和绅士家族，对于日渐成为英国天主教主体的爱尔兰移民劳工来说，这些新皈依者令他们不知如何是好；而另一方面，他们的高贵热情也并不完全被谨慎而又现实的梵蒂冈教会官员看重。但是，既然他们来自优秀的家族，加上上层阶级的皈依可能会带动下层阶级的皈依，因而他们仍然备受教会欢迎。

然而，即使在有组织的宗教之内——至少在罗马天主教、新教和犹太教等宗教之内——自由主义的掘墓者仍在发挥作用。在罗马教会当中，他们的主要战场是法国，最为重要的人物是拉梅内（Felicité Lamennais, 1782—1854）。他从浪漫的保守主义成功地转变成人民的革命理想者，这使他较接近于社会主义。拉梅内的《一位信仰者的话》（*Paroles d'un Croyant*, 1834）曾在政府部门引起喧嚣，因为他们几乎没有想到，像天主教这样可靠的现存制度维护者，竟会从他们的背后插上一刀。拉梅内很快就被罗马宣布为有罪。不过，自由的天主教却在法国生存了下来。这个国家总是愿意容纳与罗马教会稍有不同的流派。在意大利，19 世纪 30 和 40 年代的强大革命洪流，也将一些天主教思想家卷入旋涡之中，比如罗斯米尼（Rosmini）和乔贝蒂（Gioberti, 1801—1852），后者主张在教皇领导之下建立自由的意大利。但无论如何，教会的主体是好斗的，并且越来越倾向于反自由。

新教少数派和各宗派自然更亲近自由主义，至少在政治上是如此。作为一名法国胡格诺新教徒（Huguenot），实际上就意味着至少是一名温和的自由派分子（路易·菲利浦的首相基佐就是这样一个人）。像信仰英国国教和路德宗这样的新教国家，教会虽然在政治上更为保守，但是它们的神学理论对《圣经》学和理性主义侵蚀的抵抗力显然低得多。犹太人当然直接暴露在这股自由主义洪流的全面冲击之下，毕竟他们的政治和社会解放，全都得借助自由主义。文化同化是所有获得解放的犹太人的目标。在先进国家当中，最极端的人士放弃了他们的旧宗教而转向基督教或不可知论，就像马克思的父亲或诗人海涅（但是他发现，犹太人不上犹太会堂，并不表示他们就不再是犹太人，至少对于外面世界是如此）。不那么极端的人则发展出一种稀释过的自由主义犹太教。只有在小城镇的犹太聚居区内，以犹太经文和法典所支配的生活，才得以继续保持。

第十三章

意识形态：世俗界

（边沁先生）练习着将木头器具放在车床里旋，他以为也能用这种方法来改造一个人。他对诗歌无甚爱好，几乎不能从莎士比亚的作品中吸取任何教益。蒸汽使他的房子变得温暖而明亮。他是那种偏爱人工制品胜于自然产物，并认为人类智慧无所不能的人。他极为轻蔑户外景色，轻蔑绿色的田野和树林，并且永远以功利性来度量所有事物。

——黑兹利特（W. Hazlitt），
《这个时代的精神》（*The Spirit of the Age*，1825）

共产党人不屑于隐瞒自己的观点和意图。他们公开宣布：他们的目的只有使用暴力全盘推翻现存的社会制度才能达到。让统治阶级在共产革命面前发抖吧。无产者在这个革命中失去的只是锁链，他们获得的将是整个世界。
全世界无产者，联合起来！

——马克思和恩格斯《共产党宣言》（1848 年）

1

对 1789—1848 年的世界而言，其意识形态的数量荣衔仍应授予宗教界；而质量宝座，则应归于世俗界。除了极少数例外，在本书所论时期，所有具分量的思想家，不管他们私人的宗教信仰为何，他们所使用的都是世俗语言。有关他们的思考内容（以及普通人未经自觉思考却视为理所当然的内容），大部分将在下面的科学和艺术专章中加以探讨。在本章中，我们将集中讨论双元革命所带来的最主要论题：社会的本质，以及它正在走和应该走的道路。对于这个关键问题有两大分歧意见：其一是对当前的世界走向表示认同者，其二则是不表认同者；换言之，亦即相信进步者和不相信进步者。因为，在某种意义上，当时只有一种具有主流意义的世界观，而无数的其他观点，不管其优点为何，基本上都只具有消极的批判意义：批判那种在18世纪大获全胜的、理性的、人道的"启蒙运动"。启蒙运动的捍卫者坚信，人类历史是上升的，而不是下降的，也不是水平式波浪起伏的。他们能够观察到人类的科学知识和对自然的技术控制日益增进。他们相信人类社会和个人发展都同样能够运用理性而臻于至善，而且这样的发展注定会由历史完成。对于上述论点，资产阶级自由人士和无产阶级社会革命分子的立场是相同的。

直到1789年，对于这种进步意识最有力、最先进的表达方式，当推古典的资产阶级自由主义。事实上，其基本体系在17和18世纪已经详细阐明，不属于本卷的讨论范围。那是一种狭隘、清晰而且锋利的哲学，其最完美的倡导人，如我们所料，都出现在法国和英国。

资产阶级自由主义是严格的理性主义，同时也是世俗的，也就是说，在原则上它确信人类有能力用理性来理解所有事物并解决一切问题，确信非理性的行为和制度（其中包括传统主义和一切非理性的宗教）只会把事情弄得更昏暗不明，而无法给人以启发。在哲学上，它倾向唯物主义或经验主义，这与它作为一种从科学（在这里主要是指 17 世纪科学革命中的数学和物理学）中汲取力量和方法的意识形态，极为相称。它对于世界和人类的一般看法体现出深刻的个人主义，这种个人主义主要是基于中产阶级的内省或其行为观察，而不是它所宣称的先验原则；并以一种心理学（尽管这个词在 1789 年时仍不存在）的方式表现出来，这种所谓的"联想式"心理学派，是 17 世纪机械论的呼应者。

简而言之，对于古典自由主义来说，人类世界是由具有某些内在热情和驱力的独立个体所构成的，每个个体的首要目的便是寻求最大限度的满足，而将其不满降至最低，在这一点上，所有人都是一样的。[a] 同时，每个个体也都会"与生俱来地"认为其欲望冲动应该是没有限制而且不容干涉的。换言之，每一个人都"与生俱来地"拥有其生命、自由和对幸福的追求，如同美国《独立宣言》所指出的那样，尽管最讲究逻辑的自由思想家宁可不把这一点放进"天赋权利"之中。在追求这种自我利益的过程中，每个处于无政府状态下的平等竞争者，发现他无可避免地会与其他个体建立某些联系，而且这种联系经常是有利的，这套复杂的安排（常用"契约"这个坦率的商业术语来表述）遂构成了社会以及社会群体或政治群体。当然，这类安排和联系，意味着与生俱来的那种毫无限制而且随心所欲的自由将有某种程度的减少，而政治的任务之一，便是要把对自由的这种干预降低到实

a. 伟大的霍布斯强烈地赞成——基于实用的目的——所有人在各个方面彻底平等，除了"科学"之外。

第十三章
意识形态：世俗界

际可行的最低限度。也许除了诸如父母和子女这类不可能再缩小的群体之外，古典自由主义的"人"（其文学上的象征是鲁滨逊），只有在大量共存这一点上才是一种社会动物。社会目标因而也就是个人目标的总和。幸福（这个词为其定义者所带来的麻烦与其追求者一样多）是每个个体的至上目标；"最大多数人的最大幸福"显然就是社会的目标。

事实上，公然宣称所有的人类关系皆可归结到上述模式之中的纯功利主义，只局限于极不明智的哲学家或极其自信的中产阶级捍卫者，前者以17世纪伟大的霍布斯为代表，后者则包括那些与边沁、老穆勒有关的英国思想家或政论家，其中尤以古典政治经济学派最具代表性。造成这种局限的原因有二。首先，纯功利主义的意识形态——除了对自我利益的理性计算外，其余一切净是"夸张做作的废话"（边沁语）——与中产阶级某些强有力的行为本能相冲突。[a]因此，我们可以说，合理的自我利益与"天赋自由"——做他想做的事以及保有他挣得的东西——之间的冲突性，远大于其一致性。（其著作被英国功利主义者虔敬地搜集出版的霍布斯早已表明，自我利益阻止对国家权力施以任何先验限制；而边沁主义者在考虑到官僚化的国家管理保障了最大多数人的最大幸福时，就像拥护自由放任主义一样，欣然地拥护官僚化

a. 不应该认为"自我利益"就必定意味着反社会的利己主义。仁道而且关心社会的功利主义者认为，个人所追寻的最大满足包括，或者经过适当教育后可能包括"仁慈"，亦即帮助同伴的冲动。问题在于，这不是一种道德义务或社会存在的一个方面，而是某种使个人幸福的东西。霍尔巴赫在他的《自然体系》第一卷第268页论述道："利益只不过是我们每一个人认为自身幸福所必需的东西。"

的国家管理。）因此，那些寻求保障私有财产、私有企业和个人自由的人，常常宁可对"天赋权利"给予一种形而上的许可，而不是对"功利"给予易受攻击的许可。其次，一种借由合理计算彻底将道德和义务排除在外的哲学，很可能会削弱社会稳定所依赖的基础，亦即无知穷人对于是非善恶的固定意识。

基于这些理由，功利主义从未垄断过中产阶级的自由意识形态。它提供了最为锋利的激进斧头，以砍倒不能回答如下问题的传统制度：它是合理的吗？它是有用的吗？它有益于最大多数人的最大幸福吗？不过，它既未强大到足以激起一场革命，也未强大到足以防止一场革命。庸俗自由主义最宠爱的思想家，依旧是哲学性薄弱的洛克，而非出色的霍布斯，因为他至少把私有财产归作最基本的"天赋权利"，而使它得以置身干预和攻击的范围之外。法国的革命家发现，最好是将他们对于自由企业的要求（"每一个公民都可以因为他认为合适和对自己有利，而自由利用他的双手、技能和资本……因为他喜欢而且可以生产他所喜欢的东西"[1]），置于天赋权利的普遍形式之中（"每个人仅在保障社会其他成员也享有同样权利的范围内，行使其天赋权利"）。[2]

在其政治思想中，古典自由主义就这样背离了使之成为一种强大革命力量的大胆与严厉。不过，在其经济思想中，它则较少受到限制，这部分是由于中产阶级对于资本主义取得胜利的信心，远远大于对资产阶级能否凌驾专制主义或无知民众并取得政治优势的信心；部分是由于有关人类本质和自然状态的古典假定，对市场特殊状况的适应性，也远优于对人类普遍状况的适应性。因此，古典的政治经济学就因霍布斯而成为自由意识形态最为感人的知识纪念碑。它的辉煌时代比本书所论时期略早。亚当·斯密

《国富论》（*Wealth of Nations*，1776）的发表标志着它的开始，李嘉图《政治经济学原理》（*Principles of Political Economy*，1817）的发表代表着它的顶峰，而 1830 年则是它衰落或转变的开始。但是，其庸俗化的版本，在本书所论的整个时期当中，仍继续在实业家中间拥有追随者。

亚当·斯密政治经济学的社会论点，堪称既优雅又流畅。的确，人类基本上是由具有特定心理素质，在互相竞争中追求其自我利益的独立个人所组成。但是，我们可以说明如下：当竞争行为尽可能不受制约地发挥作用时，其所产生的就不仅是一种"自然的"社会秩序（区别于由贵族阶级的既得利益、蒙昧主义、传统或无知的干预所强加的人为秩序），而是"国家财富"尽可能地快速增加，亦即所有人的舒适和福利，以及随之而来的幸福。这种自然秩序的基础，就是劳动的社会分工。正像可以用科学证明最能满足英国和牙买加各自利益的方式，是由一方制造成品，另一方提供原糖；同理，也可以科学方法证明，一个拥有生产资料的资本家阶级的存在，对大家，包括受雇于资本家的劳动者阶级，都是有好处的。因为国家财富的增加，是由拥有财产的私有企业运作和资本的积累所推动的。而且科学也可以证明，任何其他获取财富的方式，必定会使国家财富增加的速度变慢甚至停顿。更有甚者，那种经济上极不平等的社会——人类自然运作不可避免的后果——与所有人与生俱有的平等，或与正义，并非不能相容。因为，除了保障甚至最穷困的人过一种比他在别的情况下更好的生活之外，这个社会是建立在所有关系中最为平等的关系之上，亦即建立在市场等价物交换的基础之上。正如一位近代学者指出的那样："没有人依赖别人的施舍；一个人从任何人那里得到的每一样东西，他都付出了一件等价物以作为交换。而自然力量的自由发挥，会摧毁所有不是建立在对共同福祉贡献之上的地位。"[3]

进步因此就如同资本主义一样"自然"。清除过去由人为竖立的进步障碍，进步就必定会发生，而且明摆在眼前的是，生产的进步恰与工艺、科学和文明的普遍进步并肩前进。不要认为持有这类观点的人，纯粹是在为既得利益的实业家辩护。他们是根据那个时代的大量历史推断，因而才相信资本主义是人类进步的必然之路。

这种过于乐观的观点，不仅来自人们深信以演绎推理所证明的经济学定理，也来自18世纪资本主义和文明的明显进步。相反，它之所以开始动摇，不仅是由于李嘉图发现了亚当·斯密所忽视的制度内在矛盾，而且也由于资本主义实际的经济和社会后果不如预期的那么好。政治经济学在19世纪上半叶成了"沉闷的"而非充满希望的科学。人们自然仍可这样认为，那些〔如同马尔萨斯在其1798年发表的著名的《人口论》(*Essay on Population*)中所论证的那样〕应该徘徊在饥饿边缘的穷人们，或者那些（如李嘉图所论证的那样）因采用机器而受苦之人的不幸，[a]仍然构成最大多数人的最大幸福，只是这种幸福碰巧远比所希望的要小而已。但是，这类事实，以及从大约1810年到19世纪40年代这段时期资本主义扩展所存在的明显困难，都给乐观主义泼了一瓢冷水，并激起了批判性的探索研究，尤其是对"分配"的研究。

a. "劳动阶层欢迎的观点——采用机器常常是不利于他们的利益的——并非建立于偏见或错误的想法之上，而且与政治经济学的正确原则相一致。" *Principles*，p 383.

第十三章
意识形态：世俗界

这与亚当·斯密那代人主要关注的"生产"，恰成对比。

李嘉图的政治经济学，堪称推演严密的杰作，就这样把大量的不和谐因素引入了早期经济学家下注预言的自然和谐之中。它甚至比亚当·斯密更强调某些因素，这些因素可如预期一样经由减少必备的燃料供给，而使经济进步的发动机停步不前，例如利率的下降趋势。更重要的是，他提出了基本的一般劳动价值学说，这一学说只需稍加发展，就将成为反对资本主义的强有力理论。然而，李嘉图不仅拥有如思想家般的精湛技巧，同时也热情地支持大多数英国实业家所赞成的实际目标（自由贸易和反对地主），因此有助于在自由主义的意识形态中给予古典政治经济学一个比以前更为坚实的地位。基于实际的目的，后拿破仑时代的英国中产阶级改革突击队，遂用边沁的功利主义和李嘉图的经济学作为武装。反过来，受到英国工业和贸易成就支持的亚当·斯密和李嘉图的成就，又使政治经济学变成基本上是英国人的学科，使法国经济学家（他们至少在 18 世纪也同处领先地位）退居于过时者或辅助者的次要地位，也使非古典的经济学家变成零星分散的游击者。更有甚者，它们还使政治经济学成为自由进步的重要象征。巴西于 1808 年（远早于法国）为这个学科设立了教授席位，并由亚当·斯密学说的推广者萨伊（J. B. Say，卓越的法国经济学家）和功利主义的无政府主义者葛德温（William Godwin）出任。1823 年，当布宜诺斯艾利斯的新大学开始以李嘉图和老穆勒的著作作为教授政治经济学的教材时，阿根廷才刚刚取得独立。不过，阿根廷还是落后于古巴，古巴早在 1818 年就设立了第一个政治经济学教授席位。拉丁美洲统治者的实际经济行为，使欧洲的金融家和经济学家毛骨悚然。而这一事实与他们所执着的正统经济学毫无关系。

在政治学中，如我们已看到的那样，自由主义的意识形态既不严密又不一贯。理论上，它依然分为功利主义和顺应古老自然法和天赋权利的两个派别，而后者占主导地位。在其实际纲领中，它仍挣扎于两种信念之间。一种是对人民政府，即多数人统治的信念。这符合它的逻辑，并且也反映了下述事实，即实际造成革命并且在改革层面施加有效政治压力的，并不是中产阶级的论点，而是群众的动员。[a]另一种是对有产阶级精英控制的政府的普遍信念。用英国人的话来说，它是介于"激进主义"和"辉格主义"之间。因为，如果政府真的是人民的，如果多数人真的实行了统治（即如果少数人的利益在逻辑上不可避免地要为它牺牲），那么，能够依赖这个事实上的多数（"最多最穷的阶级"[4]）来保障自由，来实施显然与中产阶级自由派纲领相吻合的理性命令吗？

在法国大革命之前，这种现象之所以使人惊恐，主要是因为总是在神父与国王支配下的劳苦大众，实在是太无知、太迷信了。革命本身引进了一种左翼的、反资本主义算计的附加危险，例如在雅各宾专政的某些方面就暗含着（而有些已十分明显）这种危险。在国外的温和辉格党人早就注意到这种危险：在经济思想上尊奉纯亚当·斯密学说的柏克（Edmund Burke）[5]，在政治上却公开退回到信仰传统美德、连续性以及缓慢而有机增长的非理性主义，并自此为保守主义提供了主要支柱；欧洲大陆各地的自由主义现实派，多半回避了政治民主，而偏好那种对选举权施以财产

a. 孔多塞（1743—1794）的思想实际上是资产阶级开明人士的缩影，他因巴士底狱的陷落而将自己对有限选举权的信念转变为对民主的信念，尽管他仍强烈保护个人与少数。

第十三章
意识形态：世俗界

限制的君主立宪制，或者，必要时，任何能保障他们利益的旧式专制主义都行。在1793—1794年之后，只有极端不满或者极端自信的资产阶级，诸如英国的资产阶级，才准备和老穆勒一起相信：即使在一个民主共和国之中，他们仍拥有获得劳苦大众恒久支持的能力。

后拿破仑时期的社会不满、革命运动和社会主义意识形态，都加剧了这种困境，而1830年的革命，更使之尖锐化。自由主义和民主看起来是敌人而非盟友，法国大革命的三个口号：自由、平等、博爱，看起来似乎是表达了一种矛盾而不是联合。不足为奇的是，这种矛盾在革命的故乡法国，看起来最为明显。托克维尔（Alexis de Tocqueville，1805—1859）以其惊人的睿智专注于美国民主的内在趋向分析（1835年），以及后来对法国大革命的内在趋向分析。他留下了这一时期最精彩的温和自由主义民主批评，或者毋宁说，他已鉴定出特别适合于1945年后西方世界的温和自由主义。看一看他的下述格言，也许就不会觉得奇怪了："从18世纪以来，流出了两条好像出于共同源头的河流。一条把人类带向自由制度，另一条则带向专制权力。"[6] 在英国，老穆勒对资产阶级民主的固执信心，也与他儿子约翰·斯图亚特·穆勒（John Stuart Mill，1806—1873）对于保护少数人权利以免受多数人侵害的关切与焦虑，形成惊人的对比。这种关切与焦虑，笼罩了这位慷慨大度而又忧心忡忡的思想家的《自由论》（*On Liberty*，1859）一书。

2

当自由主义的意识形态就这样失去其最初的自信冲劲时（甚至进步的必然性和受欢迎性也开始遭到一些自由主义者质疑），一种新的意识形态——社会主义——却再造了 18 世纪的古老真理。理性、科学和进步是其坚实的基础。本书所论时期的社会主义者，与周期性出现于历史文献中的那些公有制完美社会的礼赞者，其不同之处在于，前者对工业革命持有无条件的认同，因为它创造了近代社会主义的可能性。圣西门伯爵传统上被归类为"乌托邦社会主义者"的先驱，尽管他的思想实际上处于一种更为模糊的位置。他是"工业主义"和"工业主义者"（圣西门新造的两个词）最早和最热烈的鼓吹者。他的信徒成了社会主义者、喜欢冒险的技术专家、金融家和实业家，或者接连兼有这些身份。因此，圣西门主义在资本主义和反资本主义发展的历史上，都占有特殊地位。英国的欧文，本身就是一位很成功的棉纺工业先驱。他对建立一个更美好社会的信心，不仅来自坚信人类可通过社会而达到完善的信念，而且也根源于工业革命对潜在富有社会的可见创造。恩格斯尽管不太情愿，也从事过棉纺织业的经营。没有任何新社会主义者想让社会进化的时钟倒转，尽管他们的许多追随者这样做了。甚至傅立叶这位对工业主义最不抱乐观态度的社会主义奠基人，也认为解决之道是超越工业，而非落在它之后。

更矛盾的是，建立了资本主义社会的古典自由主义，却也是最容易用来攻击资本主义社会的思想理论。如同圣鞠斯特所说的那样，幸福的确是"欧洲的一个新观念"[7]，但是，人们最容易看到的，显然是并未实现的最大多数人的最大幸福，就是穷苦劳动者的幸福。另外，如同葛德温、欧文、霍奇斯金（Thomas Hodgskin）以及其他边沁崇拜者所做的那样，把对幸福的追求与自私的个人主义设想分别开来，也是不困难的。欧文写道，"一切存在之根本目标就是幸福"，"但是，幸福不能由个人独自获得；期盼孤立的幸福是无用的；幸福必须由全体民众共享，否则，少数人也绝对享受不到"。[8]

更能说明问题的是，以李嘉图学说形式出现的古典政治经济学，竟会转变成反对资本主义的理论；这一事实会使得1830年后的中产阶级经济学家，以惊恐万分的眼光审视李嘉图，或者像美国的凯里（Carey，1793—1879）那样，把他视为社会破坏者和动乱者的精神源泉。如果像政治经济学所论证的那样，劳动是一切价值的泉源，那么，为什么创造价值的广大群众却生活在赤贫的边缘呢？因为，如李嘉图所表明的（尽管他觉得不便从他的理论中得出这些结论来），资本家以利润的形式占有了工人生产的、超出其以工资形式领取的那部分剩余价值。（地主也占有这种剩余的一部分，但这一事实对该问题并无重大影响。）也就是说，资本家剥削了工人。因此，唯一要做的就是不要资本家，从而消灭剥削。一群李嘉图的"劳工经济学家"很快就在英国兴起，他们进行分析，并提出其道德标准。

如果资本主义真的达到人们在政治经济乐观时期所预期的那些东西的话，那么，这类批评就会缺少共鸣。与人们通常的假设相反，在穷人中，几乎没有"提高生活水平的革命"。但是，在社会主义的形成阶段，即在欧文的《新社会观》（*New View of Society*，1813—1814）[9]和《共产党宣言》的发表之间，经济衰退、货币工资下降、严重的技术性失业，以及对未来经济前景的怀疑，实在太突出了。[a] 因此，批评家不仅能够注意到经济的不公正，而且也注意到经济运行的许多缺陷及其"内在矛盾"。由反感而变得敏锐的眼睛，因此便发现了这种内在的周期性波动，或所谓的资本主义"危机"[由西斯蒙第、韦德（Wade）、恩格斯提出]。资本主义的支持者忽略了这种危机，而事实上，与萨伊这个名字相连的"法则"，根本不承认这种危机的可能性。批评家很难不注意到，这段时期国民收入分配日趋不平衡（"富者愈富，穷者愈穷"）的现象并非偶然，而是资本主义制度运行的产物。简言之，他们不仅能够证明资本主义是不公正的，而且能够显示它运作得很糟糕，更有甚者，它的运作结果也与其捍卫者所预期的背道而驰。

到目前为止，新社会主义者的主张，只不过是把英法古典自由主义的论点推进到资产阶级自由主义者想要达到的境界之外。他们所鼓吹的新社会，并不坚持抛弃古典人道主义和自由主义理想的传统。每一个人都享有幸福、每一个人都能充分而自由地实现他们的潜能的社会，一个自由主宰而专制政府消失无迹的社会，既是自由主义者的终极目标，也是社会主义者的终极目标。从人道主义和启蒙运动传承下来的意识形态家族，其各个成员——自由主义者、社会主义者、共产主义者或无政府主义者——之间的差异点，不是温和的无政府状态（那是他们共同的乌托邦）而是实现它的方式。在这一点上，社会主义与古典自由主义的传统，开始分道扬镳。

首先，社会主义与自由主义的下述假定彻底决裂：社会是个

a. "社会主义"一词便是 19 世纪 20 年代创造出来的。

别的原子单纯地聚集或结合而成，社会的动力是个体的自我利益和竞争。在这场决裂中，社会主义者退回到人类最古老的意识形态，亦即"人类天生就是共同生活"的信念。人们自然地生活在一起并互相帮助。社会并不是会削弱无限天赋权利的必要制度，而是他的生命、幸福和个性的居所。亚当·斯密学派所主张的市场等价交换以某种方式保障了社会公正的观点，对社会主义者而言，是既难理解又不道德。大多数普通人都持这种看法，甚至在他们无法表达的时候也是这样。许多资本主义的批评者借由谴责文明、理性主义、科学和技术的整个历程，来批判资本主义社会明显的"非人道化"。（黑格尔主义者和早期马克思使用的专业术语"异化"，反映了把社会作为人的"家"，而不仅仅是毫无关联的个人行为场所的古老概念。）而新的社会主义者——不像诗人布莱克和卢梭这类旧工匠型的革命者——小心翼翼地避免这样做。不过，他们不仅吸收了把社会当作人们的家的传统理念，而且也吸收了下列这种古老概念，即在阶级社会和私有财产制度出现之前，人们曾以某种方式生活于和谐之中。卢梭借由对原始人的理想化表达了这一概念，而欠成熟老练的激进小册子作者，则通过下述神话传说来表达：曾几何时，人们曾自由而友爱地生活着，只是后来被外来统治者征服了（撒克逊人被诺曼人征服，高卢人被条顿人征服）。傅立叶说："天才必须重新发现那种原始幸福之路，而使之适应于现代工业环境。"[10]原始共产主义经过数世纪的发展，终于为未来的共产主义提供了一种模式。

其次，社会主义采取了一种进化的和历史的论证形式，而这种形式如果不是处于古典的自由传统范围之外的话，也是虽在其内却未受到很大的重视。对于古典自由主义者，以及事实上最早的近代社会主义者来说，他们的社会计划是自然而合理的，有别于由无知与暴政所强加的那种人为的不合理社会。既然启蒙时代的进步思想已告诉人们什么是合理的，那么，剩下要做的就是扫除公认的前进障碍物。的确，"乌托邦"社会主义者（圣西门主义者、欧文、傅立叶，以及其他的人）倾向于如此坚信：真理一经宣布，马上就会被所有受过教育而且通情达理的人所接受，在开始之初，他们要把自己实现社会主义的努力局限于以下两个方面。首先是针对有影响的工人阶级进行宣传，虽然工人无疑会因而受益，但却注定是一个无知而落后的群体。其次是如他们所做的那样，建设社会主义的拓荒工厂：共产主义村落和合作企业。它们大多数都位于美洲的开阔空地上，那里没有历史上的落后传统挡住人们进步的道路。欧文的"新和谐"（New Harmony）村位于印第安纳州。美国容纳了34处从国外输入或土生土长的傅立叶式"法伦斯泰尔"（Phalanstery，傅立叶梦想要建立的社会基层组织），以及众多在基督教共产主义者加贝和其他人鼓励下建立的聚居村落。较少从事社会实验的圣西门主义者，从未停止找寻一位可能实行他们的社会规划的开明专制者，而且，有一段时间他们相信已经找到了，他就是埃及的统治者穆罕默德·阿里，这位不大可能帮助他们的人。

在这种寻找美好社会的古典理性主义事例中，带有一种历史进化的因素。因为进步的意识形态也就意味着，进化的观念可能是经由几个历史发展阶段而必然进化的观念。不过，在马克思将社会主义理论的重心从其合理性或合意性转至其历史必然性之后，社会主义才获得其最为可怕的精神武器，为了对抗它，人们至今仍在构筑论战防线。马克思从法、英和德国意识形态传统（英国

第十三章
意识形态：世俗界

的政治经济学、法国的社会主义、德国的古典哲学）的结合中，引申出这种论证方法。对于马克思来说，人类社会已不可避免地突破原始共产主义而划分为阶级；必然会经由阶级社会的依次更替而进化。每一个阶级社会尽管存在着不公正，但都曾经是"进步的"，每一个阶级社会都包含着"内在的矛盾"，这些矛盾在一定时候会成为其进一步发展的障碍，并产生出取代它的力量。资本主义是这些阶级社会中的最后一个，马克思不但一点也没加以攻击，而且还运用其令世界惊叹的滔滔雄辩，宣扬其历史成就。但是，资本主义的内在矛盾可用政治经济学来加以证明，这些矛盾必然会在一定时候成为其进一步发展的障碍，并使其陷入不能解脱的危机之中。并且，资本主义（如也可以用政治经济学表明的那样）也必然会创造出它自身的掘墓人——无产阶级。无产阶级的人数和不满必定会增加，而经济力量却集中在越来越少的人手中，使得资本主义更易于被推翻。因此，无产阶级革命必定会将其推翻。但是，这也表明了，符合工人阶级利益的社会制度，就是社会主义或共产主义。正如资本主义不单是因为它比封建主义更合理，而是由于资产阶级的社会力量才盛行起来一样，社会主义也将经由劳动者的必然胜利而盛行。如果认为要是人们够聪明的话，就可在路易十四的时代实现永恒的社会主义理想，这种看法是愚蠢的。社会主义是资本主义的产儿。在为社会主义创造条件的社会变革到来之前，它甚至还没有以适宜的方式表述出来。但是，一旦条件成熟，其胜利就是肯定的了，因为"人类总是只给自己提出自己能够解决的任务"。[11]

3

与这些条理清楚的进步意识形态相比，那些反对进步的意识形态几乎不能被称为思想体系。它们只是一些观念，是一些缺乏一种共同思想方法、仅仅依赖于它们对资本主义社会弊病的敏锐洞察，以及来自生活而非自由主义的一些信念。因此，它们只需相对稍加注意就行了。

这些观念的重心是，自由主义破坏了人们视为生活根本的社会秩序或社会群体，并用所有人反对所有人的竞争（"人不为己，天诛地灭"）、难以容忍的无政府状态和市场的非人道化取而代之。在这一点上，保守和革命的反进步主义者，或者富人和穷人的代表们，甚至都趋向于同意社会主义者，这是一种趋同的现象，在浪漫主义者（见第十四章）中尤为显著，并产生了诸如"保守的民主"或"封建社会主义"这样的奇怪纲领。保守主义者爱将理想的社会秩序（或者既接近理想又实际可行的社会秩序，因为生活舒适之人，其社会抱负总是比穷人要温和节制一些）与受到双元革命威胁的任何政权，或与过去的特定体制，例如中世纪的封建制度，视作同一回事。自然，他们也强调其中的"秩序"因素，因为正是这一点保护了社会层级中的上层对抗社会层级中的下层。如我们已见到的那样，革命者宁可怀念过去那些更为遥远的黄金时代，那时人们的处境很好，而现世根本不存在真正令穷人满意的社会。他们还强调遥远的黄金时代中人与人之间那种互相帮助和如同一体的感情，而不强调它的"秩序"。

不过，两者都同意，在某些重要方面，旧制度曾经或依然比新制度来得好。在旧制度下，上帝使人们贵贱有序（这一点让保

第十三章
意识形态：世俗界
329

守主义者高兴），但又将义务（不管执行得多么不充分和多么糟糕）加之于贵者。人是不平等的，但不是根据市场行情定价的商品。最重要的是他们生活在一起，生活在社会和个人关系的紧密网络之中，受习惯、社会制度和义务的清晰引导。无疑，在梅特涅的秘书根茨和英国激进的狂热记者科贝特心中，有着非常不同的中世纪理想。但是两人都同样攻击宗教改革。他们认为，宗教改革引进了资本主义社会的原则。甚至恩格斯这位最坚定的进步信仰者，也曾以令人向往的田园诗画来比喻被工业革命破坏的18 世纪古老社会。

由于没有缜密的演化理论，反进步的思想家发现他们很难判定到底是什么东西"出了毛病"。他们最爱攻击的罪魁便是理性，或更确切地说，是 18 世纪的理性主义，因为它让愚蠢和邪恶来干预那些对人类的理解和组织而言已是过于复杂的事情：社会不能像机器那样加以计划。柏克写道："最好是永远忘记《百科全书》和所有的经济学家，而回归到那些使王公们伟大和国家幸福的规矩和原则。"[12] 直觉、传统、宗教信仰、"人的本性"、"真正的"而非"虚假的"理性，这些东西依思想家的知识癖好而被组织起来，去反对系统的理性主义。但是，其最重要的征服者是历史学。

若说保守的思想家没有历史进步意识，但是他们对在历史过程中自然而渐进地形成和稳定下来的社会，与突然"人为"建立起来的社会之间的区别，倒有非常敏锐的意识。若说他们不能解释历史的衣服是怎样裁剪的，而且根本就否认有裁剪这回事的话，他们倒是能够令人羡慕地解释这件衣服是怎样经由长期的穿着而变得使人舒适的。反进步意识形态最为严肃的知识追求，便是投入对往昔历史的分析和修复，投入对与革命相反的历史连续性的探究。因此，保守阵营最重要的阐释者，就不是诸如博纳尔（De Bonald，1753—1840）和迈斯特（Joseph de Maistre，1753—1821）这类捉摸不定的法国流亡者——他们总是以近似疯狂的理性论证企图使死亡的往昔重新活过来，即使他们的目标是恢复非理性主义的美德，他们也这样做——而是像柏克这样的英国人和德国法理学家的"历史学派"，该派致力于在历史的延续性上使现存的旧制度具有合法性。

4

现在，剩下要考察的是这样一组意识形态：它们奇怪地徘徊于进步分子和反进步分子之间，或者用社会术语来说，徘徊于以工业资产阶级和无产阶级为一边，以贵族、商人阶级和封建群体为另一边的两部分人之间。它们最重要的信仰者是西欧和美国的激进"小人物"，以及中南欧地位卑微的中产阶级，他们舒服地但又并非完全满意地置身于一个贵族的和君主的社会结构之中。这两者都在某些方面相信进步，但两者都不打算追随进步自然会导致的自由主义或社会主义归宿。前者是因为这些归宿将注定要把小手工业者、店主、农民和商人，或者变为资本家，或者变为劳动者；后者则是因为他们自身太过虚弱，他们在雅各宾专政经历之后被吓怕了，无法向其王公们的权力挑战，因为他们当中的许多人就是这些王公的官员。因此，这两群人的观点就结合了自由主义（前者还暗含着社会主义）和反自由主义的成分，进步的和反进步的成分。并且，这种本质上的复杂性和矛盾性，使他们

第十三章

意识形态：世俗界

331

比自由主义的进步主义者或反进步主义者，更能深入洞察社会的本质；这也迫使他们采用辩证法。

第一类小资产阶级激进分子最重要的思想家（或不如说是直觉的天才），早在 1789 年就已寿终正寝，此人即卢梭。徘徊于纯粹的个人主义和人只有在群体当中才是其自身这一信念之间，基于理性的国家理想和反"情感"的理性怀疑之间，在承认进步是不可避免的和进步破坏"自然"原始人和谐的必然性两者之间，卢梭表达了他个人以及其阶级的困境，这些阶级既不能接受工厂主对自由主义的确信，又无法认同无产者对社会主义的确信。这位难以相处、神经质，却又相当伟大的人物，无须我们详细探讨，因为并没有卢梭主义的专属思想学派或政治学派——除了罗伯斯庇尔和共和二年的雅各宾分子。卢梭思想的影响相当普遍而强大，尤其在德意志和浪漫主义者之间，但那不是一种体系的影响，而是一种观念和热情的影响。他在平民和小资产阶级激进分子中的影响也是巨大的，但是也许仅仅在诸如马志尼和与他同样的民族主义者这类思想最模糊的人中间，他才占有支配地位。整体而言，它更常与诸如杰斐逊和潘恩这类 18 世纪理性主义正统思想的改编物融合在一起。

近来的学术风尚对卢梭的误解愈来愈深。他们讽刺那种把他与伏尔泰和百科全书派，一道归于启蒙运动和法国大革命先驱之列的传统，因为卢梭是他们的批判者。但是，对那些受其影响的人来说，在当时的确被视为启蒙运动的一部分，那些 19 世纪早期在小工厂里重印其著作的人，也自动地把他与伏尔泰、霍尔巴赫（Holbach）和其他人一并视作启蒙运动的一部分。最近的自由主义批评家，把卢梭攻击成左翼"极权主义"的鼻祖，但是，事实上他根本没有影响过近代共产主义和马克思主义的主要传统。[a]他的典型追随者在本书所论时期及其之后，都是雅各宾派、杰斐逊主义者和马志尼这一类小资产阶级激进分子，他们信奉实行民主、民族主义，以及平等分配财产并设有某些福利制度的小型独立政权。在本书所论的时期里，一般人皆认为他是倡导平等、倡导自由，反对暴政和剥削（"人生而自由，却无往不在枷锁之中"）；倡导民主，反对寡头政治；倡导未被富人和受过教育之人的世故圆滑污染的单纯"自然人"；倡导"情感"，反对冷酷的计算。

第二群人，也许最好被称为德意志哲学团体，他们要复杂得多。并且，由于其成员既无力推翻他们的社会，又无经济资源去进行一场工业革命，于是倾向于集中精力建造精心构筑的普遍思想体系。在德意志，古典自由主义者相当罕见。威廉·洪堡（Wilhelm von Humboldt，1767—1835）这位大科学家的兄弟，是最为有名的一个。在德意志中层和上层阶级知识分子中间，对进步的必然性信念和对科学以及经济进步好处的信念，与对开明家长制或官僚制的行政管理和上层阶级的责任意识相互结合，这种态度非常普遍，相当适合一个有着如此众多文官和受雇于政府的教授阶级。伟大的歌德，自己就是一个小邦的部长和枢密顾问官，他曾将他的看法做了极佳的阐明。[13]中产阶级的要求——经常在哲学上被形容为历史趋势的必然产物——由一个开明的政府加以执行，这些要求充分代表了德意志温和的自由主义。德意志诸邦

a. 在将近40年的通信中，马克思和恩格斯仅三次偶然地并且相当否定性地提到过卢梭。不过，附带地，他们倒是相当欣赏他预先为黑格尔所示范的辩证方法。

第十三章
意识形态：世俗界

在其最好的状态下，总是采取富有活力和效果的主动措施，来促进经济和教育的进步，彻底的自由放任主义对德意志实业家并不是特别有好处的政策，但却也未曾因此削弱这种观点的吸引力。

但是，尽管我们能够把德意志中产阶级思想家（体谅到他们历史地位的特殊性）的务实世界观，与其他国家和他们持相反立场的那些人的世界观进行类比，我们并不肯定就能以这种方式解释整个德意志思想界对于古典自由主义的明显冷淡。自由主义的老生常谈（哲学上的唯物主义或经验主义，牛顿、笛卡儿的分析等等），完全不适合大多数德意志思想家的胃口；明显吸引他们的是神秘主义、象征主义和对有机整体的广泛概括。在 18 世纪早期占支配地位的德意志民族主义对法国文化的反感，有可能强化了德意志思想中的这种条顿主义。但这更可能是延续自上一个世纪的思想氛围，在那个世纪，德意志在经济上、思想上，以及某种程度的政治上，都处于优势地位。因为，从宗教改革到 18 世纪后期这一阶段的衰落，维持了德意志思想传统的古风，正像它一成不变地保存了德意志小城镇的 16 世纪旧貌一样。无论如何，德意志思想（不管是在哲学、科学还是艺术中）的基本氛围，显然不同于西欧 18 世纪的主要传统。[a] 在 18 世纪的古典主义正走向其极限之时，这种古风赋予德意志思想某些优势，也有助于解释它在 19 世纪日渐重要的思想影响。

它最不朽的表现形式便是德意志古典哲学，即在 1760—1830 年之间，与德意志古典文学一同被创造出来并且密切相关的一整

a. 这种推论不适用于奥地利，它经历了一段非常不同的历史。奥地利思想的主要特征是，没有一点可值得一提的东西，尽管在艺术（尤其是音乐、建筑和戏剧）和某些应用科学方面，奥地利帝国是非常杰出的。

套思想（一定不可忘记，诗人歌德是一位杰出的科学家和"自然哲学家"，诗人席勒不仅是一位历史学教授[a]，而且是哲学论著的杰出作者）。康德和黑格尔是其中最杰出的两位伟大人物。1830年以后，如我们在前面已谈到的那样，在古典的政治经济学（18世纪理性主义的思想之花）内部同时发生的瓦解过程，也在德意志哲学中出现了。它的产物便是"青年黑格尔派"，最后是马克思主义。

必须始终牢记，德意志古典哲学是一种彻底的资产阶级现象。它的所有主要人物（康德、黑格尔、费希特、谢林）都为法国大革命欢呼，并且实际上在很长的一段时间里仍忠实于它（黑格尔迟至1806年耶纳会战时仍支持拿破仑）。启蒙运动是康德思想的框架，以及黑格尔思想的出发点。两人的哲学都充满了进步观念：康德的第一个伟大成就是提出了太阳系起源和发展的假说，而黑格尔的整个哲学就是进化（或者，用社会术语来说是历史性）和必然进步的哲学。因此，虽然黑格尔一开始就憎恶法国大革命的极"左"派别，并且最终成为彻底的保守派，但他一刻也未曾怀疑过作为资本主义社会基础的那场革命的历史必然性。并且，不像大多数后来的学院式哲学家那样，康德、费希特，特别是黑格尔，都曾研究了一些经济学（费希特研究了重农学派的经济学，康德和黑格尔研究了英国的经济学理论），我们有理由相信，康德和年轻的黑格尔已把他们自己看作是受过亚当·斯密影响之人。[14]

a. 他的历史剧作——除《华伦斯坦》三部曲之外——含有如此多的诗意差错，以至于人们不会这样认为。

第十三章
意识形态：世俗界

德意志哲学的资产阶级倾向在康德身上一方面相当明显，他终身都是一个自由主义左派——在他最后的著作（1795 年）中，他高尚地呼吁，通过建立一个放弃战争的共和国世界邦联，来实现普遍的和平——但另一方面却又比在黑格尔身上来得模糊。由于康德僻居于偏远的普鲁士哥尼斯堡，独处在陈设简陋的教授住所中，以致在英国和法国思想界如此独特的社会内容，在康德的思想中却变为一种冷峻的（如果说是崇高的话）抽象，尤其是"意志"的道德抽象。[a] 如同所有读者都曾痛楚体认过的那样，黑格尔的思想是够抽象的了。然而，至少在开始时，他的抽象是与社会（资本主义社会）达成妥协的企图；并且实际上，在他对人性的基本要素——劳动——的分析中，黑格尔以一种抽象的方式，使用了古典自由主义经济学家使用过的相同工具，并在无意间为马克思的学说提供了基础。（如同他在其 1805—1806 年的讲演中所说的那样，"人制造工具，因为他是有理性的，这是他意志的最初表现。"[15]）

但是，从一开始，德意志哲学就在某些重要方面不同于古典自由主义，这在黑格尔那里比在康德那里表现得更为明显。首先，它是成熟缜密的理想主义哲学，否定古典传统的唯物主义或经验主义。其次，康德哲学的基本单位是个人（即使是在个人良心的形式上），而黑格尔的出发点则是集体（亦即共同体）。他明显地看到，在历史发展的影响下，集体正化解为个体。而且事实上，黑格尔著名的辩证法，这种通过永无止境地解决矛盾而实现

a. 因此，卢卡奇（Lukacs）表明，亚当·斯密有关"看不见的手"的那种非常具象的悖论，在康德那里，则成了"非社会的社会性"这样一种纯粹的抽象。

进步（在任何领域）的理论，可能就是从个人和集体之间充满矛盾的这种深刻感受，而获得其最初的灵感。更进一步，由于德意志哲学家在全心全意的资产阶级自由派大举进占的领域中处于被边缘的地位，加上也许是他们完全无能参与这种进步，使得德意志思想家更容易了解其中的局限性和矛盾。这无疑是必然的，在带来巨大收获之时，不也就带来巨大的损失吗？它不是反过来又必须被取代吗？

因此，我们发现古典哲学，尤其是黑格尔哲学，奇怪地类似于卢梭进退两难的世界观；尽管，与卢梭不同，哲学家们做出了巨大的努力，以把其矛盾包容于单一的、无所不包的、在理论上缜密的体系之中［卢梭碰巧对康德产生一种巨大的情感影响。据说康德一生只有两次打破过他固定的在下午散步的习惯，一次是因为巴士底狱的陷落，一次是（持续了几天）因为读卢梭的《爱弥儿》］。在实践上，这些失意的哲学革命家面临着"顺从"现实的问题，黑格尔在经过数年犹豫之后，采取了把普鲁士政府理想化的形式。直到拿破仑垮台之后，像歌德一样，他对解放战争毫无兴趣，而对普鲁士依然是三心二意的。在理论上，注定会被历史毁灭的社会短暂性，也嵌入了他们的哲学之中。没有绝对的真理。历史过程的发展本身，便是经由矛盾的辩证法而发生，又通过辩证的方式而得到理解，至少19世纪30年代的"青年黑格尔派"是得出了这样的结论。如同在1830年以后，他们准备重新走上其前辈们或已抛弃、或（像歌德那样）从未选择的革命道路那样，他们也准备追随德意志古典哲学的逻辑，在这方面，他们甚至要超越其伟大导师黑格尔本人都想止步的地方（因为他有些不合逻辑地急于以对绝对理念的认知来结束历史）。但是，1830—1848 年的革命问题，已不再是简单的对中产阶级自由权力加以征服的问题。而从德意志古典哲学解体中涌现出的思想革命派，并非一个吉伦特派或一个哲学上的激进派，而是马克思。

就这样，在双元革命时期，既看到了中产阶级自由主义以及小资产阶级激进主义意识形态的胜利和其最详尽阐述的表现形式，也看到它们在其亲自建立或至少是广受欢迎的政权和社会的冲击下宣告瓦解。1830 年标志着西欧主要的革命运动在后滑铁卢年代的静寂之后，重新复活，也代表了自由主义和激进主义危机的开始。它们将在这场危机中残存下来，虽然是以一种萎缩了的形式。在日后的阶段中，再没有任何一位古典自由主义经济学家，有着亚当·斯密或李嘉图那样的高深（当然不包括小穆勒，从 19 世纪 40 年代起，他就成了代表性的英国自由主义经济学家兼哲学家），也没有任何一位德意志古典哲学家会有康德和黑格尔的眼界和才能。1830 年、1848 年及以后的法国吉伦特派和雅各宾派，与他们在 1789—1794 年的前辈比起来，只不过是侏儒而已。正因为如此，19 世纪中叶的马志尼之辈，是无法和 18 世纪的卢梭们相提并论的。但是，这一伟大的传统（自文艺复兴以来思想运动的主流）并没有死去，它变成了自身的对立物。就其深度和方法而言，马克思是古典经济学家和哲学家的继承人。但是，他希望成为其预言家和建筑师的那个社会，却与他们的社会大不相同。

第十四章

艺术

总是会有一种时髦的兴趣：对驾驶邮车的兴趣——对扮演哈姆雷特的兴趣——对哲学讲演的兴趣——对奇迹的兴趣——对淳朴的兴趣——对辉煌的兴趣——对阴郁的兴趣——对温柔的兴趣——对残忍的兴趣——对盗匪的兴趣——对幽灵的兴趣——对魔鬼的兴趣——对法国舞蹈演员和意大利歌手以及德意志络腮胡和悲剧的兴趣——对在11月份享受乡下生活和在伦敦过冬的兴趣——对做鞋的兴趣——对游览风景名胜的兴趣——对兴趣本身，或对论兴趣的随笔的兴趣……

——皮科克（T. L. Peacock），

《险峻堂》（*Melincourt*，1816年）

与该国的财富相比，英国堪称著名的建筑物实在少得可怜……投入博物馆、绘画、宝石、古玩、宫殿、剧院或其他不可复制的东西的资金是那么少！外国旅游者和我们自己的期刊作者，都常常以作为大国主要基础的这一方面，当作我们不如别国的证据。

——莱恩（S. Laing），《一位旅行家对于法国、普鲁士、瑞士、意大利和欧洲其他地区社会和政治状况的札记》，1842年 [1]

1

对任何试图考察双元革命时期艺术发展概况的人来说，给他印象最深的第一件事，就是其欣欣向荣的状况。一个包括了贝多芬和舒伯特（Schubert）、成熟和年老的歌德、年轻的狄更斯、陀思妥耶夫斯基（Dostoievski）、威尔第（Verdi）和瓦格纳（Wagner）、莫扎特（Mozart）的最后日子，以及戈雅（Goya）、普希金（Pushkin，1799—1837）和巴尔扎克的一生或大半生的半个世纪，且不说一大批在任何其他人群中都会是巨人的那些人，这半个世纪堪与世界历史上相似时段的任何时期相媲美。这份非凡的业绩大部分要归功于各种艺术的复兴，这些艺术在实际上拥有它们的所有欧洲国家中，吸引了大批具有文化教养的公众。[a]

与其以一串长长的名录来烦扰读者，或许还不如随便挑选这整个时期的一些横断面，来说明这次文化复兴的广度和深度。例如，在1789—1801年间，对艺术创新饶有趣味的市民，可以欣赏到华兹华斯和柯勒津治的英文《抒情歌谣集》（*Lyrical Ballads*）、歌德、席勒、让·保罗（Jean Paul）和诺瓦利斯（Novalis）用德文创作的作品，同时，也可以聆听海顿（Haydn）的清唱剧《创世记》和歌剧《四季》，以及贝多芬的《第一交响曲》和《第一弦乐四重奏》。在这些年中，大卫（J-L David）完成了他的《荷卡米耶夫人肖像画》，戈雅完成了他的《国王查理四世的家庭肖像》。在1824—1826年间，他们可能已读过几本司各特（Walter

---

a. 那些非欧洲文明的艺术在此不予考虑，除非它们受到双元革命的影响，而在这个时期它们几乎没有受到什么影响。

Scott）的英文小说、莱奥帕尔迪（Leopardi）的意大利文诗歌和曼佐尼（Manzoni）用意大利文创作的《婚约夫妇》（*Promessi Sposi*）、雨果（Victor Hugo）和维尼（Alfired de Vigny）的法文诗歌，如果运气好的话，还可以看到普希金以俄文写作的《欧根·奥涅金》（Eugene Onegin）的早期部分，以及新编古代斯堪的纳维亚传说。贝多芬的《合唱交响曲》、舒伯特的《死神与少女》、肖邦的第一部作品、韦伯（Weber）的《奥伯龙》、德拉克洛瓦（Delacroix）的绘画《希阿岛的屠杀》和康斯太布尔（Constable）的《干草车》，也出自这一时期。10年之后（1834—1836年），文学中产生了果戈理的《钦差大臣》（*Inspector-General*）和普希金的《黑桃皇后》（*Oueen of Spades*）；在法国产生了巴尔扎克的《高老头》和缪塞（Musset）、雨果、戈蒂埃（Theophile Gautier）、维尼、拉马丁（Lamartine）、大仲马（Alexander Dumas the Elder）等人的作品；在德意志产生了毕希纳（Buechner）、格拉贝（Grabbe）、海涅等人的作品；在奥地利产生了格里尔帕泽（Grillprazer）和内斯特罗的作品；在丹麦产生了安徒生（Hans Anderson）的作品；在波兰有密茨凯维奇（Mickiewicz）的《塔杜施先生》（*Pan Tadeusz*）；在芬兰有民族史诗《卡勒瓦拉》（*Kalevala*）的初版；在英国产生了勃朗宁（Browning）和华兹华斯的诗集。音乐界则提供了意大利的贝里尼（Bellini）和多尼采蒂（Donizetti）、波兰的肖邦、俄国的格林卡（Glinka）等人的作品。康斯太布尔在英格兰作画，弗里德里希（Caspar David Friedrich）在德国作画。在1834—1836年的前后一两年中，我们可以读到狄更斯的《匹克威克外传》（*Pickwick Papers*），卡莱尔的《法国大革命》，歌德的《浮士德》第二部，普拉滕（Platen），艾兴多夫（Eichendorff）和莫里克（Morike）的诗歌，弗拉芒文（Flemish）和匈牙利文学的重要著作，以及法国、波兰和俄国主要作家的更多出版物；音乐方面则可听到舒曼（Schumann）的《大卫同盟舞曲》和柏辽兹（Berlioz）的《安魂曲》。

从这些信手拈来的例子中，有两件事显而易见。第一，艺术成就在这些国家中传播异常广泛。这是一种崭新的现象。在 19 世纪前半期，俄国文学和音乐突然形成一股世界潮流；美国文学虽然相形见绌，但随着库柏（Fenimore Cooper，1787—1851）、爱伦·坡（Edgar Allan Poe，1809—1849）和梅尔维尔（Herman Melville，1819—1891）的出现，也展现了一股世界性力量。波兰和匈牙利的文学和音乐，以及北欧和巴尔干诸国的民歌、童话和史诗，也是如此。而且，在几种新创造的文学文化中，其成就不但立即显见而且美妙绝伦，例如普希金依然是俄罗斯第一流的诗人，密茨凯维奇是伟大的波兰诗人，裴多菲（Petofi，1823—1849）是匈牙利民族诗人。

第二个显而易见的事实是，某些艺术和艺术风格获得了异乎寻常的发展。文学即是一个合适的例子，而文学中又以小说最为突出。历史上或许从不曾在短短半个世纪里集中出现过这么大一群不朽的小说家：法国的司汤达和巴尔扎克，英国的简·奥斯汀、狄更斯、萨克雷（Thackeray）和勃朗特姐妹（the Brontes），俄国的果戈理、年轻的陀思妥耶夫斯基和屠格涅夫（Turgenev）（托尔斯泰的第一部作品于 19 世纪 50 年代问世）。音乐甚至可以说是一个更引人注目的例子。直到今日，一般音乐会的演奏曲目绝大部分仍依赖活跃于这个时期的作曲家——莫扎特和海顿（尽管他们实际上属于前一个时期）、贝多芬和舒伯特，还有门德尔松、舒曼、肖邦和李斯特。器乐的"古典"时期主要是德意志单独成就的，但歌剧的兴盛比其他任何音乐形式更广泛，而且或许更为成功：在意大利有罗西尼（Rossini）、多尼采蒂、贝里尼和年轻的威尔第，在德国有韦伯和年轻的瓦格纳（且不提莫扎特的最后两部歌剧），在俄国有格林卡，以及法国的几个较次要的人物。另一方面，视觉艺术的成绩却要稍微逊色一些，除了绘画之外。大家公认，在西班牙间歇出现的伟大艺术家中，此时期的戈雅堪居历来最杰出的画家之流。也许有人会认为，英国的绘画［由于透纳（J. M. W. Turner，1775—1851）和康斯太布尔的出现］在这个阶段达到其成就的顶峰，而且其独创性也稍高于18世纪，当然也因此比之前和此后更具国际影响力。也许会有人认为，此时期的法国绘画［由于大卫、杰里柯（J-L Gericault，1791—1824）、安格尔（J-D Ingres，1780—1867）、德拉克洛瓦、杜米埃（Honore Daumier，1808—1879）和年轻的库尔贝（Gustave Courbet，1819—1877）的出现］如同其历史上所曾有过的卓越绘画一样杰出。另一方面，意大利的绘画事实上已走到达几世纪之久的辉煌尽头，德意志的绘画则远远落后于德意志的文学或音乐的独特成就，或者其本身在16世纪取得的无与伦比的成就。在所有国家里，雕塑的成就皆明显逊于18世纪。在建筑方面，尽管在德意志和俄国出现过一些值得注意的作品，但情况也如雕塑一样。实际上，这个时期最伟大的建筑成就，无疑是工程师的杰作。

不管是哪个时期，那些决定各类艺术兴衰的因素仍然不很清楚，可是，毋庸置疑，在1789—1848年间，答案肯定要先从双元革命的影响中去寻找。假使要用一句容易令人误解的句子去概括这个时代艺术家和社会的关系，我们可以说，法国大革命以自

第十四章

艺术

身为榜样鼓舞了他们，工业革命以其恐怖唤醒了他们，而因这两种革命而生的资本主义社会，则改变了他们本身的生存状态和创作方式。

这个时期的艺术家直接受到公共事务的激励并卷入其中，这一点是毫无疑问的。莫扎特为高度政治性的共济会仪式写了一部宣传性的歌剧（1790 年的《魔笛》），贝多芬将《英雄交响曲》献给法国大革命的继承人拿破仑，歌德起码算得上是一位颇具影响力的政治家和文职官员。狄更斯写了几部小说攻击社会弊端，陀思妥耶夫斯基在 1849 年因革命活动几乎被判处死刑。瓦格纳和戈雅遭到政治流放，普希金因卷入十二月党人的活动而受到惩罚，而巴尔扎克的《人间喜剧》已成为社会觉醒的纪念碑。再也没有比把有创造力的艺术家描绘为"中立者"更不符合实情的事了。那些拘泥于洛可可式宫殿和闺房的高雅装饰家们，或专门为英国老爷们提供收藏品的供应商，他们所代表的艺术恰恰是走向衰微的那种：我们当中有多少人记得弗拉戈纳尔（Fragonard）在大革命后还活了 17 年呢？甚至艺术中显然最不带政治色彩的音乐，也和政治紧密联系。历史上也许只有这个时期曾把歌剧写成政治宣言或用以激发革命。[a]

公共事务和各类艺术之间的联系，在民族意识和民族解放

---

a. 除了《魔笛》，我们还可举威尔第早期的几部歌剧为例，它们因表达了意大利的民族主义而大受欢迎；奥贝尔（Auber）的《波蒂奇的哑女》（*La Muette de Portici*）引发了 1830 年的比利时革命；格林卡的《为沙皇献出生命》（*A Life for the Tsar*），以及诸如匈牙利的《匈牙利王拉佐洛》（*Hunyady Laszlo*）之类的"民族歌剧"，都因其与早期民族主义的联系，而依然在当地的演出剧目中占有一席之地。

或统一运动正在发展的国家中尤为牢固（参见第七章）。在德意志、俄国、波兰、匈牙利、斯堪的纳维亚诸国以及其他地区，这一时期的文艺复兴或诞生，是与维护本国语言和本国人民在文化上的最高地位，以反对使用外国语言的世界性民族文化的主张相一致——事实上它经常是这种主张的最初表现形式——这种情形显然并非偶然。很自然，这样的民族主义在文学和音乐中能够找到其最明显的文化表达，这两种形式都是大众艺术，而且能够吸收一般人民强有力的创造性遗产——语言和民歌。同样可以理解的是，惯常依赖于固有统治阶级、宫廷和政府佣金的艺术类别——建筑和雕塑，其次是绘画——则较少反映这些民族化的复兴。[a]作为大众艺术而非宫廷艺术的意大利歌剧，空前繁荣；但同时，意大利的绘画和建筑则衰落了。当然我们不应忘记，这些新兴的民族文化仍然是局限于少数受过教育的中上层阶级之中。或许除了意大利歌剧和可复制的书画刻印艺术，以及一些较短的诗歌或歌曲外，这个时期还没有什么重大的艺术成就是不识字的人或穷人所能接触到的，在大规模的民族或政治运动将他们转变为共同象征之前，欧洲大部分居民几乎肯定不知道这些艺术成就。当然，文学总是会得到最广泛的传播，尽管主要仍限于正在形成中的新兴中产阶级，他们为小说和长篇叙事诗提供了一个特别受欢迎的市场（尤其在闲暇的女眷中间）。成功的作家难得享

---

a. 在欧洲大部分地区，由于缺乏足够的具有文化教养和政治意识的居民，限制了诸如平版印刷术这样新创而且可复制的廉价艺术的利用。但是，伟大的革命艺术家以这种和类似的媒介取得的杰出成就——例如，戈雅的《战争的灾难》和《狂想曲》，布莱克的插图，以及杜米埃的版画和报纸上的漫画——证明了这些宣传手段是多么富有吸引力。

有比这一时期相对而言更大的财富：拜伦（Byron）因他的《哈罗尔德游记》（*Childe Harold*）前 3 个诗章获得了 2 600 英镑。戏剧尽管在社会上受到较多的限制，但也拥有成千上万的观众。演奏乐就没那么幸运了，只有在英国和法国那样的资本主义国家和美洲各国那样的文化饥渴国家是例外，在那些国家里，举办大型公开的音乐会已是相当普遍的情形（因此，几个欧洲大陆作曲家和演奏家将目光牢牢地盯住有利可图的英国市场，如果在其他方面并没什么差别的话）。在其他地方，这个领域依然是由宫廷乐师、少数地方贵族维持的赞助性音乐会，或被私人和业余爱好者的演出所占据。当然，绘画注定是属于私人买主的，在为出售或私人买主举办的公开展览会上做过最初展示之后，画作便从人们的视野中消失了，尽管举行这样的公开展览会已成惯例。在这段时期，为公众建立的或开放的博物馆和美术馆（例如，卢浮宫和建于 1826 年的大英博物馆），所展示的都是过去的艺术品，而不是当代的艺术品。另一方面，蚀刻画、版画、平版画，则由于价格低廉和见诸报端而无处不在。当然，建筑主要仍是为私人或公家委托而效力（除一定数量的投机性住宅建筑以外）。

2

但是，即使是社会上极少数人的艺术，仍会发出震撼全人类的惊雷巨响。本书所比时期的文学和各类艺术便是如此，其表现结果就是"浪漫主义"。作为艺术的一种风格、一种流派和一个时代，再没有比"浪漫主义"更难用形式分析的方法来加以定义甚至描述的了，甚至连"浪漫主义"立誓反叛的"古典主义"，也没有这么难以定义和描述。就连浪漫主义者本身也几乎帮不了我们什么忙，因为尽管他们对其所遵循之事物的描述是确定无疑的，但却常常缺乏合理内容。对雨果来说，浪漫主义"就是要依自然之所为，与自然的创造物相融合，而同时又不要把什么东西都搅和在一起：不要把影与光、奇异风格与宏伟壮丽——换言之，躯体与灵魂、肉体上的与精神上的东西——混淆在一起。"[2] 对诺迪埃（Charles Nodier）而言，"厌倦了普通情感的人类心灵的最后依托，就是被称为浪漫主义风格的东西——奇妙的诗歌，它相当合乎社会的道德条件，合乎沉湎于渴求轰动性事件而不惜任何代价的那几代人的需要……"[3] 诺瓦利斯认为，浪漫主义意味着赋予"习以为常的东西以更高深的意义，为有限的东西添上无限的面貌"。[4] 黑格尔认为："浪漫主义艺术的本质在于艺术客体是自由的、具体的，而精神观念在于同一本体之中——所有这一切主要在于内省，而不是向外界揭示什么。"[5] 我们无法指望从这样的说明中得到多少启发，因为浪漫主义者喜欢朦胧不清和闪烁其词，偏好漫无边际的解释，而厌恶清晰的阐述。

当分类学者试图确定浪漫主义的年代时，会发现它的起始和终结都令人难以捉摸；而当试图为它下定义时，其标准又变成无形的泛论。然而，尽管它使分类者大惑不解，但却没有任何人会认真地怀疑浪漫主义的存在，以及我们分辨它的能力。从狭义上说，作为富有自我意识和战斗性倾向的浪漫主义，出现于1800年左右（法国大革命晚期）的英国、法国和德意志，以及滑铁卢战役后的欧洲和北美广大地区。在双元革命之前，其前导（又是以法国和德国为主）有卢梭的"前浪漫主义"和德意志青年诗人的"狂飙运动"（storm and stress）。或许在1830—1848年这段革命时期，它在欧洲流行得最为广泛。从广义上讲，浪漫主义支配了法国大革命以来欧洲几种富有创造性的艺术。在这个意义上，像贝多芬这样的作曲家、戈雅这样的画家、歌德这样的诗人和巴尔扎克这样的小说家，他们身上的"浪漫主义"成分，是他们之所以伟大的决定性要素，就像海顿或莫扎特、弗拉戈纳尔（Fragonard）或雷诺兹（Reynolds）、克劳狄乌斯（Mathias Claudius）或拉克洛（Choderlos de Laclos）的伟大之处不在此一样（他们都活到本书所论时代）；然而，他们当中没有人能被认为是完全的"浪漫主义者"或想要把自己说成是"浪漫主义者"。[a] 在更广泛的意义上，带有浪漫主义特征的艺术和艺术家取向，往往变成 19 世纪中产阶级社会的标准取向，而且直至今日仍具有很大的影响力。

　　然而，尽管人们根本不清楚浪漫主义赞成什么，但它反对什么却是相当明白的，那就是中间派。无论其内容如何，浪漫主义都是一种极端的信条。人们可以在极左翼发现狭义的浪漫主义艺术家或思想家，像诗人雪莱（Shelley）；在极右翼有夏多布里昂和诺瓦利斯；从左翼跳到右翼的有华兹华斯、柯勒律治和众多法国大革命的失望拥护者；而雨果则是从保皇主义跳到极"左"立场的代表。但几乎不可能在理性主义核心的温和派或辉格—自由党人当中，即事实上的"古典主义"堡垒中，找到浪漫主义者。老托利党人华兹华斯说："我对辉格党人毫不敬重，但在我的心目中，宪章主义者占有很大分量。"[6] 将浪漫主义称为反资产阶级的宣言是有点言过其实，因为在这个年轻阶层身上那种依然炽

a. 既然"浪漫主义"往往是有限的几个艺术家团体的口号和宣言，那么，如果我们将其完全限定在他们身上，或者完全排除那些与他们持不同意见者，我们就会冒赋予其一个非历史的有限意义的风险。

烈的革命和征服特质，强烈地吸引着浪漫主义者。拿破仑像撒旦、莎士比亚、永世流浪的犹太人和其他逾越日常生活规范的人一样，成为浪漫人士神话般的英雄之一。资本主义积累中的恶魔般特质，对更多财富的无限度、无休止的追求，超出了理性或目的的估算，超出需求或奢侈的极限，这些东西就像鬼魂附体般萦绕在他们心中。浪漫主义最典型的一些主人翁，如浮士德和唐璜，与巴尔扎克小说中的商业冒险家，都有这种无法满足的贪婪。然而，浪漫主义特质仍旧是次要的，即使在资产阶级革命阶段也是如此。卢梭为法国大革命提供了一些附属物，但他只有在革命超出资产阶级自由主义的时期，即罗伯斯庇尔时期，才对革命产生决定性的影响。但即便如此，这个时期的基本外表仍是罗马式的、理性主义的、新古典主义的。大卫是这个时期的代表画家，理性是这个时期的最高主宰。

因此，不能简单地把浪漫主义归类成一场反资产阶级运动。事实上，出现于法国大革命数十年前的前浪漫主义，其典型口号有许多是用来赞美中产阶级，赞美他们真实和淳朴的感情——且不说是多愁善感——已成为腐败社会冥顽不化的鲜明对照；称颂他们对自然的自发依赖，相信这注定会把宫廷的诡计和教权主义扫荡到一边。然而，一旦资本主义社会在法国大革命和工业革命中取得事实上的胜利之后，毫无疑问，浪漫主义便会成为其本质上的敌人。

浪漫主义对于资本主义社会那种情绪激昂、神迷意乱，但又意味深长的反感，无疑可归因于下列两类人的既得利益，他们是失去社会地位的年轻人和职业艺术家，也是浪漫主义突击队的主要成员。从来没有一个像浪漫主义这般属于年轻艺术家的时代，不管是活着的或死去的年轻艺术家:《抒情歌谣集》(1798 年)是二十几岁年轻人的作品;拜伦在 24 岁一举成名,在这个年龄,雪莱也赢得盛名,而济慈(Keats)差不多已进了坟墓。雨果在其 20 岁时开始他的诗歌生涯,而缪塞在 23 岁时已经名声大噪。舒伯特在 18 岁写了《魔王》(*Erlkoenig*),而在 31 岁就去世了;德拉克洛瓦 25 岁画了《希阿岛的屠杀》;裴多菲 21 岁出版了他的《诗集》。在浪漫主义者中,30 岁还未赢得名声或未创出杰作的人非常少见。青年们,尤其是青年知识分子和学生,是他们的天然温床。就是在这个时期,巴黎的拉丁区自中世纪以来第一次不只是索邦神学院(the Sorbonne)的所在地,而且成为一个文化的(和政治的)概念。一个在理论上向天才敞开大门,而实际上又极不公正地被没有灵魂的官僚和大腹便便的市侩所控制的世界,这种强烈的反差向苍天发出呼号。牢房的阴影——婚姻、体面的经历、对平庸的迷恋——笼罩着他们,夜枭以其酷似长者的外貌预言(反而却往往十分准确)他们不可避免的判决,就像霍夫曼(E. T. A. Hoffmann)作品《金罐》(*Goldener Topf*)中的教务主任赫尔勃兰特,他以"狡黠而神秘的微笑"做出如下的惊人预言:富有诗才的学生安塞姆将成为宫廷枢密院成员。拜伦的头脑足够清醒地预见到,只有早逝才可能使他免受"体面的"老年之苦,施莱格尔(A. W. Schlegel)证明他是正确的。当然,在年轻人对其长辈的这种反叛中,没有什么具有普遍性的东西。这种反叛本身就是双元革命社会的反映。然而,这种异化的特定历史形式,当然在很多地方歪曲了浪漫主义。

甚至在更大的程度上,艺术家的异化也是如此,他们以将自己变成"天才"来加以回应,这是浪漫主义时代最典型的创新之一。在艺术家社会功能清楚的地方，他与社会的关系是直接的，他该说什么和怎样说，这类问题已由传统、道德、理性或一些公认的标准做了回答，一个艺术家或许是一位天才人物，但他很难像天才人物那样行事。只有极少数人，如米开朗琪罗（Michelangelo）、卡拉瓦乔（Caravaggio）或罗萨（Salvator Rosa）这类 19 世纪天才的前辈，才能从前革命时期那批标准的职业匠人和表演家中脱颖而出，后者如巴赫（Bach）、亨德尔（Handel）、海顿、莫扎特、弗拉戈纳尔和庚斯博罗（Gainsborough）。在双元革命之后仍保有诸如旧社会地位之类事物的地方，艺术家仍旧是非天才人物，尽管他非常可能拥有天才的虚名。建筑师和工程师按特定式样建造有明显用途的建筑物，这些建筑物强制引入了被清楚理解的形式。值得玩味的是，从 1790—1848 年这段时期，绝大多数独具特色的建筑物或实际上所有著名的建筑物，都是采用新古典主义风格，如玛德琳教堂、大英博物馆、圣彼得堡的圣以撒大教堂、纳什（Nash）重建的伦敦和辛克尔（Schinkel）设计的柏林，否则便是像那个技术精巧时代的奇妙桥梁、运河、铁路建筑物、工厂和温室那样，都是功能性的。

然而，与艺术家风格大相径庭的是，那个时代的建筑师和工程师所表现的是内行，而不是天才。而且，在诸如意大利歌剧或（处在较高社会水准上）英国小说这类真正的大众艺术形式中，作曲家和作家仍以艺人的心态工作着，他们认为票房至上是艺术的自然条件，而不是创作的破坏者。罗西尼对写出一部非商业性歌剧的期待，远比不上狄更斯对发表一部非连载小说的期待，或现代音乐工作者对创作出一首原创性词曲的期待。（这可能也有助于解释，为什么这个时期的意大利歌剧虽然对血腥、雷鸣和"动人"场面有着自然而庸俗的爱好，但却谈不上是浪漫主义。）

真正的问题是，艺术家脱离了公认的功能、主顾或公众，而听任商人将其灵魂当作商品，投到一个盲目的市场，任由人们挑选；或者在一个即使是法国大革命也无法确立其人类尊严，一般说来在经济上也站不住脚的赞助制度范围内工作。因此，当艺术家孤立无援，面对黑夜呐喊之时，可能甚至连一个回声也听不到。理所当然的，艺术家应当将自己转变成天才，创造仅仅属于他的东西，无视这世界的存在，并违背公众的意愿。公众唯一具有的权利是依照艺术家设定的条件接受或完全不接受，在最好的情况下，艺术家可期待被精选出的少数人或一些尚不清楚的后人所理解，就像司汤达；在最坏的情况下，他只能写着无法上演的剧本，如格拉贝，甚至歌德的《浮士德》第二部；或为不存在的庞大管弦乐队作曲，像柏辽兹；要不就只有发疯一途，如荷尔德林、格拉贝、纳瓦尔（de Nerval）以及其他几个人。事实上，遭到误解的天才有时可从惯于摆阔的王公手中，或急于附庸风雅的富有资产阶级那里，获取丰厚酬劳。李斯特（1811—1886）在众所周知的浪漫阁楼中，从未挨过饿。几乎没有人能像瓦格纳那样成功地实现其狂妄自大的幻想。然而，在1789—1848年两次革命之间，王公们往往对非歌剧艺术抱有怀疑态度，[a]而资产阶级则忙于积累而不是消费。因此，天才们不仅普遍遭到误解而且还很贫困。所以他们之中绝大多数都是革命者。

青年人和遭到误解的"天才"，总是带有浪漫主义式的反感，

a. 不知如何形容的西班牙国王斐迪南是个例外，尽管他受到艺术和政治两方面挑衅，但他仍旧坚持资助革命者戈雅。

反对市侩，反对充满诱惑和叫人吃惊的资产阶级时尚，反对半上流社会（demi-monde）和放荡不羁者（bohème）（这两个词在浪漫主义时期均获得其现在的内涵）的私通，反对体面人物的惯例和标准审查制度。但这仅仅是浪漫主义一个微不足道的部分。普拉茨（Mario Praz）那部情欲极端主义的百科全书，并不是"浪漫主义的情感突发"[7]，就像伊丽莎白时代象征主义对颅骨和灵魂的讨论，不是针对《哈姆雷特》一样。在浪漫主义的年轻人（甚至年轻妇女——这是欧洲大陆女艺术家凭自己的本事以一定数量出现的第一个时期）和艺术家对性欲的不满足背后，有着对双元革命所产生的那种社会更普遍的不满。[a]

精确的社会分析从来不是浪漫主义者之所长，实际上，他们并不相信18世纪自负的机械唯物主义（以牛顿以及布莱克和歌德这两位令人生畏的家伙为代表），他们正确地将其视为资本主义社会借以建立的主要工具之一。因而，我们不能指望他们对资本主义社会提出合情合理的批判，尽管类似这种批判的某种东西，裹着"自然哲学"的神秘外衣，漫步于形而上学翻腾的乌云之中，在广义的"浪漫主义"框架内发展，并对黑格尔哲学有所贡献。类似的东西在法国早期的乌托邦社会主义者中，也曾以接近

a. 法国的斯塔尔夫人（Mme de Staël）、乔治·桑（George Sand）、画家勒布仑夫人（Mme Vigée Lebrun）、考夫曼（Angelica Kauffman）；德意志的阿尔尼姆（Bettina von Arnim）、德罗斯特-许尔斯霍夫（Annette von Droste-Huelshoff）。当然，女小说家在中产阶级的英国早已常见，在那里，这种艺术形式被公认为受过良好教育的女孩子提供了一种"体面"的赚钱方式。伯尼（Fanny Burney）、拉德克利夫夫人（Mrs Radcliffe）、简·奥斯汀、盖斯凯尔夫人（Mrs Gaskell）、勃朗特姐妹，和诗人勃朗宁一样，都全部或部分地属于本书所论时期。

于偏执甚至疯狂的不切实际得到发展。早期的圣西门派（尽管并非他们的领袖），尤其是傅立叶，几乎只能被说成是浪漫主义者。在这些浪漫主义的批判当中，效果最持久的是人的"异化"概念，这种观念将在马克思那里发挥关键性作用，并暗示一个完美的未来社会。然而，对资本主义社会最有效和最有力的批判，并非来自全然而且先验弃绝它（以及与之相连的 17 世纪古典科学和理性主义的传统）的那些人，而是来自将其古典思想传统推向反对资产阶级结论的那些人。欧文的社会主义当中毫无浪漫主义成分，完全是 18 世纪理性主义的那些东西，以及各门学科当中最资产阶级化的政治经济学。圣西门本人最好被视为是"启蒙运动"的延伸。饶有趣味的是，接受德意志（即初期的浪漫主义）传统熏陶的青年马克思，是在结合了法国社会主义的批判学说和全然非浪漫主义的英国政治经济学理论之后，才变成马克思主义者。而作为其成熟思想核心的，正是政治经济学。

3

忽视理性毫无所知的心灵因素，绝不是明智之举。如同局限于经济学家和物理学家限定范围内的思想家那般，诗人虽被远远地抛在后面，但他们不仅看得更深刻，而且有时看得更清楚。很少有人比 18 世纪 90 年代的布莱克，更早看到由机器和工厂所引起的社会大震荡，然而他所据以判断的依据，除了伦敦使用蒸汽机的工厂和砖窑之外，几乎没有其他东西。除了几个例外，有关都市化问题的最佳论述，几乎都来自那些富有想象力的作家，他们那些看似非常不切实际的观察，已被巴黎实际的都市演进所证明。[8] 比起勤勉的统计学家兼编纂家麦克库洛赫，卡莱尔对 1840 年英国的了解更模糊却更深刻；如果小穆勒比其他功利主义者更好的话，那是因为一场个人危机使他成为唯一一个知道德意志和浪漫主义者的功利主义者，知道歌德和柯勒律治等人的社会批判价值。浪漫主义对世界的批判尽管含混不清，但并非微不足道。

浪漫主义渴望过去那种人与自然的合一。而资产阶级世界却是一个极尽精明算计的自私社会。

> 它无情地斩断了使人们隶属于"自然首长"的封建羁绊，它使人和人之间除了赤裸裸的利害关系，除了冷酷无情的"现金交易"，就再也没有任何联系了。它把宗教的虔诚、骑士的热忱、小市民的伤感这些情感的神圣激发，淹没在利己主义的冰水中。它把人的尊严变成了交换价值，用没有良心的贸易自由，代替了无数特许的和自力挣得的自由。

这是《共产党宣言》的呼声，但也代表了整个浪漫主义。这样一个世界或许能使人富足或舒适——尽管事实已很明显，它也使其他人，大多数人，处于挨饿和悲惨境地——但却也使人们的灵魂赤裸而孤独。它使人们像个"疏离"者无家可归地迷失在天地万物之中。德意志的浪漫主义诗人认为，他们比任何人都更加了解，只有那些质朴宜人的前工业小镇所拥有的那种简朴的劳动生活，才能拯救这些孤独的灵魂，这些前工业小镇星罗棋布地点缀在幻想般的田园风光之中，因他们那种淋漓尽致的描写而实在令人无法抗拒。小镇的年轻人必定出走，依照定义无休止地追逐"忧郁之花"，或是思念着家乡，吟唱着艾兴多夫（Eichendorff）的抒情诗或舒伯特的歌曲，永久地漫游。流浪者之歌是他们的标志，思乡病是他们的伴侣。诺瓦利斯（Novalis）甚至用这样的词语为哲学下定义。[9]

世人对这种已经失去和谐的渴望，因下面三个源泉而告缓解：中世纪、初民（primitive man，或相类似的东西、异国情调或"民俗"）和法国大革命。

第一个来源吸引的主要是反动的浪漫主义。封建时代稳固的阶级社会，是由时代缓慢构成的有机产物。在纹章家徽的装饰下，在神话森林的笼罩下，在不容怀疑的基督教天国的覆盖下，它是保守的资产社会反对派显而易见的失乐园。这些人对虔敬、忠诚和较低阶级中最低限度的识字能力的兴趣，因法国大革命而增加了。除了局部的更动，这就是柏克在其《法国大革命随想录》（*Reflections on the French Revolution*，1790）中用以反对理性主义的巴士底狱攻击者的理想。但是，它却在德意志找到了其经典表述，一个在这个时期获得了与特有的中世纪梦想相去不远的某些东西的国家，或许是因为盛行于莱茵河城堡和黑森林屋檐下的惬意与井然，比起更名副其实的中世纪诸国的污秽和残酷，更容易使其自身理想化。[a] 无论如何，中世纪遗风是德意志浪漫主义当中最具分量的组成部分，并且以浪漫主义的歌剧或芭蕾舞剧（韦伯的《自由射手》或《吉赛尔》）、格林（Grimn）童话、历史理论，或以诸如柯勒津治、卡莱尔等受德意志鼓舞之作家的著作形式，从德意志向外传播。然而，中世纪遗风以更普遍的形式，即

a. "噢，赫尔曼！噢，多萝西！真惬意！"戈蒂耶写道，他像所有法国浪漫主义者一样崇尚德意志，"难道没有人听到从远处传来的驿站马车夫的号角声吗？"[10]

哥特式建筑的复兴，成为各地保守派，尤其是宗教反资产阶级派的象征。夏多布里昂在其《基督教的真谛》(*Genie du Christianisme*, 1802)一书中以宣扬哥特风格来反对革命；英国国教会的拥护者偏爱哥特风格，反对理性主义者和非国教徒，因为后者的建筑物仍是古典风格；建筑学家普金(Pugin)和19世纪30年代极端反动的"牛津运动"，就是十足的哥特风格派。同时从雾霭茫茫的苏格兰偏僻地区——一个历史悠久的国度，能凝结出如奥西恩(Ossian)诗篇般的古代梦想——保守的司各特也在其历史小说中，为欧洲提供了另一类中世纪图景。其小说中的最佳作品，其实涉及相当近的几个历史时期，这一事实被许多人忽略了。

1815年以后，反动政府试图把这种占优势的中世纪遗风，转变为对专制主义的蹩脚辩护；除保守的中世纪遗风之外，左翼的中世纪遗风是无关紧要的。在英格兰，它主要是作为人民激进运动的一种潮流而存在，这种潮流倾向于将宗教改革之前的那个时期，看成是劳动者的黄金时代，并将宗教改革看成是走向资本主义的第一个重大步骤。在法国，它却重要得多，因为在那里，它的重心不在封建统治集团和天主教阶层，而是在永恒不朽的、受苦受难的、骚动不安的、富有创造性的人民中：法兰西民族总是不断重申其特征和使命。诗人和历史学家米什莱(Jules Michelet)，是尊奉中世纪传统的革命民主主义者中最伟大的一个；雨果《巴黎圣母院》中的卡西莫多，就是这种先入之见的最著名产物。

与中世纪遗风密切相关的——尤其是通过它对神秘的宗教虔信传统的关注——是追寻东方非理性智慧中所蕴含的那种更古老、更深奥的神秘源泉，如浪漫而又保守的忽必烈王朝或婆罗门王国。公认的梵文发现者琼斯爵士(Sir William Jones)，是一位正直的辉格派激进分子，他像一位开明士绅应当做的那样，为美国和法国的大革命欢呼；但大多数研究东方的业余爱好者和模拟波斯诗歌的作者——现代东方主义大部分源自他们的热情——则具有反雅各宾的倾向。颇为特别的是，他们的精神目标是婆罗门教的印度，而不是已吸引 18 世纪启蒙运动对异国情调的想象以及非宗教而理性的中华帝国。

4

对已经远去的初民和谐的梦想，有着更加悠久、更加复杂的历史。无论其形式是共产主义的黄金时代、"男耕女织"、尚未被诺曼人征服奴役的盎格鲁-撒克逊自由时代，还是暴露了腐败社会瑕疵的高尚野蛮，它始终是势不可挡的革命梦想。因此，除了纯粹作为逃避资本主义社会的地方［如戈蒂耶，以及 19 世纪 30 年代于西班牙一次旅游中发现了高尚野蛮人的梅里美（Mérimée）的异国情调］，或因历史连续性使原始的某些东西成为保守主义榜样的地方以外，浪漫主义的尚古之风使它更容易与左翼的反叛相契合。这就是值得注意的"乡民"(the folk）说。风格各异的浪漫主义者，都接受"乡民"是指前工业化时期的农民或工匠，他们是纯洁美德的榜样。重返那种淳朴和美德，是华兹华斯撰写《打情歌谣集》的目标。作品能被吸收到民歌和童话大全中，是许多条顿诗人和作曲家的志向（已有几位艺术家成功）。搜集民歌、出版古代史诗、编纂现存语言词典的广泛运动，也与浪漫主义密切相关，"民俗学"（Folklore）一词就是这个时期的创造物（1846 年）。司各特的《苏格兰边区游吟诗人集》（*Minstrelsy of the*

Scottish Border，1803）、阿尔尼姆和布伦塔诺（Arnim and Brentano）的《青年的神奇号角》（*Des Knaben Wunderhorn*，1806）、格林的《童话集》（*Fairy Tales*，1812）、穆尔（Moore）的《爱尔兰歌曲集》（*Irish Melodies*，1807—1834）、多布罗夫斯基（Dobrovsky）的《波希米亚语言史》（*History of the Bohemian Language*，1818）、卡拉季奇（Vuk Karajic）的塞尔维亚语词典（1818）和塞尔维亚民歌集（1823—1833）、瑞典泰格奈尔（Tegnér）的《福瑞特约夫的传说》（*Frithjofssaga*，1825）、芬兰兰罗特（Lönnrot）的《卡勒瓦拉》（*Kaleuala*，1835）、格林的《德国神话》（*German Mythology*，1835）、阿斯布约恩森（Asbjörnson）和穆艾（Moe）的《挪威民间故事集》（*Norwegian Folk Tales*，1842—1871），这么多的不朽巨著都是这一运动的成就。

"乡民"可能会是一个革命的概念，尤其在即将发现或重申其民族特性的被压迫民族当中，特别是那些缺少一个本土中产阶级或贵族阶级的民族中间。在那些地区，第一部词典、第一部语法书或第一部民歌集，都是具有重大政治意义的事件，都可算是第一部独立宣言。另一方面，对那些由民间淳朴美德所打造出的满足、无知而且虔诚的百姓，对那些信赖教皇、国王或沙皇智慧的人来说，国内的尚古崇拜，为他们提供一种保守的解释。[a]"乡民"代表了资本主义社会每天正在摧毁的天真、神话和悠久传统的结合。资本主义者和理性主义者是国王、乡绅和农民的敌人，为反对这些敌人，他们必须维持神圣同盟。

a. 我们怎么能将这一时期以民间舞蹈为基础的交际舞，如华尔兹、马祖卡（mazurka）和肖蒂什舞（schottische）的流行，解释成单纯的品位问题呢？它当然是一种浪漫主义的时尚。

素朴的初民存在于每个乡村，但在原始共产社会的黄金年代假想中，它是一个更具革命性的概念，并表现在海外那些自由高贵的野蛮人身上，尤其是红种印第安人。从将自由社会人视为理想的卢梭到各类社会主义者，原始社会始终是一种乌托邦的模式。马克思的历史三阶段划分法——原始共产社会、阶级社会、更高层次的共产主义——回应了这个传统，尽管已加以改造。原始风格的理想并非特别浪漫主义的。事实上，它的某些最热情的倡导者，就存在于 18 世纪启蒙运动的传统之中。浪漫主义的探索将其探险者带入阿拉伯和北非的大沙漠，置身德拉克洛瓦和弗罗芒坦（Fromentin）的武士和宫女之中，与拜伦一起穿越地中海世界，或与莱蒙托夫（Lermontov）一起到高加索——在那里，化身哥萨克人的自然人在峡谷和瀑布之中，与化身为部落民的自然人作战——而不是将他们带至塔希提（Tahiti）淳朴、充满性爱的乌托邦社会。但浪漫主义也将其探险者带到美洲，该地的原始人进行着注定失败的战斗，这种形势使他们更接近浪漫主义者的心绪。奥匈帝国的莱瑙（Lenau），在其印第安诗篇中对红种人的被驱赶大声抗议；如果这个莫希干人（Mohican）不是他部落的最后一人，他能在欧洲文化中成为一个相当有影响力的标志吗？高尚野蛮人对美国浪漫主义的影响力自然比欧洲重要得多——梅尔维尔的《白鲸》（*Moby Dick*, 1851）是他最伟大的不朽著作——但库珀以其《皮袜子故事集》（*Leatherstocking*）倾倒了旧世界，而保守派夏多勃里昂的纳奇兹印第安人（Natchez），却从来没有做到这点。

中世纪、乡民和高尚野蛮人都沉湎于过去的理想。只有经过革命，"民族的春天"才能指向未来，而即便是最严肃的乌托邦社会主义者也会发现，为没有先例的东西寻求先例是令人鼓舞的。在浪漫主义第二代之前，要为没有先例的东西寻找先例并非轻而易举的事，第二代浪漫主义产生了一批批年轻人，对他们来说，法国大革命和拿破仑是历史事实而不是他们自传中痛苦的一章。1789 年几乎已受到每个艺术家和知识分子的喝彩，尽管有些人能在革命、恐怖、资产阶级腐败和帝国的整个时期当中，一直保持他们的热情，但他们的梦想已不是一个教人畅快或容易传播的梦想了。甚至在英国，布莱克、华兹华斯、柯勒律治、骚塞（Southey）、坎贝尔（Campbell）和黑兹利特（Hazlitt）等第一代浪漫主义者全都是雅各宾派，到 1805 年时，他们的幻想已经破灭，新保守主义已占优势。在法国和德意志，"浪漫主义者"一词可说是 18 世纪 90 年代后期保守的反资产阶级分子（往往是幻想破灭的前左翼分子）所创造出来的反革命口号，这可以说明何以在这些国家当中，许多按现代标准应被看作明显的浪漫主义者的思想家和艺术家，传统上却被排除在这个类别之外。然而，到拿破仑战争的后几年，新一代的年轻人开始成长，对他们来说，经过岁月的洗涤，他们眼中只看得到大革命的伟大解放之光，其过火行动和腐败灰烬都已从视线中消失了；而在拿破仑遭流放后，甚至像他那种冷漠无情的人物，也都成为半神话的长生鸟和解放者。随着欧洲年复一年向前推进，它越来越陷入反动、审查制度和平庸而毫无特色的低洼旷野，以及贫穷、不幸和压迫的死亡沼泽之中，然而解放革命的印象却愈来愈光辉灿烂。

因此，英国第二代浪漫主义者——拜伦、不参加政治活动的同路人济慈，特别是雪莱那一代人——是最早将浪漫主义和积极革命原则相结合的人。第一代浪漫主义者对法国大革命的绝望，已被本国资本主义改造过程中的明显恐怖冲淡不少。在欧洲大陆，浪漫主义艺术和革命的结合，在 19 世纪 20 年代已初见端倪，但要到法国 1830 年革命之后才充分发挥作用。同样真实的是，也许所谓的革命浪漫幻象和革命者的浪漫风格，已由德拉克洛瓦的《自由领导人民》(*Liberty on the Barricades*, 1831) 做了最贴切的表达。在这幅画中，蓄着胡须和戴着高顶黑色大礼帽的乖戾年轻人、穿着敞胸衬衫的工人们、发丝在帽下飘拂的人民权利捍卫者，在三色旗和弗里几亚呢帽的包围中，再现了 1793 年的革命——不是 1789 年的温和革命，而是共和二年的革命盛况——将它的战场设在欧洲大陆的每个城市中。

大家公认，浪漫主义革命者并不是全新的产物。它的直系前辈和开路先锋，是意大利风格的共济会革命秘密社团——烧炭党人和支持希腊独立的成员，这些人直接受到在世的老雅各宾派成员或像布纳罗蒂这样的巴贝夫主义者的鼓动。这是复辟时期典型的革命斗争，所有身着近卫团或轻骑兵制服的精力充沛的年轻人，把歌剧、社交聚会、与公爵夫人的幽会或高度仪式化的社团集会暂时搁在一边，而去发动一场军事政变或使自己成为战斗中的民族领袖，事实上这就是拜伦的模式。可是，这种革命方式不仅更加直接地受到 18 世纪思维方式的启发，而且一般说来或许比后者更加排外，它仍然缺乏 1830—1848 年浪漫主义革命幻象的关键因素：街垒、民众、新兴而且铤而走险的无产者。杜米埃的石版画《特朗斯诺奈大街的屠杀》(*Massacre in the Rue Transnonain*, 1834)，以那位被屠杀的难以名状的劳动者的形象，为浪漫主义画廊增添了这些因素。

浪漫主义与一场更新且更激进的法国革命幻象结合的最显著

后果，是 1830—1848 年间政治艺术的压倒性胜利。几乎从未有过这样一个时期：即使最不具"意识形态"的艺术家，也都普遍隶属某个党派，并将为政治服务当作他们的首要责任。雨果《欧那尼》（*Hernani*，1830）一剧的序言，是一篇极具反叛性的宣言，他在其中高呼："浪漫主义是文学中的自由主义。"[11] 诗人缪塞（1810—1857）的天才——就像作曲家肖邦和奥匈帝国的内省诗人莱瑙的天赋一样——表达的是个人而不是公众的声音，他写道："作家有一种在序言中谈论未来，谈论社会进步、人性和文明的偏好。"[12] 有些艺术家甚至变成政治人物，而这种现象不仅出现在那些受到民族解放激荡的国家之中。那些国家的所有艺术家都很容易被奉为民族先知或象征：音乐家中的肖邦、李斯特，甚至意大利年轻的威尔第；在波兰、匈牙利和意大利诗人中分别有密茨凯维奇、裴多菲和曼佐尼。画家杜米埃的主要工作是政治漫画，性情暴躁的神童毕希纳是积极的革命者，海涅是极左派中态度暧昧但具影响力的代言人，他是马克思私交甚笃的朋友。[a] 文学和新闻的携手，在法国、德意志和意大利最为明显。在别的时代，像法国的拉梅内或米什莱，英国的卡莱尔或罗斯金（Ruskin）之类的人物，可能被视为一位对公共事务具有看法的诗人或小说家；但在这个时代，他们却成为具有诗人灵感的政治家、预言家、哲学家或历

---

a. 应当指出，这是一个罕见的时期，当时诗人们不仅同情极左派，而且还写既美妙又可用于宣传鼓动的诗篇。在 19 世纪 40 年代德意志社会主义诗人中的一批杰出人物——赫尔韦格（Herwegh）、韦尔特（Weerth）、弗赖利格拉特（Freiligrath），当然还有海涅，特别值得一提的是，尽管雪莱是为回击"彼得卢大屠杀"而写的一首诗《暴政的假面游行》，但在1820 年，它也许是这类诗中最强有力的一篇。

史学家。就此而言，随着马克思的青年才智一起迸发出来的诗人文采，不论在哲学家或经济学家当中都是极少见的。甚至温文尔雅的丁尼生（Tennyson）和其剑桥大学的朋友们，也对奔赴西班牙支援自由派反对教权主义的国际纵队，给予精神上的支持。

在这个时期发展成形而且占优势的独特美学理论，认可了艺术和承担社会义务的一体性。一方面是法国的圣西门主义者，另一方面是 19 世纪 40 年代才华横溢的俄国革命知识分子，他们甚至发展出日后成为马克思运动准则的思想观点，这些观点聚合在诸如"社会写实主义"[13] 等名称之下，这个崇高而又不可抗拒的成功理想，既来源于雅各宾主义的严肃美德，也来源于浪漫主义对精神力量的信念，是这种信念使雪莱将诗人形容成"未被承认的世界立法者"。"为艺术而艺术"尽管已经由保守主义者或艺术上的半吊子明确阐述过，但仍无法与为人类而艺术、为民族而艺术或为无产者而艺术的立场相抗衡。直到 1848 年的革命摧毁了伟大的人类再生的浪漫希望，独立的唯美主义才得以盛行。像波德莱尔（Baudelaire）和福楼拜（Flaubert）这样的 19 世纪 40 年代人物的发展，正可以说明这种政治上和美学上的转变，福楼拜的《情感教育》（*Sentimental Education*）仍然是这方面最好的文字记录。只有在像俄国这样的国家中，没出现过 1848 年的幻灭（那仅仅是因为它未发生过 1848 年革命），艺术一如既往地承担着社会义务，或像以前一样专注于社会事务。

5

无论在艺术上还是在生活中，浪漫主义都是双元革命时期最典型的时尚，但绝非唯一的时尚。事实上，由于它既不能统领贵族文化，又无法涵括中产阶级文化，更不用说劳动贫民的文化了，因而它在实际数量上的重要性是相当小的。依靠富有阶级赞助或有力支持的艺术门类，其所能容忍的浪漫主义是那种意识形态特征最不明显的形式，比如音乐。而建立在需要贫民支持之上的艺术门类，则几乎都对浪漫派艺术家提不起很大的兴趣，尽管事实上贫民阶层的娱乐形式——廉价的惊险小说、单面印刷品、马戏演出、即兴表演、流动剧团以及诸如此类的艺术形式——已成为浪漫派的灵感泉源；反之，通俗表演者也从浪漫派的仓库里借来适当的道具，以充实自己激发情感的看家本领——场景转换、精灵神话、杀人犯的临终遗言、强盗等等。

贵族社会固有的生活和艺术风格植根于 18 世纪，然而新贵的加入使它们在极大的程度上世俗化了，在此特别需要指出的，是以丑陋不堪以及矫揉造作为特征的拿破仑帝国时期的风格，以及英国摄政王时期的风格。将 18 世纪和后拿破仑时期的制服式样进行对比，会使这一点一目了然，这种艺术形式最能直接体现负责设计的军官和绅士阶层的品位。大不列颠战无不胜的霸权地位，使得英国贵族成为超越国界的贵族文化典范，或更贴切的非文化典范；因为那些胡子刮得精光、冷漠无情、容光焕发的"纨绔子弟"的兴趣通常是跑马、玩狗、职业拳击、娱乐嬉戏、绅士派头的放荡不羁以及关注自身。这种英雄般的极端主义甚至唤起了浪漫派的激情，因为他们也幻想赶上这种时髦，不过它主要激起的还是那些社会地位较低的年轻小姐的热情，使她们沉湎于梦想之中（正如戈蒂耶所描述的）：

在她的梦想之中，爱德华爵士是个仪表堂堂的英国男人。这个英国人刚刚刮过胡子，面色红润，容光焕发，精心修饰，身上一尘不染，戴着一条相当考究的白色领带，穿着防水服和雨衣，迎着黎明的第一缕阳光。这样的他难道不是文明的顶峰吗？……我将拥有英格兰的银器，她想道，还有韦奇伍德的陶瓷。整幢房子都铺上地毯，还有假发扑粉的男仆，我将坐在丈夫身旁，驾着四乘马车穿越海德公园兜风……驯服的梅花鹿在我们乡间别墅的绿草坪上嬉戏，也许还有几个金发碧眼的孩子。孩子们坐在大四轮马车前面的座位上，看上去舒服极了，旁边还跟着一只纯种的查理国王长毛犬……[14]

这也许是一个鼓舞人心的景象，但不具浪漫主义色彩，倒有点像国王或皇帝陛下们驾临歌剧院或舞会，虽然满身珠光宝气，但仍一派出身高贵、举止得体、姿态优雅的样子。

中产阶级和下层中产阶级文化不再是浪漫主义的。它的基调是节制与朴素。只有在大金融家和投机商或第一代工业大亨之中，19世纪后半期盛极一时的仿巴洛克风格才开始得以出现，因为他们从未或不再需要将大量的利润重新投入到买卖当中；而且仿巴洛克风格只出现在少数几个旧君王或贵族阶级不再完全主宰"社会"的国家里。罗斯柴尔德家族本身就是金融大王，已经显示出如王侯般的显赫。[15]然而，普通的资产阶级就不是这样。在英国、美国、德意志以及新教派的法国，清教主义、福音派新教或天主教的虔敬主义，鼓励着节制、俭朴、适度的禁欲主义以及无与伦比的道德自我满足；18世纪的启蒙思想和共济会纲领的道德传统，促进了思想的进一步解放及反宗教的进程。除了追求利益和有条不紊，中产阶级过着压抑情感和故意限制范围的生活。

欧洲大陆的中产阶级当中，有很大一部分人根本不做买卖，而是在政府部门供职，有的做官，当教师、教授，有的担任牧师，他们甚至缺少资本积累的扩张领域；地方上省吃俭用的资产阶级也是如此，他们知道他们所能达到的极限只不过是一座小城镇的财富，以他那个时代的实际财富和权力标准来衡量，这笔财富不会给人多么深刻的印象。事实上，中产阶级的生活是"非浪漫主义的"，其生活方式主要仍受 18 世纪流行时尚的影响。

这一点在中产阶级家庭中表现得最为明显，家庭毕竟是中产阶级文化的中心。后拿破仑时代资产阶级的房屋以及街道建筑风格，直接源于并往往直接沿袭 18 世纪的古典主义或洛可可风格。在英国，乔治时代晚期的建筑一直保留至 19 世纪 40 年代。在其他国家，建筑风格的突破（主要是来自对"文艺复兴"灾难性的重新发掘）来得更晚些。内部装饰和家居生活的流行风格，可在德意志找到最完美的表达，此即"比德迈耶风格"（Biedermayer）。那是一种家庭古典主义，因情感的亲近和纯洁的梦境而令人感到温暖，其中有些因素要归因于浪漫主义，更确切地说是 18 世纪末期的前浪漫主义色彩；但它的典型场景则浓缩为：俭朴谦恭的资产阶级在星期天下午于起居室里表演四重奏的景象。比德迈耶风格创造出一种最美丽、最适合居住的家具陈设风格。朴素的纯白色窗帘衬托下的粗糙墙壁，不铺地毯的地板，坚固而又相当精致的椅子和书桌、钢琴、大理石橱柜、插满鲜花的花瓶，但它主要仍是一种晚期古典主义风格。或许歌德在魏玛的住宅是最贵族化的例子。这种风格或类似的风格，构成了下列人物的居家场景：简·奥斯汀小说中的女主人翁、结合了严峻与享乐的克拉彭教派（Clapham Sect）、傲慢的波士顿资产阶级，或者《辩论报》

的法国外省读者。

浪漫主义进入中产阶级文化最可能的途径，也许就是通过资产阶级家庭的女性成员日益沉湎的白日梦。显示她们在百无聊赖的闲暇之中仍具有自食其力的能力，是她们的主要社会职能之一，一种被珍惜的屈从是她们的理想命运。不管怎样，资产阶级少女，如同非资产阶级少女一般，就像反浪漫主义画家安格尔（1780—1867）笔下那些后宫女奴和仙女一样，只不过把背景从浪漫主义换成资产的竞技场，她们一窝蜂地仿效同样的柔弱、蛋形脸、光滑鬈发的风格，披肩上插着娇嫩的花朵，头戴颇具 19世纪 40 年代时尚的无边女帽。她们远非蜷伏的母狮，戈雅笔下的阿尔巴公爵夫人，或者法国大革命期间以一袭白衣穿梭在沙龙之中的新型希腊解放少女，或如列文小姐（Lady Lieven）以及哈丽叶·威尔逊这类摄政时期的沉静少女或高级妓女，她们既不属于资产阶级世界，也不具有浪漫主义风格。

资产阶级少女或许会演奏肖邦或舒曼的浪漫风格的室内乐作品。比德迈耶风格或许会鼓励一种浪漫主义的抒情，如艾兴多夫或默里克的作品，在其作品中，无限的激情转化成思乡之情或消极的渴望。甚至积极活跃的企业家在商务旅行之时，也会把一条山间隘口视为"我所看过的最浪漫的景色"而惊羡不已，在家里则以素描"乌多尔弗的城堡"（The Castle of Udolpho）为消遣；或者如利物浦的克拉格（John Cragg），既是"一个具有艺术品位的人"，又是一个铸铁匠，"将铸铁引入哥特式建筑之中"。[16] 但从总体上来看，资产阶级文化并非浪漫主义的。正是科技进步的活跃，阻碍了正统浪漫主义的产生，至少在工业发达中心是如此。像蒸汽锤发明者内史密斯（1808—1890）那样的人物，光凭他是一位雅各宾派画家（"苏格兰风景画之父"）的儿子，他就绝称不上是个野蛮人。他在艺术家和知识分子群中长大成人，热爱自然景色和古代艺术，并受过所有有教养的苏格兰人所接受的广泛教育。况且有什么比画家的儿子成为机械师更为自然，或者还有别的什么东西比在年幼时同父亲一起步行参观德文郡铁厂使他更感兴趣的呢？对他来说，如同他成长过程中所接触的那些18世纪彬彬有礼的爱丁堡居民一样，事物是崇高的，但并非不合理的。卢昂市仅存"一座壮丽的大教堂和圣沃昂（St. Ouen）教堂，它们以其无与伦比的精美和那些优雅的哥特式建筑遗风，共同点缀着这个有趣而美丽的城市"。虽然景致如此壮丽，然而他在这段热情洋溢的假期中，仍忍不住指出，那是漫不经心的产物。美是光彩照人的，但可以肯定的是，现代建筑的问题就出在"建筑物的用途……被视为次要的考虑"。他写道："我恋恋不舍地离开比萨，但这座大教堂最令我感兴趣之处，是悬挂在中殿顶端的两盏青铜灯，伽利略的钟摆原理便是从中得到启发。"[17]这类人既非野蛮人，亦非平庸之辈，但他们的眼界接近伏尔泰或韦奇伍德，而不是罗斯金。当伟大的工具制造者莫兹利（Henry Maudslay）旅居柏林之时，与他的朋友自由派科学家之王洪堡以及新古典主义建筑师辛克尔在一起的感觉，无疑要比和伟大却难以捉摸的黑格尔待在一起自在得多。

无论如何，在先进的资本主义社会中心，艺术的地位整体而言次于科学。受过良好教育的英、美工厂主人或工程师，他们或许会欣赏艺术，特别是在全家休息的时刻和假日，但他真正的文化关怀仍是推动知识的传播与进步——就他个人来说，这种活动是在"英国科学促进协会"这类组织中进行，对于大众而言，则是通过"实用知识普及协会"（Society for the Diffusion of Useful Knowledge）以及类似的组织来实现。最具代表性的是，18 世纪启蒙运动的典型产物"百科全书"空前繁荣起来，它仍旧保留着相当富有战斗性的政治自由主义成分［如德意志著名的《迈耶百科全书》（Meyer's Conversations Lexicon）是 19 世纪 30 年代的产物］。拜伦通过写诗赚了一大笔钱，但是出版商康斯特布尔（A. Constable）在 1812 年付给斯图尔特（Dugald Stewart）1 000 英镑，仅因为他为《大英百科全书》补遗卷写了一篇题为"论哲学的进步"的序言。[18] 资产阶级即便在具有浪漫主义特征的时候，其梦想仍是科学技术。受到圣西门鼓舞的年轻人，变成了苏伊士运河、连接全球各个角落的巨大铁路网，以及贪得无厌地聚敛财富的筹划者，这显然大大超过了以冷静理智著称的罗斯柴尔德家族的合理投资范围，他们只知道循规蹈矩地通过小笔投机的剧增来积累大量财富。[19] 科学与技术是资产阶级的缪斯，它们在伦敦尤斯顿（Euston）火车站庄严的新古典主义门廊（可惜已毁）上，欢庆自己的胜利——铁路的诞生。

6

同时，在知识阶层之外，大众文化继续存在。在城市以及工业区外的世界，文化上的变化微乎其微。19 世纪 40 年代的歌曲、节日、服饰、大众装饰艺术的图案、颜色、风俗的格调，处处都保留了 1789 年的主体风格。工业以及日益发展的城市开始摧毁这一切。没有人能以原本居住在村庄里的方式居住在工厂城镇之中，整个文化的复杂体系，必然随着将其凝聚而且定型的社会结构的解体而崩溃。人们犁地时唱的歌，不犁地时就唱不出来；如果还唱得出来，也不再是一首民歌，而是别的歌曲。移民的思乡之情，使古老的风俗和民歌能够在背井离乡的城市之中继续保留，甚至还增强了其魅力，因为它们能减轻流离失所之苦。但在城市以及工厂之外，双元革命仅仅改变了，更确切地说，破坏了古老乡村生活的残余，特别是在爱尔兰和英格兰的某些地区，古老的生活方式已到了不可能再存在下去的地步。

实际上，即使是工业社会的变革，在19世纪40年代之前，距离完全破坏古老文化的程度还很远；不仅如此，在西欧，手工业与制造业已并存了几个世纪，进而发展出一种半工业的文化模式。在乡下，矿工和织布工人用传统的民歌表达他们的愿望与不满，工业革命不过是增加了他们的人数，使他们的感受变得更加敏锐。工厂不需要劳动歌谣，但是各种伴随经济发展的活动需要歌曲，并且以古老的方式加以发展。大帆船上的水手所唱的起锚歌，就属于19世纪前半期"工业"民歌黄金时代的作品，类似的还有格陵兰岛捕鲸人的歌谣、煤矿矿工和矿工妻子之歌，以及纺织工人的怨歌。[20] 在前工业时代的城镇，手工业工人以及家庭代工发展出一种强烈的识字扫盲文化，新教各派与雅各宾的激进主义，在此互相结合或彼此竞争，以激励自我教育。两派的代表人物分别是班扬（Bunyan）和加尔文、潘恩和欧文。在图书馆、小教堂、学院以及工匠"幻想家"用以培育花卉、犬狗以及鸽子的花园或鸟园里，充满了这类具有技艺的自力战斗团体；英格兰的诺威治不仅以其无神论的共和精神闻名，而且还因金丝雀而闻名。[a]但是古老民歌对工业化生活的适应，未能（在美国除外）承受住火车以及钢铁时代的冲击，因此没有幸存下来；而古老的技艺就像由古老的亚麻纺织工人组成的邓弗姆林区那般，同样挨不过工厂和机器的发展。1840年后它们纷纷凋敝。

至此为止，还没有什么东西能大量代替古老文化。比如在英国，纯工业化生活的新模式，直到19世纪70—80年代才充分显现出来。因此，从古老的传统生活方式发生危机到被完全取代的那段时期，在许多方面都可说是这个劳动贫民的悲惨世纪当中最暗淡的时期。无论在大城市还是小社区，都没有发展出我们这个时代的大众文化模式。

的确，大城市特别是首府，已经拥有用来满足穷人或者"小人物"文化需求的重要机构，尽管常常——足够典型地——也是为了满足贵族阶级的文化需求。然而，这些包含在18世纪发展主流之中的机构，它们对大众艺术演进所做的贡献却常常被忽视。维也纳郊区的大众剧院、意大利城市中的方言剧院、通俗歌剧（不同于宫廷歌剧）、即兴喜剧、巡回演出的滑稽剧、拳击、赛跑，或者西班牙斗牛[b]等通俗表演形式，都是18世纪的产物；附有插图的单面印刷品和小本故事书的出现或许还更早些。大城市中真

a. "还有一所古老的房子矗立在那里，经受着日月的风风雨雨"，霍纳（Francis Horner）1879年写道："在城镇的僻静之处，过去曾有一座花园——往往是属于花商的。在一扇出奇狭长明亮的窗户边，有一个手织工在织布机后面工作，他能将窗外的花朵和他的织物同时尽收眼底——他将劳动与快乐融为一体……然而，工厂取代了他耐磨的织布机，砖瓦建筑吞噬了他的花园。" [21]

b. 它的原始形式具有骑士风范，主斗牛士骑在马上；徒步格杀公牛的创新规则，一般认为是始于18世纪伦达（Ronda）的一个木匠。

正的都会娱乐新形式，是小旅馆或小酒店的副产品，它们日益成为劳动贫民在其社会瓦解过程中，寻得世俗慰藉的泉源，日益成为习俗与传统礼仪的最后城堡，并因技工行会、工会和仪式化的"互济会"的存在，而得以保存和加强。"音乐厅"和舞厅脱胎于小酒馆，但在1848年前，它们还未大量涌现，即使在英国也是如此，尽管在19世纪30年代已初露端倪。[22] 大城市娱乐的其他新形式则起源于集市，经常都会伴随着走方卖艺者的演出。在大城市中，这些形式永久固定下来，即使是19世纪40年代，在某些大街上，杂耍、戏剧、沿街叫卖的小贩、扒手和街头推车小贩仍混杂在一起，为巴黎的浪漫派知识分子提供了灵感，也为大众提供了娱乐。

大众品位也决定了那些为回应穷人市场而生产的工业商品，它们几乎都不带有个性化的形式与包装，例如纪念英国议会改革法案通过的罐子；横跨威尔河（Wear）的大铁桥，或航行在大西洋上的壮观三桅船；充满着革命激情、爱国主义或臭名昭著罪行的通俗印刷品；还有城市贫民买得起的少量家具和衣服。但是，总的看来，城市，特别是新兴工业城市，还是一个贫瘠可怕的地方，其为数不多的福利设施——开阔的空间和假期——逐渐因有损市容的建筑物、毒害生灵的烟雾，以及永无停顿的被迫劳作而减弱，运气好的话，偶尔可借中产阶级严守安息日的习惯而得以加强。只有在主要街道上随处可见的新煤气灯和橱窗里陈列的商品，才为现代城镇的夜晚先行涂上了一层斑斓的色彩。但是，现代大城市和现代城市的大众生活方式，要到19世纪后半期才得以产生。在这一时期，首先是破坏占上风，即使在最好的情况下，这种破坏也只是略受限制。

第十四章

艺术

373

第十五章

科学

我们绝不要忘记，早在我们之前很久，科学和哲学便已进行了反暴君的斗争。其持续不断的努力造成了这场革命。作为一个自由而且知恩图报之人，我们应当让两者在我们当中扎下根来，并永久地加以珍爱，因为科学和哲学将维护我们赢得的自由。

——国民公会议员 [1]

歌德说："科学的问题，常常是使人发迹的问题，一项发现就可以使一个人一举成名，并为他奠下成为公民的财富基础……每一种新观察到的现象就是一项发现，每一项发现都是财产。只要涉及财产，他的热情便会立刻被激发出来。"

——《歌德谈话录》，1823 年 12 月 21 日

1

将艺术与科学类比总是危险的，因为艺术和科学各自与它们昌盛于其中的社会关系大为不同。然而，科学也以它们的方式反映了工业和社会的双元革命。部分是由于革命造成了对科学的特殊新需求；部分是由于革命为科学开辟了新的可能性，并为它带

来新问题；部分是由于革命存在的本身提出了新的思维模式。我并不想说，1789—1848年的科学发展，能纯粹从其周围的社会运动角度来加以分析。大多数的人类活动都有其内在逻辑，它至少部分决定了这些活动。1846年发现海王星一事，并不是由于天文学之外的任何事物推动了这一发现，而是由于1821年布瓦德（Bouvard）的图表显示，1781年发现的天王星轨道出乎意料地偏离计算数据；由于19世纪30年代后期，这种偏离已大到足以假定是由于某种未知的天体干扰所造成的；也由于众多天文学家开始着手计算这一天体的位置。然而，甚至最狂热信奉纯科学之纯洁性的人也体认到，只要科学家，甚至最远离尘世的数学家，生活在一个比其专业更为广阔的世界的话，那么，科学思想至少会受到学科专门领域之外的事物影响。科学的进步并不是简单的线性前进，每一个阶段都解决了此前隐含或明显存在的那些问题，并接着提出新问题。科学的进步也得益于新问题的提出、对旧问题的新看法、处理或解决旧问题的新方法、科学研究的全新领域，或研究的新理论和实践工具的新发现。在此，外在因素便有着广大的空间可对科学思想发挥激励或塑造作用。如果说事实上，我们这个时代的大多数科学都是依单纯的线性路径前进，就像基本上仍处于牛顿体系之内的天文学那般，那么，这一点可能并不非常重要。但是，如同我们即将看到的那样，本书所论时期是一个在某些思想领域（例如数学领域）里有着全新发展的时期，一个蛰眠的科学纷纷苏醒（例如化学领域）的时期，一个实际上创造了新科学（例如地理学）的时期，一个将革命新观念注入其他科学之中（例如社会科学和生物科学）的时期。

在所有造成科学发展的外在力量之中，政府或工业对科学家的直接要求是最不重要的。法国大革命动员了他们，让几何学家兼工程师卡诺负责雅各宾的战争工程，让数学家兼物理学家蒙日（Monge，1792—1793 年任海军部长）以及一个数学家和化学家小组负责战时生产，就像它早先曾请化学家兼经济学家拉瓦锡负责国家收入的估算一样。像这样训练有素的科学家进入政府做事，也许在近代或任何时代还是头一遭，但是，这对政府比对科学更为重要。在英国，这个时代的主要工业是棉纺织、煤、铁、铁路和船运。使这些工业产生革命性变化的技艺，是那些有实际经验（太有经验了）者的技艺。英国铁路革命的主角是一位对科学一窍不通，但却能觉察出什么东西能使机器运转的史蒂芬森——一位超级匠人，而非技师。那些像巴贝奇一样的科学家，试图使自己对铁路有所贡献；那些像布鲁内尔一样的科学工程师，则试图使铁路建立在合理而非纯经验的基础之上。然而，他们的企图却毫无结果。

在另一方面，科学却从科技教育的大力推动以及稍显逊色的研究支持当中，获得极大的好处。在此，双元革命的影响是相当清楚的。法国大革命改造了法国的科学和技术教育，这项工作主要借助于综合工科学校的设立（1795 年，以培养各类技术人员为宗旨）和高等师范学院（1794 年）的雏形——该学院是拿破仑中等和高等教育总体改革的中坚部分。法国大革命也重振了衰败的皇家学院（1795 年），并在国家自然历史博物馆内创设了第一个名副其实不局限于物理科学的科学研究中心（1794 年）。在本书所论时期的大多数时间里，法国科学的世界优势地位差不多都要归功于这些主要基地，特别是综合工科学校。那是贯穿后拿破仑时期的雅各宾主义和自由主义的骚动中心，也是伟大数学家和理论物理学家无与伦比的摇篮。在布拉格、维也纳和斯德哥尔摩，在圣彼得堡和哥本哈根，在德意志全境和比利时，在苏黎世和马萨诸塞州（Massachusetts），都仿效法国而建立了综合工科学校，只有英国例外。法国大革命的震撼，也把普鲁士从死气沉沉的教育当中震醒了。在普鲁士复兴运动中建立的新柏林大学（1806—1810 年），成为大多数日耳曼大学的楷模，而这些大学接着又将为全世界的学术机构树立典范。这类改革同样没有发生在英国，在英国，政治革命既未取得胜利，又未达到突破。然而，这个国家的巨大财富，使建立诸如卡文迪什（Henry Cavendish）和焦耳（James Joule）实验室那样的私人实验室成为可能，而明智的中产阶级人士，也对追求科学和技术教育具有普遍的渴望，这两点使英国在科学发展方面获得了可观的成效。一位巡游各地的启蒙冒险家拉姆福德伯爵（Count Rumford），于 1799 年建立了皇家研究所（Royal Institution）。该机构的名声主要来自其著名的公共讲座，然而它真正的重要性则在于它为戴维（Humphry Davy）和法拉第（Michael Faraday）提供了无与伦比的科学实验机会。事实上，它是科学研究实验室的早期范例。诸如伯明翰新月学会以及曼彻斯特文学和哲学协会这类科学促进团体，都争取到了该地企业家的支持：道尔顿（John Dalton）这位原子理论的奠基者就来自后者。伦敦的边沁学派激进分子建立（或毋宁说是接管和改变）了伦敦机械学院（London Mechanics Institution，今日的伯贝克学院），将它发展成培养技术人员的学校；建立了伦敦大学，以作为沉寂的牛津大学和剑桥大学之外的另一选择；建立了英国科学促进协会（1831 年），以取代如没落贵族般死气沉沉的皇家学会。这些机构成立的目的都不纯是为知识而知识，这也许是专门的科学研究组织迟迟未出现的原因。甚至在德意志，第一个大学化学研究实验室〔李比希（Liebig）在吉森（Giessen）建的实验室〕也要到 1825 年才得以设立（不用说，那是在法国人的支持下建立的）。像在法国和英国一样，有些机构提供技术人员；有些机构则培养教师，如法国、德意志；有些机构则旨在灌输青年人一种报效国家的精神。

因此，革命的年代使科学家和学者的人数以及科学产品大量增加。并且，它还目睹科学的地理疆域以两种方式向外扩展。首先，在贸易和探险的过程当中，便为科学研究开辟了新的世界领域，并且带动了相关的思考。洪堡是本书所论时期最伟大的科学思想者之一，他最初便是以一位不倦的旅行家、观察家以及地理学、人种学和自然史领域内的理论家而做出贡献。尽管他那本综合一切知识的杰作《宇宙》（*Kosmos*，1845—1859），并不局限于某些特别学科的界限之内。

其次，科学活动的地域，也扩及那些在当时仅对科学做出极小贡献的国家和民族。举例来说，在 1750 年的大科学家名单上，除了法国人、英国人、日耳曼人、意大利人和瑞士人之外，几乎见不到别的国家。然而，19 世纪上半叶主要数学家的最短名单，也包括了挪威的阿贝尔（Henrik Abel）、匈牙利的鲍耶（Janos Bolyai），甚至更遥远的喀山城（Kazan）的洛巴切夫斯基（Nikolai Lobachevsky）。在此，科学似乎再次反映了西欧之外民族的文化兴起，而这项发展是革命年代十分引人注目的产物。科学发展中的这种民族因素，也可从世界主义（cosmopolitanism）的衰落当中反映出来，世界主义原是 17 世纪到 18 世纪小科学团体的特有称谓。国际名人到处游走的时代——例如，欧拉（Euler）

从巴塞尔到圣彼得堡，再到柏林，然后又回到叶卡捷琳娜大帝的宫廷——已随着旧制度一块消逝了。从此，科学家只好留在他的语言地域之内，除了短期的出国访问之外，都是通过学术性刊物与同行交流。这样的刊物是这一时期的典型产物，例如《皇家学会通报》（*Proceedings of the Royal Society*，1831）、《自然科学院报告》（*Comptes Rendus de l'Academie des Sciences*，1837）、《美国哲学学会通报》（*Proceedings of the American Philosophical Society*，1838），或者新的专业刊物，比如克列尔（Crelle）的《科学院统计报告》（*Journal für Reine und Angewandte Mathematik*），或者《化学物理学年鉴》（*Annales de Chimie et de Physique*，1797）等。

2

在我们判断双元革命究竟对科学造成什么样的影响之前，最好先简略评述一下科学界的发展。总的说来，古典自然科学并未发生革命性变化。也就是说，它们主要还是处在牛顿建立的考察范围之内，或是沿着18世纪早就走过的研究路线继续下去，或是把早期不完整的发现加以扩展并发展成更广泛的理论体系。以这些方式开辟的新领域中，最重要的（并具有最立竿见影的技术后果）就是电，更确切地说是电磁学。下列五个主要日期（其中四个在本书所论时期）标志着电磁学的决定性进步：1786年，加尔瓦尼（Galvani）发现了电流；1799年，伏打（Volta）制成电池；1800年，发现电解作用；1820年，奥斯特（Oersted）发现了电和磁之间的关系；1831年，法拉第确立了这几种力之间的关系，并于无意中发现，他自己开创了一种研究物理学的新方法（用"场"取代机械的推力与拉力），预示了现代科学的来临。新的理论综合中最重要的是热力学定律，即热和能之间的关系。

天文学和物理学的近代革命在 17 世纪便已发生，而化学界的革命在本书所论时期才刚刚兴起。在所有科学当中，化学与工业技术，尤其与纺织工业中的漂洗和染色过程关系最紧密。更有甚者，现代化学的创造者不仅是本身具有实务经验，并与其他拥有实务经验者密切配合（比如曼彻斯特文学与哲学协会的道尔顿和伯明翰新月学会的普里斯特利），而且有时还是政治革命家，虽然是温和派。其中有两个人成为法国大革命的牺牲品：落在托利党乱民手中的普里斯特利，是因为他过度同情这次革命；伟大的拉瓦锡被推上断头台，则由于他不够同情革命，或主要因为他是一个大商人。

如同物理学一样，化学也是法国科学中相当卓越的一支。它的实际创始人拉瓦锡，就是在法国大革命那年发表了主要论著《化学基本教程》（*Traité Elémentaire de Chimie*）。其他国家，甚至像德意志这类后来成为化学研究中心的那些国家，对化学发展的推动，尤其是化学研究的组织工作，基本上都是导源于法国。1789 年前的主要进展在于，通过阐释某些诸如燃烧之类的基本化学过程，以及一些诸如氧那样的基本元素，在经验性实验的混乱之中理出了一些重要头绪。他们也为这一学科进行精确的定量测量，并制定了进一步研究的规划。原子理论（由道尔顿于1803—1810 年开创）的关键概念，使得发明化学公式并用以展开对化学结构的研究成为可能。大批新的实验结果接踵而来。19世纪的化学已成为所有科学当中最富生命力的学科之一，因而也变成吸引（如同每一个富有活力的学科一样）大批聪明才智之士的学科。不过，化学的气氛和方法，基本上依旧是 18 世纪的。

然而，化学有一种革命性影响，那就是发现生命能够用无机化学的理论加以分析。拉瓦锡发现，呼吸是氧化的一种形式。韦勒发现（1828 年），原本只能在生物体内找到的化合物——尿素——也能够在实验室内借由人工合成，从而开辟了广阔的有机化学新领域。虽然进步的巨大障碍，即那种认为有生命物体所遵循的自然法则与无生命物体根本不同的信念，已受到沉重的打击，但机械的方法也好，化学的方法也好，都未能使生物学家取得更大的进展。生物学在这一时期的最基本进展，即施莱登（Schleiden）和施旺（Schwann）关于一切生物都是由无数细胞组成的发现（1838—1839 年），为生物学建立了一种相当于原子论的理论；不过，成熟的生物物理学和生物化学仍然要等到遥远的将来。

数学界发生了一场虽然不如化学那样引人注目，但就其本质而言，甚至更为深刻的革命。物理学依旧处在 17 世纪的框架之内，化学穿过 18 世纪打开的缺口，在一条宽广的战线上展开。与上述两者不同，本书所论时期的数学却进入了一个全新天地，远远超出了仍然支配着算术和平面几何的希腊世界，以及支配着解析几何的 17 世纪世界。复变数理论［高斯（Gauss）、柯西（Cauchy）、阿贝尔、雅可比（Jacobi）］、群论［柯西、伽罗瓦（Galois）］或向量理论（汉密尔顿）为科学带来的革新，除获得数学家的高度评价之外，很少人能领略其奥妙。通过这场革命，俄国的洛巴切夫斯基（于 1826—1829 年）和匈牙利的鲍耶（于1831 年），竟推翻了人们信奉最久的理论——欧几里得几何。欧几里得逻辑那种气势恢宏而且不可动摇的结构，是建立在某些假定之上，其中之一是平行线永不相交公理，而这项公理既非不言自明，又不是可验证的。在另外一些假定之上建立同样的几何逻辑，在今天看来可能是很简单的，例如（洛巴切夫斯基、鲍耶）与任一线 L 平行的线无限延长可以通过 P 点；或者〔黎曼（Riemann）〕任何与 L 线平行的线都不经过 P 点。由于我们已能建造出适用这些规则的真实平面，情况就更是如此了（因此，地球就其是个球体而言，是与黎曼的而不是欧几里得的假定相符）。然而，在 19 世纪早期做出这类假定，却是堪与以日心说取代地心说相比的大胆思想行为。

3

除了对那些以远离日常生活而著名的少数专家的关注外，数学革命便在无声无息之中过去了。而在另一方面，社会科学领域的革命则几乎不可能不冲击到一般大众，因为它明显地影响了他们。一般来说，人们相信情况变糟了。皮科克小说中的非职业科学家和学者，温柔地沐浴在同情或爱抚的嘲笑之中；而蒸汽知识学会（Steam Intellect Society）中的经济学家和宣传家的命运，则大不相同。

下列这两场革命便是明确的例证，两者的合轨产生了集社会科学之大成的马克思主义。第一场革命延续了 17 和 18 世纪理性主义者的光辉开拓，为人类居民建立了相当于物理法则的规范。其最早的胜利是政治经济学系统演绎理论的构建，及至 1789 年，这方面已取得了很大的进展。第二场革命是历史进化的发现，它实质上属于这个时代并与浪漫主义密切相关。

古典理性主义者的大胆创新表现在如下的信念上，即逻辑上的必然法则同样适用于人类的意识和自由决定。"政治经济学法则"就属于这一类。那种认为这些法则就如同重力法则（它们常被与这一法则进行比较）一样，不会随着人的好恶而转移的信念，为19世纪早期的资本家提供了一种无情的确定性，并趋向于向他们的浪漫主义反对者灌输一种同样野蛮的反理性主义。原则上，经济学家们当然是正确的，尽管他们显然夸大了作为他们推断基础的那些假设（"其他物品"的供给"维持衡量不变"）的普遍性，而且有时也夸大了他们自己的智力。如果一个城镇的人口增加一倍，而住房数量却保持不变，那么在其他事物维持不变的情况下，房租必定会上涨，这是不会因为任何人的意志而改变的。这类命题遂产生了由政治经济学（主要在英国，虽然在较低程度上也出现在18世纪的旧科学中心，如法国、意大利和瑞士）构建而成的演绎体系之力量。如同我们已看到的那样，从1776年到1830年的这一时期，这种力量正处于其胜利的巅峰时期，并得到首次系统出现的人口统计学理论的补充，这种理论旨在建立可用数学方式描述的人口增长率和生活资料之间的关系。马尔萨斯《人口论》的支持者，沉浸在发现下列事实的热情之中：有人已证明，穷者总是受穷，对他们的慷慨和捐助必使他们更穷。其实，《人口论》既不像其支持者所说的那样是首创的，也不具说服力。其重要性并不在它的思想成就，因为这方面并不突出，而在于它主张以科学的方法将诸如性生活这般纯属个人而且随意变化的一些决定，视为一种社会现象。

　　将数学方法运用到社会之中，是这一时期的另一项主要进展。在这方面，讲法语的科学家处于领先地位，无疑这是得益于法国教育的极佳数学氛围。因此，比利时的凯特尔（Adolphe Quételet）在其划时代的著作《论人》(*Sur l'Homme*，1835）中指出，人类特征在统计学上的分布是遵循已知的数学法则。据此，他以人们一直视为过分的信心，推断出社会科学与物理学融合的可能性。对人口进行统计归纳并在归纳的基础上做出确实可靠的预测，这种可能性是概率论专家长期期待的（凯特尔进入社会科学的出发点），也是诸如保险公司之类必须依靠其从事实际工作的人们所长期期待的。但是，凯特尔和兴致勃勃的当代统计学家、人类学家和社会调查研究者群体，却把这些方法应用到远为宽广的领域之中，并且创造了仍然是社会现象调查研究的主要数学工具。

社会科学中的这些发展是革命性的，就像化学一样，都是遵循那些早就在理论上取得的进展而实现。不过，社会科学也有一项全新而且值得称道的独特成就，这项成就反过来又有益于生物科学和诸如地理学一类的自然科学，即发现历史是一种符合逻辑的进化过程，而不仅是各种事件的年代更替。这种创新与双元革命之间的关系十分明显，几乎无须论证。于是，被称为社会学（这个词是孔德在 1830 年左右发明的）的学科，直接从对资本主义的批判中萌生出来。被公认为社会学奠基者的孔德，就是以空想社会主义者先驱圣西门伯爵的私人秘书身份开始其生涯的。[a]社会学最令人生畏的当代理论家马克思，便是把他的理论视为改变世界的工具。

a. 虽然如我们已见到的那样，要将圣西门的思想归类并不容易，但是，要抛弃将他称为空想社会主义者这一已然确立的习惯，似乎是太书呆子气了。

作为一门学术性学科的历史学的创立，也许是这种社会科学历史化过程中最不重要的方面。的确，历史写作的时尚在 19 世纪上半叶风行欧洲。几乎不曾见过这么多人以坐在家中撰写大部头历史著作的方式，来理解他们的世界：俄国的卡拉姆津（Karamzin）、瑞典的耶伊尔（Geijer）和波希米亚的帕拉茨基（Palacky），各是其本国历史学的奠基人。在法国，企图借由过去来理解现实的要求特别强烈，法国大革命很快就成了梯也尔（Thiers）、米涅（Mignet）、博纳罗蒂、拉马丁和伟大的米什莱等，进行深入细致和带有党派偏见的研究题目。那是一个历史编纂学的英雄时代，但是，除了作为历史文件、文献或者偶尔作为天才的记录之外，法国的基佐、梯叶里（Augustin Thierry）和米什莱，丹麦人尼布尔（Niebuhr）和瑞士人西斯蒙蒂，英国的哈勒姆（Hallam）、林加德（Lingard）和卡莱尔，以及无数的德意志教授的著作，却很少幸存至今。

这种历史学觉醒的最持久后果，表现在文献编纂和对历史学的技术性整理。搜集过去的文字或非文字文物，成为一种普遍的爱好。虽然民族主义也许是历史学最重要的激励因素——在那些尚未觉醒的民族中，历史学家、词典编辑者和民歌搜集者，常常正是民族意识的奠基人——但其中仍不乏保护历史免受当时蒸汽动力进攻的企图。因此，法国创办了法国文献学院（Ecole des Chartes，1821 年），英国创办了公共档案局（Public Record Office，1838 年），德意志邦联开始出版《德意志历史文献》（*Monumenta Germaniae Historiae*，1826），而历史学必须建立在对原始材料的审慎评估之上的信条，则是由多产的兰克（Leopold von Ranke，1795—1886）确立的。同时，如我们已见到的那样（参见第十四章），语言学家和民间传说研究者，编纂出了其民族语言的基本字典和民族的口头传说集。

把历史放进社会科学，对法律、神学研究，尤其是全新的语言学，有着最为直接的影响。在法律领域，萨维尼（Friedrich Karl von Savigny）建立了法学的历史学派（1815 年）；在神学研究中，历史准则的应用（显著地表现在 1835 年施特劳斯的《耶稣传》中）吓坏了基本教义信徒。语言学最初也是从德意志发展出来的，那里是史学方法传播最强有力的中心。马克思是一位日耳曼人，这并非偶然。表面上对语言学的激励，是来自欧洲对非欧洲社会的征服。琼斯爵士对梵文的开创性研究（1786 年）是英国征服孟加拉的结果，商博良（Champollion）对象形文字的解读（针对这一课题的主要著作发表于 1824 年）是拿破仑远征埃及的结果，罗林森（Rawlinson）对楔形文字的阐释（1835年）反映了英国殖民官员的无处不在。但是，语言学事实上并不局限于发现、描述和分类。在伟大的德意志学者手中，比如葆朴（Franz Bopp, 1791—1867）和格林兄弟，它成了名副其实的第二种社会科学（第一种是政治经济学）；说它是第二种社会科学，是因为它在像人类交流这样显然变幻莫测的领域当中，发现了可资应用的普遍法则。不过，与政治经济学的法则不同，语言学法则基本上是历史的，或更确切地说是进化的。[a]

他们的基础建立在下列发现之上，即语言范围广布的印欧语系，彼此之间是互有关联的。这项发现还得到下述明显事实的补

a. 奇怪的是，直到 20 世纪，人们才试图将数学物理方法应用到被认为是更为普遍的"交流理论"之一的语言学中。

充，即每一种现存的欧洲书写语言在漫长的岁月里都被明显地改变了，而且根据推测，仍将继续改变。语言学家的问题不仅是要运用科学比较的方法将各个语言之间的关联加以证明和分类，这项工作当时人们已广泛进行［例如，居维叶（Cuvier）所进行的比较分析］；同时也是，而且主要是阐释它们必定是从一个共同的母语演化而来的历史进程。语言学是第一门将进化视为其核心的科学。它当然是幸运的，因为《圣经》有关语言的历史所言不多，而如同生物学家和地理学家在付出代价之后所体认的那样，《圣经》对于地球的创造和早期历史的说法显然是太明确了。因此，比起他们倒霉的盟友，语言学家被挪亚洪水淹没或被《创世记》第一章绊倒的可能性自然少得多。如果说《圣经》曾提过什么，也是与语言学家看法一致的："整个地球曾使用同一语言，同一口音。"语言学的幸运，也是由于在所有社会科学当中，只有它不直接研究人——人们总是不愿相信他们的行动是受其自由选择之外的任何东西决定的——而是直接地研究词语，它们不会像人一样抱怨。因此，它可以自由地面对历史学科始终存在的基本问题：怎样从不变的普遍法则运作中，推演出实际生活中大量并且显然是常常变幻莫测的个例。

尽管葆朴本人早已提出了语法的曲折变化之起源的理论，但是，语言学先驱们实际上并未在解释语言变化方面取得很大进展。不过，他们倒是为印欧语系建立了一种类似于谱系表的东西。他们做了许多有关不同语言要素变化相对率的归纳概括，以及诸如"格林法则"（它指出所有日耳曼语言都经历了某些辅音变化，几世纪之后，日耳曼方言的一个分支又发生了另一次类似的变化）这类范围非常广泛的历史概括。但是，在这种开创性探索的整个过程中，他们从来没有怀疑过，语言的进化不仅是一种建立年代顺序或记录语言变化的事情，而且应该用类似于科学法则的普遍语言学法则来加以解释。

4

生物学家和地理学家可没有语言学家那么幸运。尽管对地球的研究（借由开采矿石）与化学密切相关，对生命的研究（通过医学）与生理学和化学（由于发现了生物体中的化学元素与自然无机物中的化学元素相同）紧紧相连，但是，对他们来说，历史也是一个重大问题。不过，无论如何，对地理学家来说，最明显的问题都涉及历史——例如，怎样解释陆地和水的分布，解释山脉以及极为明显的地层。

如果说地理学的历史问题是怎样解释地球的进化的话，那么，生物学的历史问题则是双元的：怎样解释个别的生物体从卵、种子或孢子中成长起来，以及怎样解释物种的进化。化石这种看得见的证据将两者联系起来：每一个岩层都会发现一种独特的化石群，但不会在其他岩层中发现。英国排水工程师史密斯（William Smith）于 18 世纪 90 年代发现，地层的历史顺序能以各地层特有的化石轻松地加以确定，因此，工业革命的挖地活动便为生物学和地理学带来了光明。

人们早就企图提出进化理论，这一点是很明显的，特别是追逐时尚但有时有些马虎的动物学家布丰 [Buffon，《自然史》（*Les Epoques de la Nature*，1778）] 为动物世界提供了进化理论的尝试。在法国大革命那十年里，这些尝试迅速获得进展。爱丁堡沉思默想的赫顿［James Hutton，《地球论》(*Theory of the Earth*，1795)］和脾气古怪的伊拉斯谟·达尔文［他从伯明翰新月学会中脱颖而出，并以诗的体裁写出一些科学著作，如《动物生理学》(*Zoonomia*，1794)］提出了一套相当完整的地球以及动植物物种的进化理论。大约与此同时，拉普拉斯甚至提出了哲学家康德和卡巴尼斯（Pierre Cabanis）曾经预见到的太阳系进化理论，并将人类高度的心智能力视为其进化史的产物。1809 年，法国的拉马克（Lamarck）在后天性格的遗传性基础上，提出了第一套有系统的现代进化论。

这些理论无一取得胜利。事实上，它们很快就遇到了诸如托利党人的《评论季刊》(*Quarterly Review*) 那样的疯狂抵抗。该杂志"对启示录的信仰是很坚定的"。[2] 如此一来，挪亚洪水该怎么办？物种是一个个分别被创造（暂且不说人类）的说法又该如何解释？最重要的是，社会的稳定性如何维系？受这类问题困扰的不仅是头脑简单的神父，而且是头脑不那么简单的政治家。伟大的居维叶，这位对化石进行系统研究的奠基人［《关于化石骨骸的研究》(*Recherches sur les ossemens fossiles*，1812)］，以上帝的名义批驳了进化论。与其动摇《圣经》和亚里士多德学说的稳固性，不如去想象地理史上发生了一系列大灾变，继之以一系列神的再创造——与否定生物学的变化不同，否定地理学的变化几乎是不可能的。可怜的劳伦斯博士曾提出一个类似达尔文的天择进化理论来回应拉马克，却迫于保守分子的鼓噪，而将其《人类的自然历史》(*Natural History of Man*，1819) 撤销发行。他实在太不明智了，因为他不仅讨论人的进化，甚至还指出进化思想对当代社会的意义。他的公开认错保住了眼前的职业及未来的事业，也造成了良心的永久不安。他只能以恭维一次又一次偷印其煽动性著作的激进派印刷勇士，来安慰自己的良心。

直到 19 世纪 30 年代，如我们将观察到的那样，政治再次向左转，随着赖尔（Lyell）著名的《地理学原理》(*Principles of Geology*，1830—1833）的发表，成熟的进化理论才在地理学中取得突破。《地理学原理》终结了水成论者（Neptunist）和灾变论者的抵抗。水成论者以《圣经》为据，辩说所有的矿物都是从曾经覆盖地球的水溶液中沉淀而成（参见《创世记》第一章，以及第七至九章）；灾变论者则继承了居维叶孤注一掷的辩护传统。

这同一个十年内，在比利时做研究的施梅林（Schmerling）和佩尔德斯（Boucher de Perthes，幸运的是，他对考古的癖好远超过他在阿比维尔的海关主任职位），预示了一个甚至更为惊人的发展，即发现了史前人类的化石。在此之前，史前人类存在的可能性一直被狂热地否定。[a] 然而，直到 1856 年尼安德特人（Neanderthal）的发现为止，科学保守主义者仍然能够以证据不足为由来否定这一令人生畏的前景。

至此，人们不得不承认：（1）迄今仍在发挥作用的那些动因，曾在时间的进程中把地球从其初始状态改变成目前状态；（2）这个过程远比根据《圣经》所推测的任何时间都要长得多；（3）地层的顺序揭示了动物进化形式的顺序，因此也包含了生物的进化。十分有意义的是，那些最愿意接受这种理论，并且对进化问题真正表现出最大兴趣的人，是英国中产阶级当中那批自信激进的门

---

a. 直到 1846 年，他的《凯尔特的古代建筑》才得以发表。事实上，一些人类化石已一再被发现，但它们不是没人认识，就是全被遗忘，就这样躺在各地博物馆的角落里。

外汉［不过，那位以赞美工业体系的诗作闻名的尤尔博士（Dr. Andrew Ure）除外］。科学家们迟迟才接受了科学。不过，当我们想到，在这一时期地理学是唯一因其绅士派头十足（也许是因为它是在户外进行，并且尤其喜爱花费巨大的"地理旅行"），而在牛津和剑桥大学被严肃地加以研究的学科时，这种情况就不会那么让人吃惊了。

但是，生物学的发展却仍是蹒跚不前。直到1848年革命失败之后，这一爆炸性题目才再次被认真看待；那时，即使连达尔文也都是以极其谨慎且模棱两可（且不说不真诚）的态度来研究这个题目。甚至通过胚胎学所进行的类似探索，也一时沉寂下来。在这个领域中，如哈勒的梅克尔（Johann Meckel of Halle，1781—1833）这类德意志早期思辨哲学家曾经指出，在生物体的胚胎成长过程中，重演了该物种的进化过程。然而，这一"生物学法则"虽然在开始时得到了像拉特克（Rathke，他于1829年发现鸟的胚胎发育过程中会经过一个有鳃口的阶段）这类人的支持，却遭到了可怕的哥尼斯堡的贝尔（Von Baer）和圣彼得堡方面的反对——实验生理学似乎已对斯拉夫和波罗的海区域的研究者产生了显著的吸引力。[a] 直到达尔文主义到来，这些思想才告复活。

与此同时，进化理论已在社会研究中取得惊人的进步。不过，我们不应夸大这种进步。双元革命时期属于所有社会科学的史前时期，除了政治经济学、语言学，也许还包括统计学。甚至其最重大的成就，马克思和恩格斯结构严谨的社会进化理论，在此时

a. 拉特克在爱沙尼亚的多尔帕特（塔尔图）教书，潘德尔（Pander）在拉脱维亚的里加教书，伟大的捷克生理学家波金杰（Purkinje）1830年在波兰的布雷斯劳创办了第一所生理学研究实验室。

也只不过是一种精彩的构想罢了。它借助出色的宣传小册子提出这一构想，以作为历史叙述的基础。直到该世纪下半叶，人文社会研究的科学基础才坚实地建立起来。

在社会人类学或人种起源学领域，在史前史、社会学和心理学领域，情况也是如此。这些研究领域在本书所论时期接受洗礼，或者说，首次提出声明，视其自身为具有特殊规则的独立学科——小穆勒于1843年提出的声明，也许是首次坚决主张赋予心理学这种地位的声明——是具有重要意义的。如同1830—1848年，以统计学方法进行社会调查的增加导致统计学会的增加一样，在法国和英国建立专门的人种学会（1839年、1843年）以研究"人类种族"，这一事实也是同样重要的。不过，法国人种学会号召旅行者去"发现一个民族对其起源保留了什么样的记忆……其语言或行为，其艺术、科学和财富，其权力或统治等都经历了哪些变革？引起这些变革的是内部原因还是外部入侵？"[3]这一"对旅行者的一般指示"只不过是一个提纲而已，尽管是一个具有深刻历史性的提纲。的确，对于本书所论时期的社会科学，重要的不是它们的成果（尽管已积累大量描述性资料），而是它们坚定的唯物倾向（以环境决定论来解释人类社会的差异），以及对进化理论的同样执着。夏凡纳（Chavannes）不是在1787年，当人种学刚起步之际，便将它定义为"各民族迈向文明的进程史"吗？[4]

不过，在此必须简单地回顾一下社会科学早期发展的一个阴暗的副产品——种族理论。不同种族（或者更确切地说是肤色）的存在问题曾在18世纪引起广泛讨论，当时有关人类究竟是一次或多次被创造出来的问题，也同样烦扰着人们。人类同源论者和人类多源论者之间的界限并不明确。第一类群体将进化论和人类平等论的信仰者，与那些因发现在这一点上至少科学与《圣经》并不冲突而松了一口气的人结合在一起，如前达尔文主义者普里查德（Prichard）、劳伦斯与居维叶。大家公认，第二类群体不仅包括了真正的科学家，也包括了实行奴隶制度的美国南方种族主义者。针对种族问题的讨论带动了人体测量学的蓬勃兴旺。人体测量学主要是以头盖骨的搜集、分类和测量为基础。这些活动也受到了当代颅相学的推动，这种奇怪的学说试图从头盖骨的形状解读人的性格。在英国和法国都建立了颅相学学会（1823年、1832年），尽管该学科很快就再次脱离科学。

与此同时，民族主义、种族主义、历史学和野外观察，共同携手把另一个同样危险的议题，即民族或种族特征的永恒性论题引入社会之中。19 世纪 20 年代，法国的史学和革命先驱梯叶里兄弟，便投身于诺曼征服者和高卢人的研究，这一研究至今仍反映在法国学校读本（"我们的祖先高卢人"）以及"高卢人"牌香烟的蓝色盒子上。作为优秀的激进分子，他们认为法国人民是高卢人的后裔，贵族则是征服他们的条顿后裔。这项论点日后被像戈宾诺伯爵（Count of Gobineau）那样的上层阶级种族主义分子，用来作为其保守主义的论据。威尔士自然主义者爱德华站在凯尔特人的立场上，以可以理解的热情信奉着如下信念：特定的种族之所以能生存在这个时代，是因为他们试图发现自己民族浪漫而又神奇的独特个性；试图为自己找到承担拯救世界使命的依据；或者试图将他们的财富和力量归之于"天生的优越性"（他们倒没有表现出把贫困和压迫归之于天生的劣根性的倾向）。不过，可以为他们开脱的是，种族理论最糟糕的滥用，是在本书所论时期结束之后才出现的。

5

我们该怎样解释这些科学发展呢？特别是，我们该怎样将它们与双元革命的其他历史变化联系起来呢？它们之间存在着明显的联系，这毋庸置疑。蒸汽机的理论问题促使天才卡诺特（Sadi Carnot）于 1824 年提出 19 世纪最具根本性的物理学洞视，即热力学的两个定律［《有关火车头功率之思考》（*Reflexions sur la puissance motrice du feu*）。不过，他的第一个定律直到很久以后才发表］，尽管这并不是解决这一问题的唯一途径。地理学和古生物学的重大进展，显然在极大的程度上要归功于那些工业工程师和建筑师对土地开凿的热情，以及采矿业的重要性。英国于 1836 年进行了一次全国性的地理调查，并因此成为地理学最出色的国家。对矿物资源的调查，为化学家提供了无数无机化合物以做分析之用；采矿、制陶、冶金、纺织、煤气灯和化学药品这些新工业以及农业，都促进了他们的工作。从团结一致的资产阶级激进派和贵族派辉格党人对应用研究，以及那些连科学家都为之退缩的对大胆设想所抱的热情，就足以证明本书所论时期的科学进步，是不能与工业革命的刺激区分开来的。

法国大革命与科学之间的纠葛，也以类似的方式明显表现在对科学的公开或隐秘的敌视中。政治上的保守派或温和派，以这种敌视态度来对待被他们视为 18 世纪唯物主义和理性主义颠覆的自然产物。拿破仑的失败带来了一股蒙昧主义的浪潮。狡猾的拉马丁叫喊道："数学是人类思想的锁链，我一吸气，它就断了。"支持科学、反对教会的左派，斗志旺盛地在难得的胜利时刻，建立了大多数使法国科学家得以开展活动的研究机构；而反对科学的右派，则竭力使科学家挨饿。[5] 这两派之间的斗争一直在持续着。这倒不意味着法国或其他地方的科学家，在这一时期特别倾向革命。他们当中有一些是激进的革命分子，例如金童伽罗瓦就曾在 1830 年突击街垒，以反叛者的罪名遭受迫害，并在 1832 年他 21 岁的时候，于一次政治暴徒挑起的决斗中被杀害。一代又一代的数学家从其深刻的思想中孕育成长，而那些思想是他在人世间的最后一夜呕心沥血完成的。有些人则是公开的反动派，比如正统主义者柯西。尽管基于明显的理由，曾因他而生辉的综合工科学校，却是好战的反皇派。也许大多数科学家会认为自己在后拿破仑时期已脱离政治中心，但有些科学家，特别是在新兴国家或在此之前的非政治性社团中，却被迫进入政治领导者的职位，特别是与民族运动有着明显联系的历史学家、语言学家和其他学者。帕拉茨基在 1848 年成为捷克民族的主要代言人；哥廷根大学的七位教授因在 1837 年签署了一封抗议信，而赫然发现自己已成为全国性的重要人物（七人当中包括格林兄弟）；德国 1848 年革命中的法兰克福国会，俨然是一个由教授和其他文官组成的会议。另一方面，与艺术家和哲学家相比，科学家（尤其是自然科学家）只表现出了非常低的政治意识，除非在他们的学科有实际需要之时。例如，在天主教国家之外，他们表现出一种把科学与宁静的宗教正统结合起来的能力，这使后达尔文主义时代的学者大为惊讶。

这种直接的渊源，解释了 1789—1848 年科学发展的某些事情，但并非全面。显然，当时事件的间接影响更为重要。任何人

第十五章
科学

都无法忽略，在这一时期，世界以空前剧烈的程度发生变化。任何有思想的人都无法不被这些动荡与变革所震惊、所冲击，并在思想上被激发。而那些从迅速的社会变化、深刻的革命，以及激进的理性主义革新之中衍生出的思想模式，自然也会被人们所接受。那些远离尘世的数学家有可能因为这场明显的革命，而打破束缚他们的思想藩篱吗？我们不得而知，尽管我们知道妨碍他们接受革命性新思想方式的阻力，并非他们的内在困难，而是他们对于什么是或什么不是"自然的"的默认假设上的冲突。"无理"数（指像 $\sqrt{2}$ 一样的数）和"虚"数（指像 $\sqrt{-1}$ 一样的数）这类术语本身，就表明了这种困难的性质。一旦我们能确定，他们与其他人一样有理性、一样真实，那么一切都好办了。但是，要让神经质的思想家做出这种决定，可能要一个变动剧烈的时代才行；事实也的确如此，数学中的虚数或复变数在 18 世纪仍被以困惑谨慎的态度对待，一直要到法国大革命之后，才充分被接受。

撇开数学不谈，唯一可以期望的是，汲取自社会变革中的思维模式，能够吸引可以应用类似模式的那些领域里的科学家。例如，将动力学的进化概念引进迄今仍是静态的概念之中。这种情形或可直接发生，或需要借由其他学科做中介。在历史学和大多数近代经济学中至关重要的工业革命这一概念，就是以法国大革命的类比概念，而于 19 世纪 20 年代为人所引用。查尔斯·达尔文从马尔萨斯的资本主义竞争（"生存竞争"）模式中，类比推演出他的"物竞天择"机制。地理学中的灾变理论之所以在 1790—1830 年广为流行，多少也可归因于那一代人对猛烈不安的社会骚动的熟悉感。

不过，在最具社会科学特征的学科之外，过分强调这种外在影响，则是不明智的。在一定程度上，思想界是独立存在的：无论过去或现在，思想界的运动都与外在世界踩着同样的历史波长前进，但却不只是外在世界的回声。因此，例如地理学的灾变论也多少该归因于新教，特别是加尔文教派对上帝主宰万物和全能的坚信。这类理论基本上是新教科学家所独有的。如果说科学领域中的发展类似于其他方面的发展的话，那也不是由于每一种发展都能以任何简单的方式与经济或政治的发展相联系。

但是，这种联系却是难以否认的。本书所论时期普遍思潮的主流，的确在科学的专门领域里激起反响，正是这种反响使我们能够在科学和艺术之间，或在科学、艺术两者和政治社会观念之间，确立一种对应的关系。正是这样，"古典主义"和"浪漫主义"存在于科学之中，并且，如我们已见的那样，各自都以一种特别的方式适应于人类社会。把古典主义（或者，用知识分子的术语来说，启蒙运动的理性主义和机械论的牛顿宇宙说）等同于资产阶级自由主义环境，把浪漫主义（或者，用知识分子的术语来说，所谓的"自然哲学"）等同于它的对手，显然是过于简单化，1830 年之后，这类对应已告崩溃。不过，它倒代表了真理的某一方面。直到诸如近代社会主义之类的理论兴起之时，革命思想已在过去的理性主义时代扎下了根，诸如物理学、化学和天文学这类学科，都是与英、法资产阶级自由主义并肩发展的。例如，共和二年的平民革命者就是受到卢梭而不是伏尔泰的鼓舞；他们怀疑拉瓦锡（他们处决了他）和拉普拉斯，不仅是由于这两个人

与旧制度的关联，而且也与诗人布莱克痛斥牛顿的类似原因有关。[a]
反之，"自然史"却是与平民革命者相契合的，因为它代表了通向
真实而未被破坏的自然的自发性道路。解散了法兰西学院的雅各
宾专政，在植物园设立了不下于 12 个研究职位。同样，在古典
自由主义薄弱的德意志（参见第十三章），与古典意识形态对立
的科学意识形态却非常流行。这就是自然哲学。

　　人们很容易低估自然哲学，因为它与我们已确立为科学的那
些东西具有强烈冲突。它是思辨和直观的。它企图表现世界精神
或者生命，表现所有事物之间的神秘合一，以及表现其他许许多
多不容进行精确定量测量的事物。的确，它根本就是对机械唯物
主义、牛顿，有时也是对理性本身的反叛。伟大的歌德白费了大
量的宝贵时间，试图否定牛顿的光学，而其理由只不过是，他不
喜欢一种不能以光明与黑暗原理的交互作用来解释颜色的理论。
这种反常现象在综合工科学校只能引起令人痛苦的惊叹。令人不
解的是，在神秘紊乱的开普勒（Kepler）和明晰完美的牛顿《数
学原理》之间，德意志人竟执着地偏爱前者。促使奥肯（Lorenz
Oken）写出下面这段文字的，实际上正是这种反常：

> 上帝的行动或生命存在于无止境的展现之中，存在于对统一
> 性和二元性的无尽沉思之中，存在于无止境的自行分裂而又
> 不断合一的过程中……对立性是出现在这个世界的第一种力
> 量……因果法则是对立性的法则。因果关系是一种相生的行
> 动。对立性植根于世界的第一个运动之中……因此，在一切

---

a. 对牛顿学说的怀疑并没有扩展到具有明显的经济和军事价值的应用研
　究中。

事物中都存在着两种过程，一种是个体化和生命化，另一种则是普遍化和毁灭。[6]

这到底是什么？罗素（Bertrand Russell）对以此类术语写作的黑格尔的茫然不解，正是 18 世纪理性主义者回答这种修辞学问题的极佳说明。另一方面，马克思和恩格斯则坦承他们从自然哲学那里得到的益处。[a] 他们警告我们，不能把自然哲学看作陈词滥调。重点在于，它正在发挥作用。它不仅产生了科学的推动力——奥肯建立了自由主义的"德国自然科学研究者协会"，并且激励了"英国科学促进协会"——而且带来了丰硕的成果。生物学中的细胞理论、形态学、胚胎学、语言学的大部分，以及在所有科学学科中的大量历史和进化因素，最初都受到了"浪漫主义"的推动。大家公认，甚至在被其选定的生物学领域中，"浪漫主义"实际上也不得不由近代生理学奠基人贝尔纳（Claude Bernard，1813—1878）的冷静古典主义加以补充。然而在另一方面，甚至在仍然是"古典主义"堡垒的物理化学之中，自然哲学家对于电和磁这类神秘学科的思考，也仍然带来了进展。谢林忧郁的弟子、哥本哈根的奥斯特，于 1820 年展示电流的磁效应时，寻找到电和磁两者之间的联系。事实上，这两种科学方法已经交融。不过，它们从未完全混为一体，甚至在马克思身上也是如此。马克思比大多数人都更清楚地了解其思想的综合源头。总的说来，"浪漫主义"的方法在对新观念和新突破发挥了促进作用之后，

a. 恩格斯的《反杜林论》和《路德维希·费尔巴哈和德国古典哲学的终结》，是对自然哲学以及与牛顿对立的开普勒的有力辩护。

便再次脱离科学。不过，在本书所论时期，它是不能被忽视的。

　　如果说作为一种纯粹的科学促进因素，它不应被忽视，那么，对于研究思想和观念的史家来说，它就更不能被忽视了。对他们来说，即使是荒诞虚假的观念也是事实，也具有历史力量。我们不能把一个捕获了或影响了像歌德、黑格尔和青年马克思这样聪明绝顶的天才的运动一笔勾销。我们只能尝试去理解何以"古典的"18世纪英法世界观，会令人有这么深的不满足感。这种世界在科学和社会方面的巨大成就是不容否认的，然而，在双元革命时期，其狭隘性和局限性也变得益趋明显。认识到这些局限性，并进而寻求（常常是通过直觉而不是分析）能用以勾画出一个更为令人满意的世界图像的术语，事实上并不是在建构世界。自然哲学家所表达出的那种互相联系、进化辩证的宇宙幻象，既不能当作证据，甚至称不上是适当的系统阐述。但是，它们反映了真正的问题，甚至是自然科学中的真正问题；同时，它们也预见了科学领域的变革与扩张，正是那些变革与扩张，建立了我们这个时代的科学宇宙。它们以自己的方式，反映了双元革命的冲击，这场革命改变了人类生活的每一个方面。

第十六章

结语：迈向 1848

贫穷与无产阶级是近代国家这个有机体的化脓性溃疡。它们能治愈吗？共产主义医生提议彻底摧毁现存的生命体……有一件事是肯定的，如果这些人获取行动的权力的话，将会出现一场并非政治的，而是社会的革命，一场反对一切财产的战争，一种彻底的无政府状态。这种现象将依序被新生的民族国家所取代吗？它是建立在什么样的道德和社会基础之上的国家呢？谁将揭开未来的面纱？俄国将发挥什么样的作用？一句俄国古谚说："我坐在岸边，以待风来。"

——哈克斯特豪森《关于……俄国的研究》，1847[1]

我们是从考察 1789 年的世界开始本书的。让我们以扫视一下约 50 年后那个史无前例的、最革命性的半个世纪结束时的世界，来结束本书吧。

那是一个登峰造极的时代。在这个讲求计算的时代里，人们企图借着统计数据记录已知世界的所有事情，众多的新统计简报[a]能够公正地总结说，每一个可量度的数据都比之前的任何时

---

a. 约有 50 个这种类型的主要简报在 1800—1848 年发表，这还不包括政府的统计（人口普查、官方调查等等）或充满了统计表格的众多新专业性或经济学性杂志。

期更大（或更小）。已知的、画在地图上的，而且彼此之间互有联系的世界面积比以往的任何时代都来得大，其相互之间的联系更是令人无法想象的快速。世界人口比此前任何时候都多，在某些地区，甚至多到超出一切预料或以前根本不可能的程度。大城市以空前的速度持续增加。工业生产达到了天文数字：19世纪40年代，大约生产了6.4亿吨煤。只有更为反常的国际贸易超越了工业生产的天文数字。国际贸易自1780年以来已增加了4倍，其贸易额达到约8亿英镑。如果用比不上英镑那样稳定的货币单位来计算的话，这个数字还要大得多。

在此之前，科学从来没有如此成功；知识从来没有被这样广泛传播。4 000多种报纸为世界各国公民提供信息，每年光是在英国、法国、德意志和美国出版的书籍种类就达五位数之多。人类每一年的发明都在攀登更为令人炫目的高峰。当称作煤气厂的巨大实验室通过没有尽头的地下管道将煤气输送出来，开始照亮工厂，[a]紧接着照亮欧洲的一座座城市（伦敦自1807年起，都柏林自1818年起，巴黎自1819年起，甚至偏远的悉尼也在1841年被煤气灯照亮）之时，与这一成就比较起来，阿尔冈灯（Argand lamp，1782—1784年）——它是自油灯和蜡烛发明以来第一个重大进步——在人工照明方面几乎完全不具革命性作用了。而此时，电弧光灯也已开始为人所知。伦敦的惠斯顿（Wheatstone）教授已计划用海底电报线联系英、法两国。才一年的时间（1845年），就已有4 800万名乘客搭乘过英国的铁路。男男女女已可以沿着

a. 博尔顿和瓦特于1798年开始生产煤气灯，曼彻斯特的"菲利普斯和李"棉纺厂自1805年起长期使用1 000个煤气灯头。

大不列颠 3 000 英里（1846 年的里程，1850 年前夕延长到 6 000 余英里）长的铁路奔驰。在美国则有 9 000 英里长的铁路。定期的汽船航线早已将欧洲和美洲、欧洲和印度群岛连接起来。

无疑，这些成就都有其阴暗面，尽管无法轻易从统计表格中归纳出来。人们如何以计量的方式来表达那些今天已很少有人会否认的事实，即工业革命创造了人类曾居住过的最丑陋的环境，例如曼彻斯特后街曾经历过的邪恶腐臭与满天废气；或是工业革命创造了最悲惨的世界，它将空前数量的男女赶出家园，使他们失去生命。不过，尽管如此，我们仍然能够原谅 19 世纪 50 年代进步旗手们的信心和决心："商业可以自由地进行，一手引导文明，一手引导和平，以使人类更加幸福、更加聪慧、更加美好。"帕默斯顿勋爵即使在最暗淡的 1842 年，仍继续发表这种乐观的言论："先生，这是上帝的安排。"[2] 无人能否认，当时存在着最令人震惊的贫困。许多人认为，贫困甚至在加剧和深化之中。但是，若用估量工业和科学成就的空前标准来衡量，即使是最悲观的理性观察者仍能坚持说，在物质方面，它比过去任何时候，甚至比迄今尚未工业化的国家还糟吗？他不能说。劳动贫民的物质情况比不上黑暗的过去，有时比记忆犹新的一些时期还要差，这已是足够严厉的谴责了。进步的捍卫者试图以下述论点来抵挡攻击：这不是由新兴资本主义社会的运作造成的，相反，它是由旧的封建主义、君主制度和贵族制度，在完善的自由企业之路上仍然设置的障碍造成的。与此相反，新的社会主义者则认为，它正是由该制度的运作造成的。不过，双方都同意，这是发展过程中的阶段性痛苦。一些人认为，它们将在资本主义的框架之内得到克服，而另一些人则认为不可能。不过，双方都正确地相信，随

第十六章

结语：迈向 1848

着人类对自然力量的控制力日益加强，人类生活也将迎向物质改善的光明前景。

但是，当我们着手分析19世纪40年代世界的社会和政治结构时，却把最精妙的那些部分留待有节制、有保留的评述。世界多数居民仍和以前一样，还是农民，尽管在某些地区，特别是英国，农业早已是少数人的职业，而城市人口已超过农村人口的边缘，如同1851年人口普查首次显示的那样。奴隶也相对减少，因为1815年正式废除了国际奴隶贸易；英国殖民地实际存在的奴隶制度已于1834年废止；在已获解放的西班牙和法国殖民地，奴隶制度于法国大革命期间和之后被禁止。但是，当西印度群岛，除一些非英国人统治的地区外，现在都成为法律上的自由农业区之时，奴隶的数量却在巴西和美国南部这两大残存据点持续增长。这种增长受到工商业快速进步的刺激，任何有关货物和人力的限制都会遭到工商业的反对，官方的禁止反倒使奴隶贸易更为有利可图。1795年，在美国南部一个从事田间劳动的黑奴大概叫价300美元，但是到了1860年，竟涨至1 800美元；[3]而美国的奴隶数量则从1790年的70万人，增加到1840年的250万人，以及1850年的320万人。他们仍然来自非洲，但是在拥有奴隶的地区，亦即在美国边境州里，奴隶出售的数量也在增加，他们被卖往迅速扩展的棉花种植区。

此外，原本便已存在的半奴隶制度也在不断完善，例如将"契约劳工"从印度出口到生产甘蔗的印度洋岛屿和西印度群岛。

农奴制度或者农民的法律束缚，在欧洲的大部分地区都已废除，尽管这对像西西里或安达卢西亚这样的传统大庄园的农村穷苦人民来说，并无多大差别。然而，在其主要的欧洲据点里，农奴制度仍顽固地存在下来，尽管在最初的大量扩增之后，自1811年起，俄国的男性农奴数量已稳定保持在1 000万到1 100万，也就是说，相对衰落了。[a]不过，农奴制度的农业（不同于奴隶农业）明显在走下坡路，其经济弊端日益显著，而且，尤其是自19世纪40年代起，农民的反抗也日渐增强。最大规模的农奴起义可能要算1846年奥地利的加利西亚农奴起义了，它是1848年普遍解放农奴的序曲。但是在俄国的情况更糟，1826—1834年曾爆发了148次农奴骚动，1835—1844年216次，1844—1854年348次，而在1861年农奴解放之前的最后几年则达到最高潮，共计474次。[5]

在社会金字塔的另一端，除了像法国这种发生了直接农民革命的国家外，土地贵族的地位也比想象中的可能变化要小一些。无疑，当时已出现像法国和美国之类的国家，该国最富有的人已不再是土地所有者了。（有些富人购买土地作为他们进入最高阶层的标志，比如罗斯柴尔德家族就是这样。这种情况当然要除外。）但是，甚至在19世纪40年代的英国，最大量的财富集中当然仍是出现在贵族阶层；而美国南部，在司各特、"骑士精神"、"浪漫"以及其他概念（这些概念对于他们所剥削的黑人奴隶和未受教育、自食其力的清教徒农夫们毫无意义）的鼓舞下，棉花种植者甚至为他们自己创造了一个贵族社会的拙劣仿冒品。当然，在贵族制度的稳固之中，隐藏着一种变化：贵族的收入越来越依赖于他们所藐视的资产阶级，依赖他们的工业、股票证券和房地产

a. 在叶卡捷琳娜二世和保罗（Paul, 1762—1801）统治时期，农奴制度的扩展使男性农奴人数从约380万增加到1811年的1 400万。[4]

的发展。

当然，中产阶级已迅速增加了，但即使如此，他们的数量并未达到压倒性的多数。1801年，英国年收入150英镑以上的纳税人口约10万人；在本书所论时期结束之际，则可能增加到约34万人[6]，也就是说，包括其庞大的家族成员在内，在2 100万总人口中占了150万人（1851年）。[a] 自然，那些正在追赶中产阶级生活标准和方式的人，其数量更是大得多了。但这些人并不是都非常富有，比较有把握的推测[b]是，年收入5 000英镑以上的人数约为4 000人，包括贵族。这个数字与雇用7 579名私人马车夫来装点英国街道的雇主人数相去不远。我们可以假定其他国家的中产阶级比例显然不比英国高，事实上普遍还要低一些。

工人阶级（包括新的工厂、矿山、铁路等方面的无产者）自然是以最快的速度在增长。不过，除了英国，这种增长至多也只能以数十万计，而不能以数百万计。与世界总人口相比，工人阶级在数量上仍然是微不足道的，并且再一次除了英国和其他一些小核心地区外。无论怎么说，他们都是无组织的。然而，如我们已见到的那样，工人阶级的政治重要性已经相当大了，与其人数或成就不成比例。

及至19世纪40年代，世界政治结构已经历过极大的改变，

a. 这类估计是主观的，不过，假定每一个可划归中产阶级的家庭至少有一名仆人，那么1851年的67.4万名女性"一般家仆"，则为我们提供了一个超出中产阶级最大户数的数字。大约5万名厨师，"女管家和女仆的数量约与此相同"，则提供了最小的数目。

b. 根据著名的统计学家威廉·法尔在《统计日报》(*Statistical Journal*)1857年第102页的数据。

不过无论如何，改变的幅度还是赶不上乐观的（或悲观的）观察家在1800年时所预期的。除了美洲大陆之外，君主制度仍然是统治国家的最普遍模式。甚至在美洲，面积最大的国家（巴西）仍是一个帝国；另有一个国家（墨西哥）至少在1822—1833年，曾在伊图尔比德将军（奥古斯丁一世）统治下试用过帝国的名称。的确，包括法国在内的一些欧洲王国，可以被形容为君主立宪国家，但是除了集中于大西洋东岸的这类国家之外，专制君王仍在各处占有绝对优势。的确，到了19世纪40年代，革命孕育出一些新国家：比利时、塞尔维亚、希腊，以及拉丁美洲诸国。虽然比利时是一个重要的工业强国（主要是因其追随法国这个伟大邻居的脚步所致，大约1/3的煤和主要的生铁都出口到了法国），但是因革命建国的政权中，最重要的还是那个在1789年早已存在的美国。美国享有两项巨大的有利条件：一是不存在任何能够或的确想要阻止其越过广大内陆而向太平洋沿岸扩张的强邻或敌手——法国在1803年的《路易斯安那购买案》中，事实上已卖给美国一块相当于美国当时面积的土地；二是其经济发展以异乎寻常的速度向前飞跃。巴西也分享了第一项有利条件，这个从葡萄牙手中和平分离出来的国家，避免了长达一代人的革命战争所带给西属美洲大部分地区的分裂命运；不过，它的资源和财富实际上依然未得到开发。

不过，政治仍然发生了很大的变化。而且，大约从1830年以来，变化的动力明显地增加了。1830年革命将温和的自由中产阶级宪法（反民主的，但同样是反贵族的），引进了西欧的主要国家。这当中无疑意味着妥协，这是由于害怕爆发超出温和中产阶级愿望的群众革命。这些妥协使得政府当中的地主阶级人数

第十六章

结语：迈向1848

过多，比如英国；而新兴阶级，特别是最富生气的工业中产阶级，在政府中却没有代表性，比如法国。然而，这些妥协仍然使政治天平决定性地倾向中产阶级。1832年后，在一切具有分量的事情上，英国企业家都取得了成功。为了赢得《谷物法》的废除，放弃功利主义者所提出的更极端的共和主义和反教会提议，是非常值得的。毫无疑问，在西欧，中产阶级自由主义（虽然不是民主激进主义）正处在上升阶段。它的主要对手（在英国是保守党人，在其他地区是普遍集合在天主教会周围的那些集团）则处于守势，并深刻体认到这一点。

但是，甚至激进的民主制度也未曾取得重大进展。经过50年的犹豫和敌视之后，西部拓荒者和农民的压力终于在杰克逊总统在位时（1829—1837年），使民主在美国确立了。这大致是在欧洲革命重新获得其动能的同时。就在本书所论时期行将结束之际（1847年），瑞士激进派与天主教徒之间的一场内战，把民主带给了这个国家。但是，在温和的中产阶级自由派当中，很少有人会认为，这样一种主要由左翼革命派把持，并且看起来至多只适合于那些山区或平原的粗俗小生产者的政府制度，有一天会成为资本主义的典型政治结构，并且保护他们去反对那些在19世纪40年代曾拥护过这项制度的人所发起的新攻击。

只有在国际政治中，才有一场明显是总体的而且几乎是无限制的革命。19世纪40年代的世界，是由欧洲的政治和经济列强，加上正在发展中的美国全权支配的。1839—1842年的鸦片战争，证明唯一尚存的非欧洲大国中华帝国，已无力招架西方的军事和经济侵略。看起来，自此没有任何东西能阻挡带着贸易和《圣经》随行的少数西方军队了。而且，在西方主宰世界的大潮流中，由于英国拥有比其他西方国家更多的炮舰、贸易和《圣经》，遂顺理成章地荣登霸主宝座。英国的霸主地位是如此绝对，以至于其运作几乎不需要政治控制。除了英国之外，其他殖民强国都已衰落，因此英国也就没有任何敌手。法兰西帝国已缩减到只控有少数分散的岛屿和贸易据点，尽管它正着手跨越地中海，以图恢复它在阿尔及利亚的地位。印度尼西亚已处于英国新贸易集散地新加坡的监视之下，因此在印度尼西亚恢复统治的荷兰人，已不再与英国竞争；西班牙人保住了古巴、菲律宾群岛以及对于非洲领土的模糊权力；葡萄牙殖民地则完全被遗忘了。英国贸易支配着独立的阿根廷、巴西和美国南部，同时也支配着西班牙殖民地古巴或英国在印度的殖民地。英国人的投资在美国北部，事实上是在世界各个经济增长地区，都有其强大的影响力。有史以来，从未有过一个大国像19世纪中期的大英帝国那样，行使过世界霸权，因为历史上最强大的帝国或霸权国家，都只是区域性的，例如中华帝国、阿拉伯帝国和罗马帝国。自那以后，没有任何单一大国成功地再建过一个可与之相匹敌的霸权，而且实际上在可预见的未来，也绝没有任何国家能够这样做，因为再也没有任何大国可以声称自己拥有"世界工厂"这种独一无二的地位。

不过，英国在未来的衰落已经明显可见。像托克维尔和哈克斯特豪森（Haxthausen）这类聪明的观察家，甚至早在19世纪30年代和40年代就已预言，美国和俄国的巨大版图和潜在资源，终将使它们成为这个世界的两大巨人；在欧洲境内，德国（如恩格斯于1844年所预言的那样）也将很快就会在同等的条件下进行竞争。只有法国已决定性地跌下国际霸权的角逐台，尽管这一点尚未明显到让多疑的英国和其他国家政治家放心的地步。

第十六章

结语：迈向1848

简而言之，19 世纪 40 年代的世界已失去了平衡。在过去半个世纪所释放出来的经济、技术和社会变化的力量，是史无前例的，并且，甚至对最肤浅的观察者来说，都是不可抗拒的。不过，另一方面，它们的制度性成果仍相当微小。如同英国必然不能永远是唯一的工业化国家一样，或迟或早，合法的奴隶制度和农奴制度（除了尚未被新经济触及的偏远地区之外）也必然要消失。在强大的资产阶级正在发展的任何国家里面，贵族地主和专制君主的退却都是不可避免的，无论他们以什么样的政治妥协方案来企图保留其地位、影响，甚至政治权势。更有甚者，法国大革命的伟大遗产之一，即不断灌输给群众的政治意识和持续不断的政治活动，意味着这些群众迟早必定会在政治中发挥重要的作用。1830 年以后，社会变动的显著加快，以及世界革命的复兴，明白揭示了变革（无论其精确的制度性本质为何）已无法避免，且无可推延。[a]

上述种种，已足以给 19 世纪 40 年代的人们一种变革迫在眉睫的意识。但这还不足以解释何以整个欧洲都感觉到一场社会革命已蓄势待发。值得注意的是，变革就在眼前的迫切感，并不限于已对其进行了详尽表达的革命者，也不限于惧怕贫民群众的统治阶级。穷人自己也感受到变革即将来临。人民中的识字阶层曾表达了这种感觉。在 1847 年的饥荒期间，美国领事从阿姆斯特丹报告了途经荷兰的德意志移民的情绪，他写道："所有消息灵通之人都表达了这样一种信念：眼下的危机是如此深刻地交织在

a. 当然，这并不意味着，当时普遍被认为是必然会发生的所有变革都有必要发生。例如，自由贸易、和平和代议政体的普遍胜利，或是君主及罗马天主教会的消亡。

当前的事件之中，'这'一定就是那场伟大革命的开始，那场他们认为迟早会瓦解现存事物与法则的伟大革命。"[7]

迫切感的根源在于旧社会留下的危机看来恰好与一次新社会的危机重合。回顾19世纪40年代，人们很容易把预见资本主义最终危机将近的社会主义者，视为一批错把希望当作现实的梦想家。因为事实上接着发生的，不是资本主义的崩溃，而是它最迅速而且无可抗拒的扩张时期。然而，在19世纪30和40年代，下列事实仍相当模糊：新经济终将能够克服它的困难，即那种随着它以越来越革命的方式生产越来越大量的货物之能力的增加而增加的困难。资本主义的理论家被一种"静止状态"的前景所困扰：他们（不像18世纪或之后的那些理论家）相信，那种推动经济发展的动力即将枯竭，而且这不仅是一种理论上的可能。对于资本主义的未来，其捍卫者持两种态度。那些即将成为高级财政和重工业首领的法国人（圣西门主义者），在19世纪30年代，对于工业社会赢得胜利的最佳路径究竟是社会主义还是资本主义这一问题仍无定见。像格里利（Horace Greeley，"年轻人，到西部去吧"是他的名言）这样的美国人，在19世纪40年代却是空想社会主义的信仰者。他们建立了傅立叶主义的"法伦斯泰尔"，并在理论上阐释了其优点。这些法伦斯泰尔类似以色列集体农业屯垦区，与今天被认定的"美国风格"十分不符。商人们自己都绝望了。于今回顾，我们可能无法理解，像布赖特（John Bright）和成功的兰开夏棉纺主人那样的教友派实业家，在他们扩张的最有生气的阶段当中，竟会为了废除征税一事，准备以一种普遍的政治封锁将他们的国家投入动乱、饥饿和骚动之中。[8]然而，在可怕的1841—1842年，对于有思想的资本家来说，

第十六章

结语：迈向1848

411

工业发展所面临的不仅是麻烦和损失，还有普遍的窒息，除非能立即清除其进一步扩张的障碍。

对于广大的一般人民来说，问题甚至更加简单。如我们已见到的那样，在西欧和中欧的大城市和工厂地区，他们的状况必然会将他们推向社会革命。他们对他们生活于其中的那个苦难世界里的富人和权贵的仇恨，以及他们对一个美丽新世界的梦想，给了他们绝望的眼睛一个目标，即使他们之中只有少数人（主要在英国和法国）看得到那个目标。利于进行集体活动的组织赋予他们力量。法国大革命的伟大觉醒教导他们，普通人不必对不公正逆来顺受："在此之前，这些国家处于蒙昧状态，而其人民则认为国王是世间的上帝，他们一定会说，不管国王做什么都是对的。经过现在这场变化，统治人民将会更困难了。"⁹

这就是游荡于欧洲的"共产主义幽灵"，这反映了对"无产阶级"的恐惧。这种恐惧不仅影响了兰开夏或法国北部的工厂主，也影响了农业德意志的政府文官、罗马的僧侣和各地的教授。这是罪有应得的。因为，在 1848 年头几个月爆发的这场革命，并不仅是在它涉及动员了所有社会阶层这一意义上才是一场社会革命。在中西欧的大城市，特别是首都当中，它是一场名副其实的劳动贫民起义。他们的力量，而且差不多仅是他们的力量，将把从意大利巴勒莫到俄国边界的旧制度推倒在地。当尘埃在其废墟上落定之时，人们发现，工人们（在法国实际上是社会主义工人）正站立其上，他们不仅要求面包和就业，而且还要建立一个新的国家和社会。

当穷苦的劳动者奋起之时，欧洲旧制度的虚弱与无能，增加了富人和权贵世界的内在危机。对他们来说，这并不是个美妙的时刻。如果这些危机换个时间出现，或在允许统治阶级内部不同派别和平调整其争端的体制下出现的话，他们导致革命的可能性，恐怕比不上18世纪俄国宫廷长年不断的争吵导致沙皇制度没落的可能性。例如，在英国和比利时，农业家与企业家之间，及其各自的内部派别之间，都有大量的冲突存在。但是，显然可以理解的是，1830—1832年的变革以有利于企业家的结果决定了权力问题；否则，只有冒险革命才能将政治现状加以冻结，然而，革命却是必须不惜一切代价加以避免的。正因为如此，主张自由贸易的英国企业家和农业保护主义者之间有关《谷物法》的尖锐斗争，居然能在宪章派的骚动中展开并取得成果（1846年），而且一刻也未曾危及所有统治阶级对抗普选威胁的团结性。在比利时，虽然自由主义者于1847年的选举中战胜天主教徒，使企业家脱离潜在的革命者行列，而1848年经审慎判断的选举改革，一举将选民增加了一倍（在400万人口中，选民仍不足8万人），多少消除了下层中产阶级核心人士的不满。因此比利时没有爆发1848年革命，尽管以实际遭受的苦难而论，比利时（或者不如说佛兰德斯）可能比除爱尔兰之外的西欧地区都要糟。

但是，专制主义的欧洲，是由1815年的顽固政体所主导，该体制旨在杜绝任何具有自由主义或民族主义性质的变革，甚至对最温和的反对派，该体制也未留下除了承认现状或进行革命之外的其他选择。他们可能不准备起来反叛自己，但是，除非发动一场不可逆转的社会革命，并且除非有人起来进行这样的革命，他们也将一无所获。1815年的政权迟早得让路。他们自己知道这一点。"历史反对他们"的意识削弱了他们的抵抗意志，正如历史的确是在反对他们这一事实削弱了他们抵抗的能力一样。1848年，

第十六章

结语：迈向1848

革命（常常是国外的革命）的第一阵轻烟就把他们吹跑了。不过，至少得有这一阵轻烟，否则他们是不会自己走开的。与英、比相反的是，在这类国家当中，即使是较小的摩擦（统治者与普鲁士和匈牙利议会的争执；1846 年选举出一位"自由主义"教皇，即一位急于把教会统治带到离 19 世纪稍微近一点的教皇；对巴伐利亚的一位王室女继承人的怨恨等等），也都会酿成重大的政治震荡。

　　理论上，路易·菲利普的法国应该有着英国、比利时、荷兰以及丹麦和斯堪的纳维亚人的政治灵活性才是。但是，事实上它却没有。因为，法国统治阶级（银行家、金融家以及一两个大企业家）仅代表了中产阶级利益的一部分，而且是其经济政策为更有活力的企业家以及不同利益集团所讨厌的那部分；此外，对1789 年革命的记忆，仍然阻碍着改革。因为，反对势力不仅有不满的中产阶级，而且还有政治上起决定作用的下层中产阶级，尤其是巴黎的下层中产阶级。（尽管选举权受到限制，他们仍在1846 年投票反对政府。）扩大选举权可能因此引入潜在的雅各宾党人，亦即激进派，这些人除非被正式加以禁止，否则一定会变成共和分子。路易·菲利普的总理兼历史学家基佐，因此倾向于将扩大政权之社会基础的任务留给经济发展来承担。因为经济发展将自动增加具有进入政界财产资格的公民数量。事实正是如此。选民从 1831 年的 16.6 万人上升到 1846 年的 24.1 万人。不过，这还不够。对雅各宾共和的恐惧使法国的政治结构无比僵化，而且使法国的政治形势日趋紧张。在英国，于宴会之后举办一场公共政治讲演——就像法国反对派在 1847 年所举行的那样——绝对不会引起任何问题。但是在法国，它就代表着革命的序幕。

如同欧洲统治阶级的其他政治危机一样，1848年革命与一项社会灾难同时发生，即自19世纪40年代中期开始横扫欧洲大陆的大萧条。歉收，尤其是马铃薯歉收引人注目。爱尔兰和程度上较轻的西里西亚和佛兰德斯的所有人口都在挨饿，[a]食品价格飞涨。工业萧条使失业加剧，大批城市劳动贫民恰好在其生活费用飞涨之时，被夺去了他们微薄的收入。不同国家与国内不同地区之间的形势都有所不同，但是，对于当时政权幸运的是，诸如爱尔兰人和佛兰德斯人或一些地方工厂工人这些最悲惨的人，在政治上也是最不成熟的。例如，法国北部地区的棉纺工人将他们的绝望发泄在涌入法国北部同样绝望的比利时移民身上，而不是发泄在政府甚至老板身上。而在最工业化的国家当中，不满情绪的锋芒早已被19世纪40年代工业和铁路建设的大繁荣所磨灭。1846—1848年是个坏年头，但还没坏到1841—1842年那种程度，而且，它们只是在现已清晰可见的经济繁荣曲线上的暂时下滑而已。不过，如果把中欧和西欧当作一个整体，1846—1848年的大灾难则是普遍性的，而总是处在生存边缘的群众，他们的情绪则是紧张而激动的。

一场欧洲的经济灾难就这样与旧政权的明显瓦解同时发生。1846年加利西亚的一场农民起义，同年一位"自由主义"教皇的当选，1847年末一场由瑞士激进派打败天主教徒的内战，1848年初在巴勒莫发生的西西里自治起义，上述事件都不是大风中飘动的草，而是狂风的最初怒吼。每个人都知道这一点。很少有革命像这场革命那样被普遍预见到，尽管并不一定正确预见到在哪

---

a. 在佛兰德斯的亚麻种植地区，1846—1848年，人口下降了5%。

些国家或哪些日期发生。整个欧洲大陆都在等待着，他们已准备就绪，可立即将革命的消息借由电报从城市传向城市。1831年，雨果写道，他早已听到了"革命沉闷的轰响，仍然在地层深处，正在欧洲的每一个王国底下，沿着其地下坑道，从矿场的中心竖井——巴黎——向外涌出"。1847年，革命之声高亢而逼近。1848年，革命正式引爆。

注释

第一章　18世纪80年代的世界

1
Saint-Just, *Oeuvres complètes*, II, p. 514.

2
A. Hovelacque, La taille dans un canton ligure. *Revue Mensuelle de l'Ecole d'Anthropologie* (Paris 1896).

3
L. Dal Pane, *Storia del Lavoro dagli inizi del secolo XVIII al 1815* (1958),p. 135. R. S. Eckers, The North-South Differential in Italian Economic Development, *Journal of Economic History*, XXI, 1961, p. 290.

4
Quêtelet, qu. by Manouvrier, Sur la taille des Parisiens, *Bulletin de la Société Anthropologique de Paris*, 1888, p. 171.

5
H. Sée, *Esquisse d'une Histoire du Régime Agraire en Europe au XVIII et XIX siècles* (1921), p. 184, J. Blum, *Lord and Peasant in Russia* (1961), pp. 455–60.

6
Th. Haebich, *Deutsche Latifundien* (1947). pp.27 ff.

7
A. Goodwin ed. The *European Nobility in the Eighteenth Century* (1953), p. 52.

8
L. B. Namier, *1848, The Revolution of the Intellectuals* (1944); J. Vicens Vives, *Historia Economica de España* (1959).

9
Sten Carlsson, *Stàndssamhälle och stàndspersoner 1700–1865* (1949).

10
Pierre Lebrun *et al.*, La rivoluzione industrial in Belgio, *Studi Storici*, II, 3–4, 1961, pp. 564–5.

11
Like Turgot *(Oeuvres* V, p. 244): 'Ceux qui connaissent la marche du commerce savent

aussi que toute entreprise importante, de trafic ou d'industrie, exige le concours de deux es-
pèces d'hommes, d'entrepreneurs...et des ouvriers qui travaillent pour Ie compte des premiers,
moyennant un salaire convenu. Telle est la véritable origine de la distinction entre les entrepre-
neurs et les maîtres, et les ouvriers ou compagnons, laquelle est fondé sur la nature des choses.'

第二章　工业革命

1

Arthur Young, *Tours in England and Wales,* London School of Economics edition,
p. 269.

2

A. de Toqueville, *Journeys to England and Ireland,* ed. J. P. Mayer (1958), pp. 107–8.

3

Anna Bezanson, The Early Uses of the Term Industrial Revolution, *Quarterly Journal
of Economics,* XXXVI, 1921–2, p. 343, G. N. Clark, *The Idea of the Industrial Revolution*
(Glasgow 1953).

4

cf. A. E. Musson & E. Robinson, Science and Industry in the late Eighteenth Century,
Economic History Review, XIII. 2, Dec 1960, and R. E. Schofield's work on the Midland
Industrialists and the Lunar Society *Isis* 47 (March 1956), 48 (1957), *Annals of Science* II
(June 1956) etc.

5

K.Berrill, InternationaI Trade and the Rate of Economic Growth, *Economic History
Review,* XII, 1960, p. 358.

6

W.G.Hoffmann, *The Growth of Industrial Economics* (Manchester 1958), p. 68.

7

A. P. Wadsworth & J. de L. Mann, *The Cotton Trade and Industrial Lancashire* (1931),
chapter VII.

8

F.Crouzet, *Le Blocus Continental et l'Economic Britannique* (1958), p. 63, suggests that
in 1805 it was up to two - thirds.

9

P. K. O'Brien, British Incomes and Property in the early Nineteenth Century, *Economic
History Review,* XII, 2 (1959), p.267.

10

Hoffmann, op. cit., p. 73.

11

Baines, *History of the Cotton Manufacture in Great Britain* (London 1835). p.431.

12

P. Mathias, *The Brewing Industry in England* (Cambridge 1959).

13

M. Mulhall, *Dictionary of Statistics* (1892), p. 158.

14

Baines, op. cit., p. 112.

15

cf. Phyllis Deane, Estimates of the British National Income, *Economic History Review* (April 1956 and April 1957).

16

O'Brien, op. cit., p. 267.

17

For the stationary state cf. J. Schumpeter, *History of Economic Analysis* (1954), pp. 570–1. The crucial formulation is John Stuart Mill's (*Principles of Political Economy*, Book IV, chapter iv): 'When a country has long possessed a large production, and a large net income to make saving from, and when, therefore, the means have long existed of making a great annual addition to capital; it is one of the characteristics of such a country, that the rate of profit is habitually within, as it were, a hand's breadth of the minimum, and the country therefore on the very verge of the stationary state... The mere continuance of the present annual increase in capital if no circumstances occurred to counter its effect would suffice in a small number of years to reduce the net rate of profit (to the minimum).' However, when this was published (1848) the counteracting force-the wave of development induced by the railways-had already shown itself.

18

By the radical John Wade, *History of the Middle and Working Classes,* the banker Lord Overstone, *Reflections suggested by the perusal of Mr J. Horsley Palmer's pamphlet on the causes and consequences of the pressure on the Money Market* (1837), the Anti-Corn Law campaigner J. Wilson, *Fluctuations of Currency, Commerce and Manufacture; referable to the Corn Laws* (1840); and in France by A. Blanqui (brother of the famous revolutionary) in 1837 and M. Briaune in 1840. Doubtless also by others.

19

Baines, op. cit., p. 441. A. Ure & P. L. Simmonds, *The Cotton Manufacture of Great Britain* (1861 edition),p. 390 ff.

20

Geo. White, *A Treatise on Weaving* (Glasgow 1846), p. 272.

注释

21

M. Blaug, *The Productivity of Capital in the Lancashire Cotton Industry during the Nineteenth Century*, *Economic History Review* (April 1961).

22

Thomas Ellison, *The Cotton Trade of Great Britain* (London 1886), p. 61.

23

Baines, op. cit., p. 356.

24

Baines, op. cit., p. 489.

25

Ure & Simmonds, op. cit., Vol. I, p.317 ff.

26

J. H. Clapham, *An Economic History of Modern Britain* (1926), p. 427 ff.; Mulhall, op. cit. pp. 121, 332, M. Robbins, *The Railway Age* (1962), p. 30-1.

27

Rondo E. Cameron, *France and the Economic Development of Europe 1800–1914* (1961), p. 77.

28

Mulhall, op. cit. 501, 497.

29

L. H. Jenks, *The Migration of British Capital to 1875* (New York and London 1927), p. 126.

30

D. Spring, The English Landed Estate in the Age of Coal and Iron, *Journal of Economic History*, (XI, I, 1951)

31

J. Clegg, *A chronological history of Bolton* (1876).

32

Albert M. Imlah, British Balance of Payments and Export of Capital,1816–1913, *Economic History Review V* (1952, 2, p. 24).

33

John Francis, *A History of the English Railway* (1851) II, 136; see also H. Tuck, *The Railway Shareholder's Manual* (7th edition 1846), Preface, and T. Tooke, *History of Prices* II, pp. 275, 333–4 for the pressure of accumulated Lancashire surpluses into railways.

34

Mulhall, op. cit., p. 14.

35

Annals of Agric. XXXVI, p. 214.

36

Wilbert Moore, *Industrialisation and Labour* (Cornell 1951).

37

Blaug, loc. cit., p. 368. Children under 13, however, declined sharply in the 1830's.

38

H. Sée, *Histoire Economique de la France,* Vol. II, p. 189 n.

39

Mulhall, op. cit.; Imlah, loc. cit., II, 52, pp. 228–9. The precise date of this estimate is 1854.

第三章　法国大革命

1

See R. R. Palmer, *The Age of Democratic Revolution* (1959); J. Godechot, *La Grande Nation* (1956), Vol. I, Chapter 1.

2

B. Lewis, The Impact of the French Revolution on Turkey, *Journal of World History,* I (1953–4, p.105)

3

H. Sée, *Esquisse d'une Histoire du Régime Agraire* (1931), pp. 16–17.

4

A. Soboul, *Les Campagnes Montpelliéraines à la fin de l'Ancien Régime* (1958).

5

A. Goodwin, *The French Revolution*(1959 cd.), p. 70.

6

C. Bloch, L'émigration francaise au XIX siècle, *Etudes d'Histoire Moderne* & *Contemp.* I (1947), p. 137; D.Greer, *The Incidence of the Emigration during the French Revolution* (1951) however, suggests a very much smaller figure.

7

D. Greer, The *Incidence of the Terror* (Harvard 1935).

8

Oeuvres Complètes de Saint-Just, Vol. II, p. 147 (ed. C. Vellay, Paris 1908).

注释

第四章　战争

1

Cf. e.g. W. von Grootc, *Die Entstehung d. Nationalbewussteins in Nordwestdeutsch-land 1790–1830* (1952).

2

M. Lewis, *A Social History of the Navy, 1793–1815* (1960), pp. 370, 373.

3

Gordon Craig, *The Politics of the Prussian Army 1640–1945* (1955), p. 26.

4

A. Sorel, *L'Europe et la révolution francaise*, I (1922 ed.), p. 66.

5

Considérations sur la France, Chapter IV.

6

Quoted in L.S.Stavrianos,Antecedents to Balkan Revolutions,*Journal of Modern History*,XXIX,1957, p.344.

7

G. Bodart, *Losses of Life in Modem Wars* (1916), p. 133.

8

J. Vicens Vives ed. *Historia Social de España y America* (1956), IV, ii, p. 15.

9

G. Bruun, *Europe and the French Imperium* (1938), p. 72.

10

J. Leverrier, *La Naissance de l'armée nationale, 1789–94* (1939), p. 139;

G.Lefebvre,Napoléon(1936), pp. 198, 527; M. Lewis, op. cit., p. 119; *Parliamentary Papers* XVII, 1859, p. 15.

11

Mulhall, *Dictionary of Statistics:* War.

12

Cabinet Cyclopedia, I, pp. 55–6 ('Manufactures in Metal').

13

E. Tarlé, *Le Blocus continental et le royaume d'Italie*(1928), pp. 3–4, 25–31; H. Sée, *Histoire Economique de la France,*II, p. 52; Mulhall, loc. cit.

14

Gayer, Rostow and Schwartz, *Growth and Fluctuation of the British Economy, 1790–1850* (1953), pp. 646–9; F. Crouzet, *Le blocus continental et l'économie Britannique* (1958), p. 868 ff.

第五章 和平

1

Castlereagh, *Correspondence,* Third Series, XI, p. 105.

2

Gentz, *Depêches inédites,* I, p. 371.

3

J. Richardson, *My Dearest Uncle, Leopold of the Belgians* (1961), p. 165.

4

R. Cameron, op. cit. p. 85.

5

F. Ponteil, *Lafayette et la Pologne* (1934).

第六章 革命

1

Luding Boerne, *Gesammelte Schriften,* III, pp. 130–1.

2

Memoirs of Prince Metternich, p. 468.

3

Vienna, Verwaltungsarchiv: Polizeihofstelle H 136/1834, passim.

4

Guizot, *Of Democracy in Modern Societies* (London 1838), p. 32.

5

The most lucid discussion of this general revolutionary strategy is contained in Marx' articles in the *Neue Rheinische Zeitung* during the 1848 revolution.

6

M. L. Hansen, *The Atlantic Migration* (1945), p. 147.

7

F. C. Mather, The Government and the Chartists, in A. Briggs ed. *Chartist Studies* (1959).

8

cf. *Parliamentary Papers,* XXXIV, of 1834; answers to question 53 (causes and consequences of the agricultural riots and burning of 1830 and 1831), e.g. Lambourn, Speen (Berks), Steeple Claydon (Bucks), Bonington (Glos), Evenley (Northants).

9

R. Dautry, *1848 et la Deuxième République* (1848), p. 80.

注释

10

St. Kiniewicz, La Pologne et l'Italie à l'époque du printemps des peuples. *La Pologne au Xe Congrés International Historique,* 1955, p. 245.

11

D. Cantimori in F. Fejtö ed., *The Opening of an Era: 1848* (1948), p. 119.

12

D. Read, *Press and People* (1961), p. 216.

13

Irene Collins, *Government and Newspaper Press in France, 1814–81* (1959).

14

cf. E. J. Hobsbawm, *Primitive Rebels* (1959). pp.171–2; V. Volguine, Les idées socialistes et communistes dans les sociétés secrètes *(Questions d'Histoire,* II, 1954, pp.10–37); A. B. Spitzer, *The Revolutionary Theories of Auguste Blanqui* (1957), pp. 165–6.

15

G.D. H. Cole and A. W. Filson, *British Working Class Movements. Select Documents* (1951), p. 402

16

J. Zubrzycki, Emigration from Poland, *Population Studies,* VI, (1952–3), p. 248.

17

Engels to Marx, March 9, 1847.

第七章　民族主义

1

Hoffmann v. Fallersleben, Der Deutsche Zollverein, in *Unpolitische Lieder.*

2

G. Weill, *L'Enseignement Sécondaire en France 1801–1920* (1921), p.72.

3

E. de Laveleye, *L'Instruction Ju Peuple* (1872), p. 278.

4

F. Paulsen, *Geschichte des Gelehrten Unterrichts* (1897), II, p. 703; A. Daumard, Les élèves de l'Ecole Poly-technique 1815–48 *(Rev. d'Hist. Mod. et Contemp.* V. 1958); The total number of German and Belgian students in an average Semester of the early 1840's was about 14,000. J. Conrad, Die Frequenzverhältnisse der Universitäten der hauptsächlichen Kulturländer *(Jb. f. Nationalök. u. Statistik* LVI, 1895, pp. 376 ff.)

5

L. Liard, *L'Enseignement Supérieur en France 1789–1889* (1888), p. 11 ff.

6

Paulsen, op. cit., II, pp. 690–1.

7

Handwörterbuch d.Staabwissenschaften (2nd ed.) art. Buchhandel.

8

Laveleye, op. cit., p. 264.

9

W. Wachsmuth, *Europäische Sittengeschichte,* V, 2 (1839), pp. 807–8.

10

J. Sigmann, L'es radicaux badois et l'idée nationàle allemande en 1848.*Etudes d'Histoire Moderne et Contemporaine,* II, 1948, pp. 213–4.

11

J. Miskolczy, *Ungarn und die Habsburger-Monarchie* (1959), p. 85.

第八章　土地

1

Haxthausen, Studien ... ueber Russland (1847), II, p. 3.

2

J. Billingsley, *Survey of the Board of Agriculture for Somerset* (1798), p. 52.

3

The figures are based on the 'New Domesday Book' of 1871–3, but there is no reason to believe that they do not represent the situation in 1848.

4

Handwörterbuch d.Staatswissenschaften (Second Ed.), art. Grundbesitz.

5

Th. von der Goltz, *Gesch. d. Deutschen Landwirtschaft* (1903), II; Sartorius v. Walter-shausen, *Deutsche Wirtschaftsgeschichte 1815–1914* (1923), p.132.

6

Quoted in L. A. White ed., *The Indian Journals of Lewis, Henry Morgan* (1959).p 15.

7

L. V. A. de Villeneuve Bargemont, *Economie Politique Chrétienne* (1834),Vol. II, p. 3 ff.

8

C. Issawi, Egypt since 1800. *Journal Of Economic History,* XXI, I,1961, p. 5.

9

B.J. Hovde, *The Scandinavian Countries 1720–1860* (1943), Vol. I, p. 279. For the in-crease in the average harvest from 6 million tons (1770) to 10 millions, see *Hwb. d. Staatswis-*

senschaften, art. Bauernbefreiung.

10

A. Chabert, *Essai sur les mouvements des prix et des revenus 1798–1820* (1949) II, p.27 ff; l. L'Huillier, *Recherches sur l'Alsace Napoléonienne* (1945), p.470.

11

eg. G. Desert in E. Labrousse ed. *Aspects de la Crise . . . 1846–51* (1956), p.58.

12

J. Godechot, *La Grande Nation (*1956), II, p. 584.

13

A. Agthe, *Ursprung u. Lage d. Landarbeiter in Livland* (1909), pp. 122–8.

14

For Russia, Lyashchenko, op. cit., p. 360; for comparison between Prussia and Bohemia, W. Stark, Niedergang und Ende d. Landwirtsch. Grossbetriebs in d. Boehm. Laendern *(Jb.f. Nat. Oek.* 146, 1937, p. 434 ff).

15

F. Luetge, Auswirkung der Bauernbefreiung, in *Jb. f. Nat. Oek.* 157, 1943, p.353 ff.

16

R.Zangheri, *Prime Ricerche sulla distribuzione delta proprietà fondiaria* (1957).

17

E. Sereni, *Il Capitalismo nelle Campagne* (1948), pp. 175–6.

18

cf.G.Mori, La storia dell'industria italiana contemporanea *(Annali dell'-Instituto Giangiacomo Feltrinelli,* II,1959,p.278–9); and the same author's 'Osservazioni sul libero-scambismo dei moderati nel Risorgimento' *(Rivista Storica del Socialismo,* Ⅲ ,9, 1960).

19

Dal Pane, *Storia del Lavoro in Italia dagli inizi del secolo XVIII al 1815*(1958), p. 119 .

20

R.Zangheri ed. *Le Campagne emiliane nell'epoca moderna* (1957), p. 73.

21

J. Vicens Vives, ed. *Historia Social y Economica de España y America*(1959). IVii, pp. 92, 95.

22

M. Emerit, L'état intellectuel et moral de l'Algérie en 1830, *Revue d'Histoire Moderne et Contemporaine*,I, 1954,p.207.

23

R. Dutt, *The Economic History of India under early British Rule* (n.d. Fourth Ed.), p. 88.

24

R. Dutt, *India and the Victorian Age* (1904), pp. 56–7.

25

B. S. Cohn, The initial British impact on India *(Journal of Asian Studies,* 19, 1959–60, pp. 418–31) shows that in the Benares district (Uttar Pradesh) officials used their position to acquire land wholesale. Of 74 holders of large estates towards the end of the century, 23 owed the original title to the land to their connections with civil servants (p. 430).

26

Sulekh Chandra Gupta, Land Market in the North Western Provinces (Utter Pradesh) in the first half of the nineteenth century *(Indian Economic Review,* IV, 2, August 1958). See also the same author's equally illuminating and pioneering Agrarian Background of 1857 Rebellion in the North-western Provinces *(Enquiry,*N. Delhi, Feb. 1959).

27

R. P. Dutt, *India Today* (1940), pp. 129–30.

28

K. H. Connell, Land and Population in Ireland, *Economic History Review,* II. 3,1950. pp.285, 288.

29

S. H. Cousens, Regional .Death Rates in Ireland during the Great Famine. *Population Studies,* XIV, 1, 1960, p. 65.

第九章　迈向工业世界

1

Quoted in W. Armytage, *A Social History of Engineering.* (1961), p. 126.

2

Quoted in R. Picard, *Le Romantisme Social,* (1944), pt. 2, cap. 6.

3

J. Morley, *Life of Richard Cobden* (1903 ed), p. 108.

4

R. Baron Castro, La poblacion hispano-americana, *Journal of World History,* V, 1959–60, pp. 339–40.

5

J. Blum, Transportation and Industry in Austria 1815–48, *Journal of Modern History* XV (1943), p. 27.

6

Mulhall, op. cit., Post Office.

注释

7

Mulhall, ibid.

8

P. A. Khromov, *Ekonomicheskoe Razvilie Rossii v XIX-XX Vekakh* (1950), Table 19, p. 482–3. But the amount of sales increased much faster. cf. also J. Blum, *Lord and Peasant in Russia,* p. 287.

9

R. E. Cameron, op. cit., p. 347.

10

Quoted in S. Giedion, *Mechanisation Takes Command* (1948), p. 152.

11

R. E. Cameron, op. cit., p. 115 ff.

12

R. E. Cameron, op. cit., p. 347; W. Hoffmann, *The Growth of Industrial Economies* (1958), p. 71.

13

W. Hoffmann, op. cit., p. 48; Mulhall, op. cit., p. 377.

14

J. Purs, The Industrial Revolution in the Czech Lands(*Historica,* II (1960), pp. 199–200).

15

R. E. Cameron, op. cit., p. 347; Mulhall, op. cit., p. 377.

16

H. Kisch, The Textile Industries in Silesia and the Rhineland, *Journal of Economic History,* XIX, December 1959.

17

O. Fischel and M. V. Boehn, *Die Mode, 1818–1842* (Munich 1924), p. 136.

18

R. E. Cameron, op. cit., pp. 79, 85.

19

The locus classicus of this discussion is G. Lefebvre, *La révolution francaise et les paysans* (1932), reprinted in *Etudes sur la révolution francaise* (1954).

20

G. Mori, Osservazioni sul liberoscambismo dei moderati nel Risorgimento, *Riv. Storic del Socialismo,* III, 1960, p. 8.

21

C. Issawi, Egypt since 1800, *Journal of Economic History.* March 1961, XXI, p. 1.

第十章 向才干之士敞开进身之路

1

F. Engels, *Condition of the Working Class in England,* Chapter XII.

2

M. Capefigue, *Histoires des Grandes Operations Financières,* IV (1860), p.255.

3

M. Capefigue, loc. cit.,pp. 254,248–9.

4

A. Beauvilliers, *L'Art da Cuisinier,* (Paris 1814).

5

H. Sée, *Histoire Economique de la France,* II, p. 216.

6

A. Briggs, Middle Class Consciousness in English Politics 1780–1846, *Past and Present,* 9, April 1956, p. 68.

7

Donald Read, *Press and People 1790–1850* (1961), p. 26.

8

S. Smiles, *Life of George Stephenson* (1881 ed.), p. 183.

9

Charles Dickens, *Hard Times.*

10

Léon Faucher, *Etudes sur l'Angleterre,* I (1842), p. 322.

11

M. J. Lambert-Dansette, *Quelgues families du patronat textile de Lille-Armentières* (Lille 1954), p. 659.

12

Oppermann, *Geschichte d. Königreichs Hannover,* quoted in T. Klein, *1848, Der Vorkampf* (1914), p. 71.

13

G. Schilfert, *Sieg u. Niederlage d. demokratischen Wahlrechts in d. deutschen Revolution 1848–9* (1952), pp. 404–5.

14

Mulhall, op. cit. p. 259.

15

W. R. Sharp, *The French Civil Service* (New York 1931), pp. 15–16.

注释

16

The Census of Great Britain in 1851 (London, Longman, Brown, Green and Longmans 1854), p. 57.

17

R. Portal, La naissance d'une bourgeoisie industrielle en Russie dans la première moitié du XIX siècle. *Bulletin de la Société d'Histoire Moderne,* Douzième série, II, 1959.

18

Vienna, *Verwaltungsarchiv,* Polizeihofstelle, H 136/1834.

19

A. Girault et L. Milliot, *Principes de Colonisation et de Législation Coloniale* (1938), p. 359.

20

Louis Chevalier, *Classes Laborieuses et Classes Dangereuses* (Paris 1958) III, pt. 2 discusses the use of the term 'barbarians', both by those hostile and by those friendly to the labouring poor in the 1840s.

21

D. Simon, Master and Servant in J. Saville ed., *Democracy and the Labour Movement* (1954).

22

P. Jaccard, *Histoire Sociale du Travail* (i960), p. 248.

23

P. Jaccard, Op. cit., p. 249.

第十一章　劳动贫民

1

The weaver Hauffe, born 1807, quoted in Alexander Schneer, *Ueber die Moth der Leinen-Arbeiter in Schle-lesien* ... (Berlin 1844), p. 16.

2

The theologian P. D. Michele Augusti, *Della libertà ed eguaglianza degli uomini nell'ordine naturale e civile* (1790), quoted in A. Cherubini, *Dottrine e Metodi Assistenziali dal 1789 al 1848* (Milan 1958), p. 17.

3

E. J. Hobsbawn, The Machine Breakers, *Past and Present,* I, 1952.

4

'About some Lancashire Lads' in *The Leisure Hour* (1881). I owe this reference to Mr A. Jenkin.

5

'die Schnapspest im ersten Drittel des Jahrhunderts', *Handwoerterbuch d Staatswissenschaften* (Seconded.) art. 'Trunksucht'.

6

L. Chevalier, *Classes Laborieuses et Classes Dangereuses, passim.*

7

J. B. Russell, *Public Health Administration in Glasgow* (1903), p. 3.

8

Chevalier op. cit. pp. 233–4.

9

E. Neuss, *Entstehung u. Entwicklung d.Klasse d. besitzlosen Lohnarbeiter in Halle* (Berlin 1958), p. 283.

10

J. Kuczynski, *Geschichte der Lage der Arbeiter* (Berlin 1960), Vol. 9, p. 264 ff; Vol. 8 (1960), p. 109 ff.

11

R. J. Rath, The Habsburgs and the Great Depression in Lombardo-Venetia 1814–18. *Journal of Modern History,* XIII, p. 311.

12

M. C. Muehlemann, Les prix des vivres et Ie mouvement de la population dans Ie canton de Berne 1782–1881. *IV Congrès International d'Hygiène* (1883).

13

F. J. Neumann, Zur Lehre von d Lohngesetzen, *Jb.f.Nat.Oek.* 3d ser. IV 1892, p. 374 ff.

14

R. Scheer, *Entwicklung d Annaberger Posamentierindustrie im 19. Jahrhundert.* (Leipzig 1909), pp. 27–8, 33.

15

N. McCord, The *Anti-Corn Law League* (1958), p. 127.

16

'Par contre, il est sur que la situation alimentaire, à Paris, s'est deteriorée peu à peu avec le XIX siècle, sans doute jusqu'au voisinage des années 50 ou 60.' R. Philippe in *Annales* 16, 3, 1961, 567, For analogous calculations for London, cf. E. J. Hobsbawm, The British Standard of Living, *Economic History Review,* X, 1, 1957. The total per capita meat consumption of France appears to have remained virtually unchanged from 1812 to 1840(*Congrés Internationale d'Hygiène Paris 1878* (1880), vol. I, p. 432).

17

S. Pollard, *A History of Labour in Sheffield* (i960), pp. 62–3.

注释

18

H. Ashworth in *Journal Stat. Soc.* V (1842), p. 74; E. Labrousse, ed. *Aspects de la Crise ... 1846–51* (1956),p. 107.

19

Statistical Committee appointed by the Anti-Corn Law Conference . . . March 1842 (n.d.), p. 45.

19a

R. K. Webb in *English Historical Review,* LXV (1950), p. 333 ff.

20

Quoted in A. E. Musson, The Ideology of Early Co-operation in Lancashire and Cheshire; *Transactions of the Lancashire and Cheshire Antiquarian Society,* LXVIII, 1958, p. 120.

21

A. Williams, *Folksongs of the Upper Thames* (1923), p. 105 prints a similar version rather more class conscious.

22

A. Briggs, The Language of 'class' in early nineteenth century England, in A. Briggs and J. Saville ed., *Essays in Labour History* (1960);E. Labrousse, *Le mouvement ouvrier et les Idées sociales,* III (Cours de la Sorbonne), pp. 168–9; E. Coornaert, La pensée ouvrière et la conscience de classe en France 1830–48, in *Studi in Onore di Gino Luzzato,* III (Milan 1950), p. 28; G. D. H. Cole, *Attempts at General Union* (1953), p. 161.

23

A. Soboul, *Les Sansculottes de Paris en l'an II* (1958), p. 660.

24

S. Pollard, op. cit. pp. 48–9.

25

Th. Mundt, *Der dritte Stand in Deutschland und Preussen . . .* (Berlin 1847), p. 4, quoted by J. Kuczynski, Gesch.d.Lage d. Arbeiter 9, p. 169.

26

Karl Biedermann, *Vorlesungcn ueber Socialismus und sociale Fragen* (Leipzig 1847), quoted Kuczynski, op. cit., p. 71

27

M. Tylecote, *The Mechanics' Institutes of Lancashire before 1857*(1957), VIII.

28

Quoted in *Revue Historique* CCXXI (1959), p. 138.

29

P. Gosden, *The Friendly Societies in England 1815–75* (1961), pp. 23, 31.

30

W. E. Adams, *Memoirs of a Social Atom,* I, pp. 163–5, (London 1903).

第十二章 意识形态：宗教

1

Civiltà Cattolica II, 122, quoted in L. Dal Pane, il socialismo e le questione sociale nella prima annata della Civiltà Cattolica(*Studi Onore di Gino Luzzato*), Milan, 1950, p.144

2

Haxthausen, *Studien ueber . . . Russland* (1847), I, p. 388.

3

cf. Antonio Machado's portrait of the Andalusian gentleman in *Poesias Completas* (Austral ed.), pp. 152–4: 'Gran pagano, Se hizo hermano De una santa cofradia' etc.

4

G. Duveau, *Les Instituteurs* (1957), pp. 3–4.

4a

J. S. Trimingham, *Islam in West Africa* (Oxford 1959), p. 30.

5

A. Ramos, *Las Culturas negras en el mundo nuevo* (Mexico 1943), p. 277 ff.

6

W. F. Wertheim, *Indonesian Society in Transition* (1956), p. 204.

7

Census of Great Britain 1851: Religious Worship in England and Wales (London 1854).

8

Mulhall, *Dictionary of Statistics:* 'Religion'.

9

Mary Merryweather, *Experience of Factory Life* (Third ed. London 1862), p. 18. The reference is to the 1840s.

10

T. Rees, *History of Protestant Nonconformity in Wales* (1861).

11

Marx-Engels, *Werke* (Berlin 1956), I, p. 378.

12

Briefwechsel zwischen Fr. Gentz und Adam Müller, Gentz to Müller, 7 October, 1819.

13

Gentz to Müller, 19 April, 1819.

注释

第十三章 意识形态: 世俗界

1

Archives Parlementaires 1787–1860 t. VIII, p. 429. This was the first draft of paragraph 4 of the Declaration of Man and Citizen.

2

Declaration of the Rights of Man and Citizen 1798, paragraph 4.

3

E. Roll, *A History of Economic Thought* (1948 ed.), p.155

4

Oeuvres de Condorcet (1804 ed.) XVIII p. 412; *(Ce que les citoyens ont le droit d'attendre de leur représentants.)* R. R. Palmer, *The Age of Democratic Revolution*, I, (1959), pp. 13–20, argues-unconvincingly-that liberalism was more clearly 'democratic' than is here suggested.

5

cf. C. B. Macpherson, Edmund Burke *(Transactions of the Royal Society of Canada*, LIII, Sect. II, 1959, pp. 19–26).

6

Quoted in J. L. Talmon, *Political Messianism* (1960), p. 323.

7

Rapport sur le mode d'exécution du décrét du 8 ventôse, an II *(Oeuvres Complètes*, II, 1908, p. 248).

8

The Book of the New Moral World, pt. IV, p. 54.

9

R. Owen, *A New View of Society: or Essays on the Principle of the Formation of the Human Character.*

10

Quoted in Talmon, op. cit., p. 127.

11

K. Marx, *Preface to the Critique of Political Economy.*

12

Letter to the Chevalier de Rivarol, June 1, 1791.

13

For his 'declaration of political faith' see Eckermann, *Gespraeche mit Goethe,* 4.I.1824.

14

G. Lukacs, *Derjunge Hegel,* p. 409 for Kant, *passim*-esp. II, 5 for Hegel.

15

Lukacs, op. cit., pp. 411–12.

第十四章　艺术

1

S. Laing, *Notes of a Traveller on the Social and Political State of France, Prussia, Switzerland, Italy and other parts of Europe, 1842* (1854 ed.), p.275.

2

Oeuvres Complètes, XIV, p. 17.

3

H. E. Hugo, *The Portable Romantic Reader* (1957), p. 58.

4

Fragmente Vermischten Inhalts. (Novalis, *Schriften* (Jena 1923), III, pp. 45–6.

5

From *The Philosophy of Fine Art* (London 1920), V.I., p. 106 f.

6

E. C. Batho, *The Later Wordsworth* (1933), p.227, see also pp. 46–7, 197–9

7

Mario Praz, *The Romantic Agony* (Oxford 1933).

8

L. Chevalier, *Classes Laborieuses et Classes Dangereuses à Paris dans la première moitié du XIX siecle.* (Paris 1958.)

9

Ricarda Huch, *Die Romantik,* I, p. 70.

10

P. Jourda, *L'exotisme dans la littérature française depuis Chateaubriand* (1939),p.79.

11

V. Hugo, *Oeuvres Complètes,* XV, p. 2.

12

Oeuvres Complétes, IX (Paris 1879),p. 212.

13

cf. M. Thibert, *Le rôle social de l'art d'après les Saint-Simoniens* (Paris n.d.).

14

P. Jourda, op. cit., pp. 55–6.

15

M. Capefigue, *Histoire des Grandes Opérations Financières,* IV, pp. 252–3.

注释

16

James Nasmyth, Engineer, An Autobiography, ed. Samuel Smiles (1897 end.), p.177.

17

Ibid. pp. 243, 246, 251.

18

E. Halévy, History of the English *People in the Nineteenth Century* (paper-back ed), I. 509

19

D.S Landes Vieille Banque et Banque Nouvelle, *Revue d'Histoire Modeme et Contempo-raine,* III,(1956), p. 205.

20

cf. the long-playing records '*Shuttle and Cage' Industrial Folk Ballads,* (10T 13), *Row, Bullies, Row* (T7) and *The Blackball Line,* (T8) all on Topic, London.

21

Quoted in G. Taylor, Nineteenth Century Florists and their Flowers (*The Listen-er* 23.6.1949.) The Paisley weavers were particularly enthusiastic and rigorous 'florists', recognising only eight flowers worthy of competitive breeding. The Nottingham lace-makers grew roses,which were not yet—unlike the hollyhock—a workingman's flower.

22

Select Committee on Drunkenness (Pari. Papers VIII, 1834) Q 571. In 1852, 28 pubs and 21 beershops in Manchester (out of 481 pubs and 1,298 beershops for a population of 303,000 in the borough)provided musical entertainment.(John T. Baylee; *Statistics and Facts in reference to the Lord's Day* (London 1852), p. 20.)

第十五章　科学

1

Quoted in S. Solomon, *Commune,* August 1939, p 964.

2

G. C. C. Gillispie, *Genesis and Geology* (1951), p 116.

3

Quoted in Encyclopédie de la Pléiade, *Histoire de la Science* (1957), p.1465.

4

Essai sur l'éducation intellectuelle avec Le projet d'une Science nouvelle (Lausanne August 1939, p. 964. 1787).

5

cf. Guerlac, Science and National, Strength, in E. M. Earle ed. *Modern France* (1951).

6

Quoted in S. Mason, *A History of the Sciences* (1953), p. 286.

第十六章　结语：迈向1848

1

Haxthausen, *Studien ueber...Russ*land (1847), I, pp. 156–7.

2

Hansard, 16 Feb. 1842, quoted in Robinson and Gallagher, *Africa and the Victorians* (1961), p.2.

3

R.B.Morris, *Encyclopedia of American History* (1953), pp.515–516.

4

P. Lyashchenko, *History of the Russian National Economy,* pp. 273–4.

5

Lyashchenko, op. cit., p. 370.

6

J. Stamp, *British Incomes and Property* (1920), pp. 515, 431.

7

M. L. Hansen, *The Atlantic Migration 1607–1860,* (Harvard 1945), p. 252.

8

N. McCord, *The Anti – Corn Law League 1838–46* (London 1958), chapter V.

9

T. Kolokotrones, quoted in L. S. Stavrianos, Antecedents to Balkan Revolutions, *Journal of Modern History,* XXIX, 1957, p. 344.

注释

图书在版编目（CIP）数据

年代四部曲. 革命的年代：1789—1848 /（英）艾
瑞克·霍布斯鲍姆著；王章辉等译. -- 北京：中信出
版社，2021.4
（中信经典丛书 . 008）
书名原文：The Age of Revolution: 1789-1848
ISBN 978-7-5217-2897-2

Ⅰ. ①年… Ⅱ. ①艾… ②王… Ⅲ. ①世界史—
1789-1848 Ⅳ. ① K14

中国版本图书馆 CIP 数据核字（2021）第 039922 号

年代四部曲·革命的年代：1789—1848
（中信经典丛书 · 008）

著　者：[英] 艾瑞克·霍布斯鲍姆
译　者：王章辉 等
责任编辑：于贺
出版发行：中信出版集团股份有限公司
　　　　　（北京市朝阳区惠新东街甲 4 号富盛大厦 2 座　邮编　100029）
承 印 者：北京雅昌艺术印刷有限公司

开　本：880mm×1230mm　1/32　　印　张：137.75　　字　数：3681 千字
版　次：2021 年 4 月第 1 版　　　　印　次：2021 年 4 月第 1 次印刷
京权图字：01-2013-2704
书　号：ISBN 978-7-5217-2897-2
定　价：1180.00 元（全 8 册）

扫码免费收听图书音频解读